U0385040

水土保持与水资源保护

李合海　郭小东　杨慧玲　著

吉林科学技术出版社

图书在版编目（CIP）数据

水土保持与水资源保护 / 李合海，郭小东，杨慧玲
著 . -- 长春 ： 吉林科学技术出版社，2021.6
ISBN 978-7-5578-8360-7

Ⅰ．①水… Ⅱ．①李… ②郭… ③杨… Ⅲ．①水土保
持②水资源保护 Ⅳ．① S157 ② TV213.4

中国版本图书馆 CIP 数据核字（2021）第 130119 号

水土保持与水资源保护

著	李合海　郭小东　杨慧玲
出 版 人	宛 霞
责任编辑	汪雪君
封面设计	薛一婷
制 版	长春美印图文设计有限公司
幅面尺寸	185mm×260mm
开 本	16
字 数	290 千字
印 张	13
印 数	1-1500 册
版 次	2021 年 6 月第 1 版
印 次	2022 年 1 月第 2 次印刷
出 版	吉林科学技术出版社
发 行	吉林科学技术出版社
地 址	长春市净月区福祉大路 5788 号
邮 编	130118

发行部电话 / 传真　0431—81629529　　81629530　　81629531
　　　　　　　　　　81629532　　81629533　　81629534

储运部电话　0431—86059116

编辑部电话　0431—81629518

印 刷	保定市铭泰达印刷有限公司
书 号	ISBN 978-7-5578-8360-7
定 价	55.00 元

前　言

　　水土资源是人类赖以生存和发展的基本条件。我国人口众多，水土资源短缺，生态环境问题严重，全国水土流失面积约 356 万平方公里，占国土总面积的 37%，平均每年土壤流失量约 50 亿吨。近 50 年来，因水土流失损失的耕地达 5000 多万亩，平均每年约 100 万亩。以 2000 年数据分析，当年水土流失造成的经济损失在 2000 亿元以上，约占当年全国 GDP 的 2.25%。水土流失严重地区多位于大江大河的中上游和水源区，这些地区也是我国生态环境脆弱、经济发展滞后的地区。在我国诸多生态环境问题中，水土流失涉及范围广、影响大、危害重，是生态恶化的集中反映，已成为制约经济社会可持续发展和构建和谐社会的重大环境问题之一。因此，水土保持是促进人与自然和谐、保障国家生态安全与可持续发展的一项长期的战略任务。

　　目前，我国的水土流失日益严重，全国的水土流失面积已达到 $367 \times 10^4 \ \mathrm{km^2}$，每年新增的流失面积为 $1.5 \times 10^4 \ \mathrm{km^2}$，每年流失的土壤厚度平均达到 0.012.00 cm，土壤侵蚀的总量达到 $5 \times 10^9 \mathrm{t}$。我国的西南、西北、华南等广大地区都有十分严重的水土流失问题，要完成这项艰巨的任务，必须要以水土保持科学技术作为支撑，所以水土保持方面的科技发展以及成果推广工作任重而道远。

目　录

第一章　土壤侵蚀与水土保持

第一节　土壤侵蚀的相关知识

土壤侵蚀危害，是一个世界性的问题。土壤侵蚀破坏土壤结构，降低植被质量，影响流域对径流的调蓄能力。侵蚀泥沙增多既降低河流质量，影响水生物活动，又作为污染物的载体，提高污染的浓度与防治的难度。土壤侵蚀是多种环境因子综合影响的过程，它的发生发展又形成了特殊的环境，即侵蚀环境。例如，原为森林、森林草原的景观，因土壤侵蚀逐渐演变退化为草原。侵蚀环境的特点主要表现为：土地切割破碎，自然植被退化，生物多样性消失，土壤质量急剧下降，水资源耗损并濒临枯竭，生态系统功能削减，旱、洪灾害与河患增多或加剧，乃至发展演变成沙质荒漠化和寸草不生岩漠化的侵蚀环境。因此，土壤侵蚀的治理不仅限于水减少和土的不再流失，控制泥沙不再入河，而在于对侵蚀环境整体系统的整治。例如，通过侵蚀土地的整治、侵蚀土壤的改良、降水资源的拦蓄和高效利用，建设水土保持生态农业等综合措施全面调控侵蚀环境，最终取得良好的水土保持效果。随着社会的发展进步，人们越来越重视经济与环境的和谐发展，但是，近年来我国的土壤侵蚀程度却不断加重，在农业和工程等方面带来了极为不利的影响，并且日益发展为全球性的环境问题。因此，有必要对其进行研究探讨。

一、土壤侵蚀的相关概念

1. 土壤

土壤是指由岩石风化而形成的矿物质、动植物、微生物残体腐解产生的有机质，土壤生物（固相物质），水分（液相物质），空气（气相物质），氧化的腐殖质等组成。固体物质包括土壤矿物质、有机质和微生物通过光照抑菌灭菌后得到的养料等。液体物质主要指土壤水分。气体是存在于土壤孔隙中的空气。土壤中这三类物质构成了一个矛盾的统一体，它们互相联系，互相制约，为作物提供必需的生活条件，是土壤肥力的物质基础。

2. 土壤环境

土壤环境是指岩石经过物理、化学、生物的侵蚀和风化作用，以及地貌、气候等诸多因素长期作用下形成的土壤的生态环境。土壤形成的环境决定于母岩的自然环境，由于风化的岩石发生元素和化合物的淋滤作用，并在生物的作用下，产生积累，或溶解于土壤水中，形成多种植被营养元素的土壤环境。它是地球陆地表面具有肥力、能生长植物和微生物的疏松表层环境。土壤环境由矿物质、动植物残体腐烂分解产生的有机物质以及水分、空气等固、液、气三相组成。固相（包括原生矿物、次生矿物、有机质和微生物）占土壤总重量的 90%~95%；液相（包括水及其可溶物）称为土壤溶液。各地的自然因素和人为因素不同，由此形成各种不同类型的土壤环境。中国土壤环境存在的问题主要有农田土壤肥力减退、土壤严重流失、草原土壤沙化、局部地区土壤环境被污染破坏等。

3. 土壤退化

土壤退化又称土壤衰弱，是指土壤肥力衰退导致生产力下降的过程，是土壤环境和土壤理化性状恶化的综合表征。有机质含量下降，营养元素减少，土壤结构遭到破坏；土壤侵蚀，土层变浅，土体板结；土壤盐化酸化、沙漠化等。其中，有机质下降，是土壤退化的主要标志。在干旱、半干旱地区，原来稀疏的植被因受破坏，造成土壤沙化，就是严重的土壤退化现象。

4. 土壤侵蚀量

土壤侵蚀量是指土壤侵蚀作用的数量结果。通常把土壤、母质及地表疏松物质在外营力的破坏、剥蚀作用下产生分离和位移的物质量，称为土壤侵蚀量。土壤侵蚀量包括侵蚀过程中产生的沉积量与流失量。在水力侵蚀中，一般采用径流小区法测定，但其结果仅是土壤流失量，而不包括沉积量。风蚀通常采用积沙仪等预测，其结果也只能预测悬移量，是地面剥蚀后能在空中搬运的部分。

5. 流域产沙量

流域产沙量是指流域上的岩土在水力、风力、热力和重力等作用下的侵蚀和输移的过程。在多数地区，水力侵蚀是流域产沙的主要形式。土壤侵蚀物质以一定的方式搬运，并被输移出特定地段，这些被输移出的泥沙量称为流域产沙量。在相应的单位时间内，通过河川某断面的泥沙总量称为流域输沙量。

6. 土壤侵蚀强度

土壤侵蚀强度是指某种土壤侵蚀形式在特定外营力作用和其所处环境条件不变的情况下，该种土壤侵蚀形式发生可能性的大小，能定量的表示和衡量某区域土壤侵蚀数量的多少和侵蚀的强烈程度，通常用调查研究和定位长期观测得到，它是水土保持规划和水土保持措施布置、设计的重要依据。土壤侵蚀强度常用土壤侵蚀模数和侵蚀深表示。

7. 容许土壤流失量

容许土壤流失量是指小于或等于成土速度的年土壤流失量。也就是说，允许土壤流失量是指不至于导致土地生产力而允许的年最大土壤流失量。

8. 土壤沙化

土壤沙化泛指良好的土壤或可利用的土地变成含沙很多的土壤或土地甚至变成沙漠的过程。土壤沙化的主要过程是风蚀和风力堆积过程。在沙漠周边地区，由于植被破坏或草地过度放牧或开垦为农田，土壤因失水而变得干燥，土粒分散、被风吹蚀、细颗粒含量降低。而在风力过后或减弱的地段，风沙颗粒逐渐堆积于土壤表层而使土壤沙化。因此，土壤沙化包括草地土壤的风蚀过程及在较远地段的风沙堆积过程。

9. 尘暴

尘暴是指大风把大量尘埃及其他细粒物质卷入高空所形成的风暴。大量尘土沙粒被强劲阵风或大风吹起，飞扬于空中而使空气混浊，水平能见度小于 1km 的现象，又称沙暴，其带来的后果则是无尽的漫天飞沙，这种现象已逐渐变成了世界上常见的自然灾害之一。中国新疆南部和河西走廊的强沙暴，有时可使能见度接近于零，白昼如同黑夜，当地人称为黑风。

10. 土壤侵蚀区划

土壤侵蚀区划是根据土壤侵蚀的成因、类型、强度等在一定的区域内相似性和区域间的差异性所做出的地域划分。土壤侵蚀区划反映土壤侵蚀的地域分异规律，为不同地区的侵蚀指出治理途径、方向和应采取的水土保持措施及其实施步骤，为水土保持规划和分区治理提供科学依据。土壤侵蚀区划的基本内容为：拟定区划原则和分级系统；研究并查明各级分区的界限；编制土壤侵蚀区划图；按土壤侵蚀区域特征，探讨土壤侵蚀分区治理途径和关键性的水土保持措施；编写侵蚀区划报告。

11. 土壤侵蚀

土壤侵蚀是指土壤或其他地面组成物质在水力、风力、冻融、重力等外引力作用下，被剥蚀、破坏、分离、搬运和沉积的过程。狭义的土壤侵蚀仅指"土壤"被外营力分离、破坏和移动。根据外营力的种类，可将土壤侵蚀划分为水力侵蚀、风力侵蚀、冻融侵蚀、重力侵蚀、淋溶侵蚀、山洪侵蚀、泥石流侵蚀及土壤坍陷等。侵蚀的对象也并不限于土壤及其母质，还包括土壤下面的土体、岩屑及松软岩层等。在现代侵蚀条件下，人类活动对土壤侵蚀的影响日益加剧，其对土壤和地表物质的剥离和破坏，已成为十分重要的外营力。因此，全面而确切的土壤侵蚀含义应为：土壤或其他地面组成物质在自然引力作用下或在自然营力与人类活动的综合作用下被剥蚀、破坏、分离、搬运和沉积的过程。在中国，土壤侵蚀有时作为水土流失的同义语。《中华人民共和国水土保持法》中所指的水土流失即包含水的损失和土壤侵蚀两个方面的内容。

二、土壤侵蚀研究进展

土地退化的日益严重成为制约人类发展的重要因素，土壤侵蚀是其中一个重要原因。土壤侵蚀使土壤肥力下降、理化性质变劣、土壤利用率降低、生态环境恶化。目前，全球土地退化日益严重，研究土壤侵蚀的机理，有效地对其进行监控、治理已经成为全球关注的焦点。自 1877 年德国土壤学家 Wollny 开始对土壤侵蚀进行专门研究的一个多世纪以来，国内外学者对土壤侵蚀进行了大量的研究。而现代土壤侵蚀量化研究开始的标志是 1917

年美国科学家 Miller 在密苏里农业试验站进行的径流小区试验。土壤侵蚀严重影响着世界许多国家的经济发展，特别是在一些经济落后的国家，由于人口增长和人均可耕地面积的减少，使得他们不得不把土壤侵蚀的防治安排在国家发展规划的重要位置上，并且制定了一系列方针、政策来保证水土保持规划与措施的实施。从大范围的水土流失治理来说，目前世界上研究最普遍的是耕作方法及植被与水土流失的关系。我国土壤侵蚀科学研究始于20世纪20年代，当时金陵大学森林系的部分教师，在河南进行了水土流失调查及径流观测，开设了土壤侵蚀及其防治技术课程。20世纪30年代，中央农业实验室和四川农业改进研究所在紫色土丘陵区内江开展坡地土壤侵蚀试验小区观测实验。40年代，黄瑞采等学者对陕甘黄土分布、特性与土壤侵蚀的关系等进行了深入的考察研究。此后，在天水（1941年）、西安、平凉和兰州（1942年）西江和东江（1943年）、南京和福建（1945年）相继建立了水土保持实验站，开始了长期定位观测研究。50年代，大规模展开并取得重要成果。70年代末，改革开放的实施和深入发展为土壤侵蚀科学研究提供了更为广阔的发展空间。经过80多年长期不懈的努力，我国土壤侵蚀科学研究取得了丰硕的成果，揭示了土壤侵蚀过程和机理，初步建立了坡面土壤流失预报模型，并正在研究建立以流域为单元的水蚀预报模型方程，开展了小流域综合治理试验示范研究，建立了水土保持效益观测研究和评价体系，强化了水土流失的预防监督和管理机制。

第二节　土壤侵蚀类型

土壤侵蚀类型划分的目的在于反映和揭示不同类型的侵蚀特征及其区域分异规律，以便采取适当措施防止或减轻侵蚀危害。土壤侵蚀类型划分为水力侵蚀、风力侵蚀和冻融侵蚀三个类型。

一、按土壤侵蚀发生时期分类

以人类在地球上出现的时间为分界点，将土壤侵蚀划分为两大类：一类是人类出现在地球上以前所发生的侵蚀，称之为古代侵蚀（Ancient Erosion）；另一类是人类出现在地球上之后所发生的侵蚀，称之为现代侵蚀（Modern Erosion）。人类在地球上出现的时间从距今200万年之前的第四纪开始时算起。

1. 古代侵蚀

古代侵蚀是指人类出现在地球以前的漫长时期内，由于外营力作用，地球表面不断产生的剥蚀、搬运和沉积等一系列侵蚀现象。这些侵蚀有时较为激烈，足以对地表土地资源产生破坏；有些则较为轻微，不足以对土地资源造成危害。但是其发生、发展及其所造成的灾害与人类的活动无任何关系和影响。

2. 现代侵蚀

现代侵蚀是指人类在地球上出现以后，由于地球内营力和外营力的影响，并伴随着人们不合理的生产活动所发生的土壤侵蚀现象。这种侵蚀有时十分剧烈，可给生产建设和人民生活带来严重影响，此时的土壤侵蚀称为现代侵蚀。

一部分现代侵蚀是由于人类不合理活动导致的，另一部分则与人类活动无关，主要是在地球内营力和外营力作用下发生的，那么，将这一部分与人类活动无关的现代侵蚀称为地质侵蚀（Geo-logical Erosion）。因此，地质侵蚀就是在地质引力作用下，地层表面物质产生位移和沉积等系列破坏土地资源的侵蚀过程。地质侵蚀是在非人为活动影响下发生的一类侵蚀，包括人类出现在地球上以前和出现后由地质引力作用发生的所有侵蚀。

二、按土壤侵蚀发生的速率分类

1. 加速侵蚀

加速侵蚀是指由于人们不合理活动，如滥伐森林、陡坡开垦、过度放牧和过度樵采等，再加之自然因素的影响，使土壤侵蚀速率超过正常侵蚀（或称自然侵蚀）速率，导致土地资源的损失和破坏。一般情况下，所称的土壤侵蚀就是指发生在现代的加速土壤侵蚀部分。

2. 正常侵蚀

正常侵蚀是指在不受人类活动影响下的自然环境中，所发生的土壤侵蚀速率小于或等于土壤形成速率的那部分土壤侵蚀。这种侵蚀不易被人们所察觉，实际上也不至于对土地资源造成危害。

三、按侵蚀营力分类

土壤侵蚀，通常分为水力侵蚀、重力侵蚀、冻融侵蚀和风力侵蚀等。其中水力侵蚀是最主要的一种形式，习惯上称为水土流失。水力侵蚀分为面蚀和沟蚀；重力侵蚀表现为滑坡；崩塌和山剥皮；风力侵蚀分为悬移风蚀和推移风蚀。

1. 水力侵蚀

水力侵蚀（Water Frosion）是指在降雨中雨滴击溅、地表径流冲刷和下渗水分作用下，土壤、土壤母质及其他地面组成物质被破坏、剥蚀、搬运和沉积的全部过程，简称水蚀。水蚀，包括面蚀、潜蚀、沟蚀、冲蚀和溅蚀。

（1）面蚀或片蚀

面蚀是片状水流或雨滴对地表进行的一种比较均匀的侵蚀。它主要发生在没有植被或没有采取可靠的水土保持措施的坡桃地或荒坡上，是水力侵蚀中最基本的一种侵蚀形式。面蚀又依其外部表现形式划分为层状、结构状、沙砾化和鳞片状面蚀等。面蚀所引起的地表变化是渐进的，不易被人们觉察，但它对地力减退的速度是惊人的，涉及的土地面积往往是较大的。

（2）潜蚀

潜蚀是地表径流集中渗入土层内部进行机械的侵蚀和溶蚀作用，千奇百怪的喀斯特熔岩地貌就是潜蚀作用造成的，另外，该现象在垂直节理十分发育的黄土地区也相当普遍。如果地下水渗流产生的动水压力小于土颗粒的有效重度，即渗流水力坡度小于临界水力坡度，虽然不会发生流沙，但是，土中细小颗粒仍有可能穿过粗颗粒之间的孔隙被渗流携带而走。时间长了，将在土中形成管状空洞，使土体结构破坏、强度降低、压缩性增加，这种现象称之为机械潜蚀。

（3）沟蚀

沟蚀是集中的线状水流对地表进行的侵蚀，切入地面形成侵蚀沟的一种水土流失形式，根据沟蚀程度及表现形态，沟蚀可以分为浅沟侵蚀、切沟侵蚀和冲沟侵蚀等不同类型。在多暴雨，地面有一定倾斜、植物稀少、覆盖厚层疏松物质的地区，表现最为明显。

（4）冲蚀

冲蚀主要是指地表径流对土壤的冲刷、搬运、沉积作用。冲蚀是土壤侵蚀的主要过程，冲蚀的标志是地表形成大小不等的冲沟，山洪和泥石流是地表冲蚀的极端发展结果。

（5）溅蚀

溅蚀裸露的坡地受到较大雨滴打击时，表层土壤结构遭到破坏，把土粒溅起，溅起的土粒落回坡面时，坡下比坡上落得多，因而土粒向坡下移动。随着雨量的增加和溅蚀的加剧，地表往往形成一个薄泥浆层，再加之汇合成小股地表径流的影响，很多土粒随径流而流失，这种现象常称为溅蚀。溅蚀破坏土壤表层结构，堵塞土壤孔隙，阻止雨水下渗，为产生坡面径流和层状侵蚀创造了条件。

2. 重力侵蚀

重力侵蚀是指斜坡陡壁上的风化碎屑或不稳定的土石岩体在以重力为主的作用下发生的失稳移动现象。一般可将重力侵蚀分为滑坡、泻溜、崩塌、泥石流（见混合侵蚀）、错落、岩层蠕动、陷穴、崩岗、山剥皮、地爬等类型，其中泥石流是一种危害严重的水土流失形式。重力侵蚀多发生在深沟大谷的高陡边坡上。发生的条件：1）土石松散或滑动易破坏；2）土石临空，坡度陡，表面土石外张力大；3）地面缺乏植物覆盖，又无人工保护措施。重力侵蚀破坏耕地、掩埋庄稼；摧毁城镇、村庄和厂矿；破坏交通道路、通信设施和渠道；堵塞河流，并为河流和泥石流提供固体物质，间接造成河流治理困难。

（1）泻溜

泻溜是崖壁和陡坡上的土石经风化形成的碎屑，在重力作用下，沿着坡面下泻的现象，是坡地发育的一种方式。泻溜形成的堆积物常被洪水冲刷、搬运，由黏土、页岩、粉砂岩和风化的砂页岩、片麻岩、千枚岩、花岗岩等构成的35°以上的裸露陡坡易发生泻溜。如果泻溜形成的堆积物不被流水冲走，坡地将逐渐变得平缓。泻溜强烈的地方将影响交通，堵塞渠道和沟谷，并为洪水提供大量泥沙，淤填水库和河道。防治泻溜的措施有：1）植树种草，保护坡面；2）固定岩屑堆，防止冲刷；3）在建筑物和道路旁边的陡坡上砌石护坡、喷洒水泥浆或沥青等胶结物；4）修挡土墙、挖护路沟、拦阻泻溜物质。

（2）崩塌（崩落、山剥皮垮塌或塌方）

崩塌是指陡峻山坡上岩块、土体在重力作用下，发生突然、急剧的倾落运动。多发生在大于 60°~70° 的斜坡上。崩塌的物质，称为崩塌体。崩塌体为土质者，称为土崩；崩塌体为岩质者，称为岩崩；大规模的岩崩，称为山崩。崩塌可以发生在任何地带，山崩限于高山峡谷区内。崩塌体与坡体的分离界面称为崩塌面，崩塌面往往就是倾角很大的界面，如节理、片理、劈理、层面、破碎带等。崩塌体的运动方式为倾倒、崩落。崩塌体碎块在运动过程中滚动或跳跃，最后在坡脚处形成堆积地貌—崩塌倒石锥。崩塌倒石锥结构松散、杂乱、无层理、多孔隙。由于崩塌所产生的气浪作用，使细小颗粒的运动距离更远一些，因而在水平方向上有一定的分选性。崩塌会使建筑物，有时甚至使整个居民点遭到毁坏，使公路和铁路被掩埋。由崩塌带来的损失，不单是建筑物毁坏的直接损失，并且常因此而使交通中断，给交通运输带来重大损失。崩塌有时还会使河流堵塞形成堰塞湖，这样就会将上游建筑物及农田淹没，在宽河谷中，崩塌能使河流改道及改变河流性质而造成急湍地段。

（3）山崖崩坍

山崖崩坍坡体中被陡倾的张性破坏面分割的岩体，因根部折断挤压碎而倾倒，突然脱离母体翻滚而下，这一过程为崩坍。在这一过程中，阶梯的岩块相互撞击粉碎，最后堆积于坡脚，多半发生在岩质陡坡的前缘。2010 年 8 月 22 日 10 时 5 分，云南省 312 线习昌公路 K3+450 处高边坡发生严重崩坍，崩坍的土石覆盖百余公尺，导致过往车辆和行人受阻。

（4）滑坡

滑坡是指斜坡上的土体或者岩体，受河流冲刷、地下水活动、雨水浸泡、地震及人工切坡等因素影响，在重力作用下，沿着一定的软弱面或者软弱带，整体地或者分散地顺坡向下滑动的自然现象。运动的岩（土）体称为变位体或滑移体，未移动的下伏岩（土）体称为滑床。

土石山区陡峭坡面在雨后或土体解冻后，山坡的一个部分土壤层及母质层剥落，裸露出基岩的现象称之为山剥皮。滑坡易导致人类生命线的折断、交通线路的失效以及人类生命财产安生受到威胁、建筑用地的嵌埋等。承灾体指滑坡影响区内的所有承灾对象，其中包括工农业生产、财产、人畜、公共设施、农田、道路等。

3. 风力侵蚀

在比较干旱、植被稀疏的条件下，当风力大于土壤的抗蚀能力时，土粒就被悬浮在气流中而流失。这种由风力作用引起的土壤侵蚀现象就是风力侵蚀，简称风蚀。风蚀发生的面积广泛，除一些植被良好的地方和水田外，无论是平原、高原、山地、丘陵都可以发生，只不过程度上有所差异。风蚀强度与风力大小、土壤性质、植被盖度和地形特征等密切相关。此外还受气温、降水、蒸发和人类活动状况的影响。特别是土壤水分状况，它是影响风蚀强度的极重要因素，土壤含水量越高，土粒间的黏结力加强，而且一般植被也较好，抗风蚀能力强。风力侵蚀包括石窝（风蚀壁龛）、风蚀蘑菇、风蚀柱、风蚀垄槽（雅丹）、风蚀洼地、风蚀谷、风蚀残丘、风蚀城堡（风城）、石漠与砾漠（戈壁）、沙波纹、沙丘（堆）及沙丘链（新月形沙丘链、格状沙丘链）和金字塔状沙丘等形式。

4. 混合侵蚀

混合侵蚀（Mixed Erosion）是指在水流冲力和重力共同作用下的一种特殊侵蚀形式，在生产上常称混合侵蚀为泥石流（Debris Flow）。在日常生产生活中其主要是以泥石流的形式来出现。

（1）泥石流

泥石流是指在山区或者其他沟谷深壑、地形险峻的地区，因为暴雨暴雪或其他自然灾害引发的山体滑坡并携带有大量泥沙以及石块的特殊洪流。泥石流形成因素受地貌、地质、气候、水文、植被土壤等自然因素和人为因素的影响，其形成因素可分为基本因素、促进因素和激发因素。泥石流具有突然性、流速快、流量大、物质容量大和破坏力强等特点。发生泥石流常常会冲毁公路铁路等交通设施甚至村镇，造成巨大损失。我国是世界上遭受泥石流灾害最为严重的国家之一。我国有泥石流沟 1 万多条，其中的大多数分布在西藏、四川、云南。甘肃多是雨水泥石流，青藏高原则多是冰雪泥石流。

（2）石洪

石洪（Rock Flow）是发生在土石山区暴雨后形成的含有大量土砂、砾石等松散物质的超饱和状态的急流。其中所含土壤黏粒和细沙较少，不足以影响到该种径流的流态。石洪中已经不是水流冲动的土沙石块，而是水和水沙石块组成的一个整体流动体。因此，石洪在沉积时分选作用不明显，基本上是按原来的结构大小石砾间杂存在。

（3）泥流

泥流（Mud Flow）是指以细粒土为主的流动体。由于流动体中所含的水、黏土和岩屑的比例不同而有不同的流动性特征。泥流中所含的水可以达到 60%，水连接的程度取决于黏土矿物的含量、母质黏滞性、流动速度和地形影响。其流动性可以从监测其运动速率得知，也可以根据其沉积的分布和地形得知。

5. 冻融侵蚀

当温度在 0℃上下变化时，岩石孔隙或裂缝中的水在冻结成冰时，体积膨胀（增大 9% 左右），因而它对围限它的岩石裂缝壁产生很大的压力，使裂缝加宽加深；当冰融化时，水沿扩大了的裂缝更深地渗入岩体的内部，同时水量也可能增加，这样冻结、融化频繁进行，不断使裂缝加深扩大，以致岩体崩裂成岩屑，称为冻融侵蚀（Freeze thaw Erosion），也称为冰劈作用。主要分布在中国西部高寒地区，在一些松散堆积物组成的坡面上，土壤含水量大或有地下水渗出情况下，冬季冻结，春季表层首先融化，而下部仍然冻结，形成了隔水层，上部被水浸润的土体呈流塑状态，顺坡向下流动、蠕动或滑塌，形成泥流坡面或泥流沟。岩石山坡薄薄的草皮，经过冻融侵蚀后由鳞片状断裂、下滑，发展成大片的脱落，露出裸露的岩石。冻融侵蚀对草皮植被和环境生态所造成的危害是十分严重的。

第三节　土壤侵蚀分布及危害

一、土壤侵蚀分布

1. 土壤侵蚀分布

全球 70% 的国家和地区都受到水土流失和荒漠化灾害的影响，地球表面积为 5.1 亿 km²，其中陆地比例不足 3/10，计 1.49 亿 km²，即 149 亿 hm²，折合 2235 亿亩。经过上亿年的沧桑演替，直至最近的数万年内，地球表层水陆之比才基本稳定。在这 149 亿 hm² 陆地中，可耕地（包括草场、旱土和水浇地）为 50 亿 hm²，不可耕地即荒漠化土地为 36 亿 hm²，森林覆盖地 38 亿 hm²，其余的 25 亿 hm² 则是冰天雪地和其他不毛之地。地球表面有利用价值的土地，主要是指耕地、林地、草地和建筑用地。由于世界人口的不断增加，致使人均占有土地面积将逐渐减少。全球 50 亿 hm² 可耕地中，已有 84% 的草场，59% 的旱土和 31% 的水浇地明显贫瘠，饥饿和营养不良逐渐扩大，土地的水土流失和荒漠化已威胁到全人类的生存。随着森林资源的逐渐消减，水土流失现象必然加剧，而毁林灭草是加剧水土流失的根本原因。目前，全球水土流失面积达 30%，每年流失有生产力的表土 250 亿 t。每年损失 500 万~700 万 hm² 耕地。如果土壤以这样的毁坏速度计算，每 20 年丧失掉的耕地就等于今天印度的全部耕地面积（1.4 亿 hm²）。就全球范围而言，50°~40° S 之间为水蚀的主要分布区。中国水蚀区主要分布于 20°~50° N 之间。风蚀主要发生在草原和荒漠地带。美国、中国、俄罗斯、澳大利亚、印度等国是土壤侵蚀的主要分布国家，南美洲、非洲的一些国家也有较大面积的分布。中国的土壤侵蚀主要分布于西北黄土高原、南方山地丘陵区、北方山地丘陵区及东北低山丘陵和漫岗丘陵区、四川盆地及周围的山地丘陵区。中国的风蚀区主要分布在东北、西北和华北的干旱和半干旱地区以及沿海沙地。水是生命之源，土是生存之本。水土资源是生态环境良性演替的基本要素和物质环境，是人类社会存在和发展的基础。中国是世界上土壤侵蚀最严重的国家之一，其范围遍及全国各地。土壤侵蚀的成因复杂，危害严重，主要侵蚀类型有水力侵蚀、风力侵蚀、重力侵蚀、冻融侵蚀和冰川侵蚀等。

二、土壤侵蚀的危害

随着人类的出现，正常侵蚀的自然过程受到人为活动的干扰，使其转化为加速侵蚀状态。气候、地形、土壤和植被等因素是产生土壤侵蚀的基础和潜在因素，而人为不合理的生产活动是造成土壤加速侵蚀的主导因素。防止土壤侵蚀，主要应从改变地形条件、改良土壤性状、改善植被状况等方面入手，通过因地制宜地合理利用土地，因害设防地综合配置防治措施，建立完整的土壤侵蚀控制体系。

1. 破坏土壤资源，自然生态失衡

土地资源是三大地质资源（矿产资源、水资源、土地资源）之一，是人类生产活动最基本的资源和劳动对象。人类对土地的利用程度反映了人类文明的发展，但同时也造成对土地资源的直接破坏。19世纪以来，全世界土壤资源受到严重破坏。土壤侵蚀、土壤盐渍化、沙漠化、贫瘠化、渍涝化以及自然生态失衡而引起的水旱灾害等，使耕地逐日退化而丧失生产能力。而其中土壤侵蚀尤为严重，乃当今世界面临的又一个严重危机。土壤侵蚀问题已引起了世界各国的普遍关注，联合国也将水土流失列为全球三大环境问题之一。土壤侵蚀对土地资源的破坏主要表现在外营力对土壤及其母质的分散、剥离以及搬运和沉积上。由于雨滴击溅、雨水冲刷土壤，把坡面切割得支离破碎，沟壑纵横。在水力侵蚀严重地区，沟壑面积占土地面积的 5%~15%，支毛沟数量多达 30~50 条 /km²，沟壑密度 2~3km/km²，上游土壤经分散、剥离，沙砾颗粒残积在地表，细小颗粒不断被水冲走，沿途沉积，下游遭受水冲砂压。如此反复，细土变少，沙砾变多，土壤沙化，肥力降低，质地变粗，土层变薄，土壤面积减少，裸岩面积增加，最终导致弃耕，成为"荒山荒坡"。同时，在内陆干旱、半干旱地区或滨海地区，由于土壤侵蚀，地下水得不到及时补给，在气候干旱、降水稀少、地表蒸发强烈时，土壤深层含有盐分（钾、钠、钙、镁的氯化物、硫酸盐、重碳酸盐等）的地下水就会由土壤毛管孔隙上升，在表层土壤积累逐步形成盐渍土（盐碱土）。它包括盐土、碱土和盐化土、碱化土。盐土进行着盐化过程，表层含有 0.6%~2% 以上的易溶性盐。碱土进行着碱化过程，交换性钠离子占交换性阳离子总量的 20% 以上，结构性差，呈强碱性。盐渍土危害作物生长的主要原因是土壤渗透压过高，引起作物生理干旱和盐类对植物的毒害作用以及由于过量交换性钠离子的存在而引起的一系列不良的土壤性状。

因土壤侵蚀造成退化、沙漠化、碱化草地约 100 万 km²，占我国草原总面积的 50%。形成这些问题的原因很复杂，主要是干旱缺水，还有就是包括过度开荒、过度放牧的破坏性使用，我国盐碱地大多分布于北温带半湿润大陆季风性气候区，降水量小，蒸发量大，溶解在水中的盐分容易在土壤表层积聚。如我国吉林省西部平原在强烈的季风影响下，全年降水量 400~500mm，而年蒸发量高达 1206mm，年蒸发量是降雨量的 3 倍以上，而春季蒸发量为降水量的 8~9 倍。在草场退化之前，由于地表植被的保护作用，干旱季节从浅层地下水和土壤深部上返的盐分与雨季淋洗下移的盐分达到动态平衡。由于草场植被遭到破坏和苏打盐渍土特有的土壤特性，这一平衡被打破，地面土壤蒸发迅速增加，地面水分入渗速率由原来的 6mm/h 左右下降到不足 1mm/h，大量盐分从地下水或土壤深部的暗碱层中集聚到地表，产生次生盐碱化，最终形成碱斑。这一过程很难逆转，如果达到一定程度，则不可逆转，造成大面积土地废弃，大量聚集在地表的盐分在大风作用下迅速扩散，给周边地区土地造成严重危害，直接影响了当地畜牧业的发展。早在20世纪50年代，本区有草地200多万hm²，大部分草场平均产草量达2000kg/hm²以上，部分优质草场可达3000kg/hm²，羊草比例占90%。然而，由于草场退化，单产迅速下降，平均下降50%~70%。在经济上，由于土地的退化和丧失，导致农业生产条件恶化、农村经济贫困化，影响了农业和农村经济的持续发展，成为当地农民贫困的重要原因。本区约50%以上的贫困户是由于土地盐碱荒漠化而引起的，吉林省的几个主要国家级贫困县都集中在这一区域。

2011年12月，《联合国防治荒漠化公约》秘书处执行秘书吕克·尼亚卡贾称，全球每年有1200万hm²耕地因土地沙漠化而无法耕种，相当于贝宁全境的面积，也相当于3个瑞士的面积。数据显示，全世界有超过110个国家已经或有可能出现耕地沙漠化现象。在非洲，受沙漠化影响的土地面积达到10亿hm²；在亚洲，受沙漠化影响的土地约有14亿hm²；北美洲的沙漠化土地面积占荒地的比例已达74%。如果这一趋势继续发展，非洲2/3的耕地都将成为荒漠。我国现有沙漠化土地33.4万km²，风沙漠化土地3.7万km²，加上沙漠戈壁116.2万km²，共153.3万km²，占国土总面积的15.9%，已超过全国耕地的总和。沙漠化土地的分布情况是：41%的面积分布在大兴安岭两侧的半干旱地带，以农作物交错区的旱农区风沙危害为主；32%的面积分布在干草原的荒漠草原地带；27%分布在西部干旱荒漠地带。我国人多地少，人口对土地资源的压力日益增大，土地沙漠化是导致生态环境恶化的主要因素之一。据统计，全国60%的贫困县集中分布在沙区，每年因风沙造成的直接经济损失高达45亿元。土地沙漠化的危害表现为：1）毁坏耕地，破坏农业生产；2）使草场退化，畜牧质量、数量下降；3）阻碍交通；4）影响工程建设；5）破坏生态环境。

沙漠化的发展，不但影响土地质量和农作物生长，随着地表形态发生改变，也迫使土地利用方向发生改变，而且直接危害到人类的经济活动和生活环境。我国现已形成的沙漠化土地，主要成因是长期以来形成的不合理的耕作方式和过度的砍伐垦殖、放牧以及破坏，导致大面积的森林、草原、植被退化消失，再加上当地脆弱的生态环境—干旱、多风、土壤疏松等，都加速了沙漠化的形成。在我国北方风沙地区，每年8级以上的大风日就有30~100天，还时常出现沙暴。历史上曾是水美草鲜、羊肥马壮、自然环境良好的地方，如今已沦为沙地，部分地方人类甚至无法生存。

进入20世纪90年代，沙漠化土地每年扩展3000km²。90年代后期，中国土地沙漠化的速度进一步加快。据有关部门统计，自50年代以来，由于土地沙漠化的加剧，我国已有超过10万km²的土地，即相当于一个江苏省的土地面积完全沙漠化。由于土壤侵蚀，大量土地资源被蚕食和破坏，沟壑日益加剧，土层变薄，大面积土地被切割得支离破碎，耕地面积不断缩小。陕北高原的基本地貌类型是黄土塬、梁、峁、沟。塬是黄土高原经过现代沟壑分割后留存下来的高原；梁、峁是黄土塬经沟壑分制破碎而形成的黄土丘陵，或是与黄土期前的古丘陵地形有继承关系；沟大多是流水集中进行线状侵蚀并伴以滑塌、泻溜的结果。黄土高原总面积为64.87万km²，土壤侵蚀面积达47.2万km²，占总面积的

72.76%，每年向下游输沙量约 12.8 亿 t，占黄河向下游输沙量的 80%。据资料介绍，在山西、陕西、甘肃等省内，每平方千米有支干沟 50 多条，沟道长度可达 5~10km，沟谷面积可占流域面积的 50%~60%。

2. 表土流失，土壤肥力和质量下降

土壤肥力是反映土壤肥沃性的一个重要指标。它是衡量土壤能够提供作物生长所需的各种养分的能力，是土壤各种基本性质的综合表现，是土壤区别于成土母质和其他自然体的最本质的特征，也是土壤作为自然资源和农业生产资料的物质基础。土壤肥力按成因可分为自然肥力和人为肥力。前者指在五大成土因素（气候、生物、母质地形和年龄）影响下形成的肥力，主要存在于未开垦的自然土壤；后者指长期在人为的耕作、施肥、灌溉和其他各种农事活动影响下表现出的肥力，主要存在于耕作（农田）土壤。土壤肥力是土壤的基本属性和本质特征，是土壤为植物生长供应和协调养分、水分、空气和热量的能力是土壤物理、化学和生物学性质的综合反应。四大肥力因素有：养分、水分、空气、热量。养分和水分为营养因素，空气和热量为环境条件。我国的耕地资源极为贫乏，尤其近些年来随着人口的不断增长，其数量在不断减少，土壤肥力下降影响着我国农业生态系统环境建设和生产的同时，也制约着农业经济发展。因此，如何提高土壤养分资源利用率和土壤质量已成为 21 世纪土壤科学的研究重点。

土壤肥力是土壤的本质，是土壤质量的标志。据全国第二次土壤普查的部分资料看，由于长期用养失调，部分耕地的土壤肥力有所下降。近几年，由于农业的过度开发，尤其是长期偏施单质化肥，没有适当给土壤有机质补充，造成土壤有机质下降和土壤微生物菌群多样性及功能减弱，导致土壤质地严重退化，影响农业生产。土壤有机质的含量与土壤肥力水平是密切相关的。虽然有机质仅占土壤总量的很小一部分，但它在土壤肥力上起着多方面的作用。通常在其他条件相同或相近的情况下，在一定含量范围内，有机质的含量与土壤肥力水平呈正相关。

肥沃的土壤，能够不断供应和调节植物正常生长所需要的水分、养分（如腐殖质、氮、磷、钾等）、空气和热量。裸露坡地一经暴雨冲刷，就会使含腐殖质多的表层土壤流失，造成土壤肥力下降。土壤侵蚀致使大片耕地被毁，使山丘区耕地质量整体下降。据统计，近 60 年来，我国因土壤侵蚀毁掉的耕地达 266 万 hm²，平均每年 6 万 hm² 以上，每年流失的表土相当于 120 多万 hm² 耕地损失 30cm 厚的耕作层，全国每年流失的氮、磷、钾总量近 1 亿 t，相当于 20 世纪 80 年代初我国的全年化肥产量。

土壤侵蚀使大量肥沃表土流失，土壤肥力和植物产量迅速降低。如吉林省黑土地区，每年流失的土层厚达 0.5~3cm，肥沃的黑土层不断变薄，有的地方甚至全部侵蚀，使黄土或乱石遍露地表。四川盆地中部土石丘陵区，坡度为 15°~20° 的坡地，每年被侵蚀的表土达 2.5cm。黄土高原强烈侵蚀区，平均年侵蚀量 6000t/km² 以上，最高可达 2 万 t/km² 以上。南方红黄壤地区以江西兴国县为例，平均年流失量 5000~800t/km²，最高达 13500/km²，裸露的花岗岩风化壳坡面，夏季地表温度高达 70℃，被喻为南方的"红色沙漠"。

我国的农业耕垦历史悠久，大部分地区土地自然遭到严重破坏，水蚀、风蚀都很强。根据史料记载，在开垦前黑土区人烟稀少，植被覆盖度较高，土壤侵蚀非常轻微。开始大面积毁林开荒，播种极易造成土壤侵蚀的粮食作物，对黑土区的农业生态环境造成了严重的破坏。据山西省大宁县县志记载，太德塬在清光绪年间，塬面面积870hm²，现在只剩下了600hm²，其余的都变成了沟壑。西气东输管道甘肃段沿线各类土壤养分含量总的状况为有机质不足、少氮、贫磷、钾有余，相当于全国养分分级标准的中下等水平。土壤肥力水平低，耕性不良。同时，土壤代换量普遍较低，土壤容重稍偏高，说明西气东输管道甘肃段沿线土壤的保肥和供肥能力比较差。

3. 断流形势越来越严重，危害工农业生产

大江大河的某些河段在某些时间内发现水源枯竭、河床干涸的现象。根据河流水文动态，河流分为季节河（间歇河）和常年河两类。季节河是在降水丰富的汛期有水，其他时间干涸的河流，许多山区的中小河流为季节河；常年河是一年四季常年有水的河流。大江大河流域面积大，汇水水源比较丰富，河流自身调蓄能力比较强，多属于常年河。但受水土流失和用水需求增大等因素影响，一些大江大河也会出现断流现象，而呈现日益强烈的季节河特征。黄河发源于青藏高原的约古宗列盆地，流经我国的9省，在山东北部入海。其流域面积79.5万 km²，占全国的8%。黄河每年平均输沙为16亿t左右，居世界60余条大河之首。泥沙淤积使黄河下游河床抬高，郑州花园口以下形成举世闻名的"地上悬河"。

4. 土壤侵蚀加剧了贫困

当代世界各国和相关国际组织先后提出和实施过不少反贫困战略。其中有经济增长战略、再分配战略（通过再分配，使经济增量中的一部分从富人手中转移到贫困者手中，从而消除过分悬殊的贫富差距，或为确保住房补贴、教育开支、卫生保健等计划有利于贫困者，对公共消费进行重新配置）、绿色革命战略（通过引进、培育和推广高产农作物品种等，发展农村生产力，解决粮食问题和农村的贫困问题）、社会服务战略、推动贫困者劳动力用于生产性活动和向贫困者提供基本的社会服务的"双因素"发展战略。然而，这些战略的实施都没有能够从根本上消除贫困。土壤侵蚀流走的是沃土，留下的是贫瘠。在土壤侵蚀严重地区，土壤肥力衰退，产量下降，形成"越穷越垦、越垦越穷"的恶性循环。

目前，全国农村贫困人口90%以上都生活在生态环境比较恶劣的土壤侵蚀地区。要解决这一问题，争取继续生存、继续发展的权利，必须调整好人类、环境与发展三者之间的关系，特别是要调整好经济发展的模式。

近30年来，我国农村由于人口大量膨胀和经济粗放增长，土地资源的退化状况日趋严重。水土流失造成耕地锐减，农业生产力下降，农村生态环境恶化，妨碍了农村社会的可持续发展，并使越来越多的农村居民生活陷入贫困状态。目前中国土壤侵蚀主要分布在长江上游的云南、贵州、四川、重庆、湖北和黄河中游地区的山西、陕西、甘肃、内蒙古、宁夏等省（自治区、直辖市）。西部12个省（自治区、直辖市）土壤侵蚀面积占全国土壤侵蚀面积的82.80%；中部6个省土壤侵蚀面积占全国土壤侵蚀面积的7.84%。土壤侵蚀

在总体分布上呈现由东向西递增，这同贫困人口的分布具有一致性。大多数农村贫困人口生活在土壤侵蚀地区，居住在自然资源贫乏、缺少农用耕地、农业生产条件低下、自然灾害频繁、生态环境脆弱的区域。

土壤侵蚀限制了对有限资源的有效利用，增加了环境的压力，成为生态恶化和贫困的根源，同时进一步的贫困又加速了土壤侵蚀和生态恶化，形成"贫困—人口压力—土壤侵蚀—生态恶化—贫困加剧"的怪圈。因土壤侵蚀区多是经济欠发达地区，部分土壤侵蚀区同时也是少数民族聚居和边疆区，土壤侵蚀在加深贫困程度的同时，也扩大了地区间社会经济发展的差距，严重影响到社会的稳定。水利部水土保持监测中心李智广博士等人于2005年研究表明：在土壤侵蚀严重县中，国家扶贫开发重点县占45%；在国家扶贫开发重点县中，土壤侵蚀严重县占57%；在土壤侵蚀严重县中，少数民族县占32%；在少数民族县中，土壤侵蚀严重县占44%。近年来，尽管国家加大了扶贫工作力度，但恶劣的生态环境很容易使扶贫的成果丧失，一场旱灾就会使许多刚摆脱贫困的群众再次陷入困境，一场不太剧烈的山洪就可以将多年的努力付诸东流。

众多事实表明，土壤侵蚀与贫困之间密切相关。土壤侵蚀造成了极大的经济损失，加剧了土壤侵蚀区群众生活的贫困程度。据估算，土壤侵蚀给我国经济造成的损失相当于国民生产总值的3%左右。我国76%的贫困县和74%的贫困人口生活在土壤侵蚀严重区。土壤侵蚀破坏土地资源，降低耕地生产力，不断恶化农村群众生产生活条件，制约经济发展，加剧贫困程度。

第四节　土壤侵蚀影响因素

1. 自然因素

自然因素是土壤侵蚀发生、发展的先决条件，或者叫潜在因素。自然因素包括气候、地形地貌、土壤、植被、地质等。

2. 气候

中国国土辽阔，回归线以南有部分热带季风气候，秦岭淮河以南为亚热带季风气候，秦岭淮河以北北方地区为温带季风气候，内蒙古大部和新疆等西北地区大部为温带大陆性气候，青藏高原为高原山地气候。其中亚热带、暖温带、温带约占70.5%，并拥有青藏高原这一特殊的高寒区。南部的雷州半岛、海南省、台湾省和云南省南部各地，全年无冬，四季高温多雨；长江和黄河中下游地区，四季分明；北部的黑龙江等地区，冬季严寒多雪；广大西北地区，降水稀少，气候干燥，冬冷夏热，气温变化显著；西南部的高山峡谷地区，则从谷底到山顶，呈现出从湿热到高寒的多种不同气候。此外，中国还有高山气候、高原气候、盆地气候、森林气候、草原气候和荒漠气候等多种具体气候。中国气候多样，但大陆性季风气候是其基本特点。它有三个主要特征：其一，气温年较差和日较差较大，冬夏极端气温较差更大。其二，降水分布很不均匀。主要表现在年降水量自东南向西北逐渐减少，比差为 40∶1。在季节分配上，冬季降水少，夏季降水多，且年际变化很大。其三，冬夏风向更替十分明显。冬季，冷空气来自高纬度大陆区，多吹偏北风，寒冷干燥；夏季，风主要来自海洋，多偏南风，湿润温暖。

3. 影响泥石流发育的因素

（1）水源条件

水既是泥石流的重要组成成分，又是泥石流的激发条件和搬运介质。泥石流水源提供有降雨、冰雪融水和水库（堰塞湖）溃决溢水等方式。

1）降雨

降雨是我国大部分泥石流形成的主要水源，遍及全国的 20 多个省市、自治区，主要有云南、四川、重庆、西藏、陕西、青海、新疆、北京、河北、辽宁等，我国大部分地区降水充沛，并且具有降雨集中，多暴雨和特大暴雨的特点，这对激发泥石流的形成起了重要作用。特大暴雨是促使泥石流暴发的主要动力条件。处于停歇期的泥石流沟，在特大暴雨激发下，甚至有重新"复活"的可能性。

2）冰雪融水

冰雪融水是青藏高原现代冰川和季节性积雪地区泥石流形成的主要水源。特别是受海洋性气候影响的喜马拉雅山、唐古拉山和横断山等地的冰川，活动性强，年积累量和消融量大，冰川前进速度快、下达海拔低，冰温接近熔点，消融后为泥石流提供充足水源。当夏季冰川融水过多，涌入冰湖，造成冰湖溃决溢水而形成泥石流或水石流则更为常见。

3）水库（堰塞湖）溃决溢水

当水库溃决，造成大量库水倾泻，而且当下游又存在丰富而松散的堆积土时，常形成泥石流或水石流。特别是由泥石流、滑坡在河谷中堆积形成的堰塞湖溃决时，更易形成泥石流或水石流。

（2）地形、地貌条件

地形条件制约着泥石流形成运动、规模等特征，主要包括泥石流的沟谷形态、集水面积、沟坡坡度与坡向和沟床纵坡降等。

1）沟谷形态

典型泥石流分为形成、流通、堆积三个区，沟谷也相应具备三种不同形态。上游形成区多三面环山，一面出口的漏斗状或树叶状，地势比较开阔，周围山高坡陡，植被生长不良，有利于水和碎屑固体物质聚集；中游流通区的地形多为狭窄陡深的峡谷，沟床纵坡降大，使泥石流能够迅猛直泻；下游堆积区的地形为开阔平坦的山前平原或较宽阔的河谷，使碎屑固体物质有堆积场地。

2）沟床纵坡降

沟床纵坡降是影响泥石流形成运动特征的主要因素。一般来讲，沟床纵坡降越大，越有利于泥石流的发生，但比降在 10%~30% 的发生频率最高，5%~10% 和 30%~40% 其次，其余发生频率较低。

3）沟坡坡度

坡面是泥石流固体物质的主要源地，其作用是为泥石流直接提供固体物质。沟坡坡度是影响泥石流的固体物质的补给方式、数量和泥石流规模的主要因素。一般有利于提供固体物质的沟谷坡度，在我国东部中低山区为 10°~30°，固体物质的补给方式主要是滑坡和坡洪堆积土层，在西部中高山区，多为 30°~70°，固体物质和补给方式主要是滑坡、崩塌和岩屑流。

4）集水面积

泥石流多形成在集水面积较小的沟谷，面积为 0.5~10 km² 者最易产生，其次是小于 0.5 km² 和 10~50 km²，发生在汇水面积大于 50 km² 以上者较少。

5）斜坡坡向

斜坡坡向对泥石流的形成、分布和活动强度也有一定影响。阳坡和阴坡相比较，阳坡上有降水量较多，冰雪消融快，植被生长茂盛，岩石风化速度快、程度高等有利条件，故一般比阴坡发育。如我国东西走向的秦岭和喜马拉雅山的南坡上产生的泥石流比北坡要多得多。

（3）地质构造与岩性

我国地质构造复杂，尤其上新世以来多次的整体抬升与沉降，不仅造成 3000~4000 m 的巨大高差，而且形成巨大的褶皱带和断裂构造，并使岩性变质，结构破坏，产生了角砾岩、糜棱岩、碎裂岩等易风化又处于不稳定的岩石。在如安宁河断裂、白龙江断裂、金沙江等断裂带，泥石流数量多规模大、活动强、成灾重。

（4）地震及新构造运动

地震破坏岩体的完整性并使岩体丧失稳定性，因之，地震带是泥石流活动带，如喜马拉雅山区察隅县 1950 年发生的 8.5 级地震，破坏的岩体充填山谷，常常引起泥石流。波密县石乡沟大规模的冰崩岩崩，导致 1953 年发生了特大冰川泥石流。可见，地震是泥石流形成的重要动力和物质基础。凡Ⅵ级以上烈度区，常是泥石流多发区。

新构造运动强烈上升，引起水流、冰川等的迅速下切，造成极大的地形高差和陡峻的坡面与沟谷，致使崩塌、滑坡产生倒石堆、流沙滚石，形成大量的固体碎屑，这些固体碎屑是生成发育泥石流的条件。

（5）人类不合理的经济活动，助长了泥石流活动

人类的毁林开荒、兴修水利、陡坡垦种、开矿堆放废渣等造成的泥石流年年发生。这类活动范围一般较小，规模较小，但灾害严重。若与岩体自然破坏相叠加，灾害规模和损失十分惊人。如四川省冕宁县泸沽盐井沟，因弃渣激发的泥石流年年发生，已造成百余人丧生，还威胁成昆铁路安全，虽已投资 500 余万元进行治理，但仍不能有效地控制泥石流的发生。

第二章　水土保持监测

第一节　监测的作用和意义

一、水土保持监测工作所具有的基础作用

水土保持监测工作是一项重要的社会性基础工作，在对我国的水土资源保持方面有着深远的影响，其主要基础作用有以下三种：

1. 根基作用

水土保持监测工作提供了一线水土资源的信息、数据和最新情况，对水土流失的具体情况能做到最新最细的把握，从水土流失的实际情况出发，做出最好的应对政策，在水土流失前就做到主动出击，尽量把社会损失降到最低。通过水土保持监测工作的进行，提供、积累大量有用数据，为科技人员有效分析水土流失情况提供有力的环境、生态、自然等方面数据，在确保准确分析现况的同时，节约了分析时间，缩短了生态工程的建成时间和资金投入。

2. 生态环境作用

在当前社会经济建设中，房地产建设、铁路建设、矿产工程建设是拉动社会经济发展的主要形式，这些工程对环境的影响是明显存在的，间接影响了水土资源的原来固有分布情况。如果对水土资源产生了负面影响，那么必然会出现不符合自然规律的情况出现，这也是造成现今我国水土流失的主要原因之一。水土保持监测工作的大力开展，能从基础上实施监控，在适当时候提出预警信息，为社会经济的发展保驾护航的同时也控制了各种生态环境问题的出现，减少水土流失现象的发生。

3. 辅助性作用

地方部门在应对水土流失现象的发生时，需要最新的实时数据提供可靠的依据，从而做出应对水土流失的可靠性方法。所以，水土保持监测工作能有效地做到这一点，起到了辅助决策的作用，打破先发展后治理的传统模式，得到治理水土流失的新思路，使政府相关部门的决策更加新颖化、科学化。

二、水土保持监测工作的意义

1. 水土保持监测是提高水土保持现代化水平的基础

目前，我国的水土保持工作取得了不少成绩。但作为水土保持基础性工作的监测预报，在监测网络建设、监测设施设备、监测手段、以及监测成果用于实践等方面还不够成熟。例如美国在长期、大量的试验观测基础上，总结出了水土流失通用模型，欧洲一些国家建立的空间数据库和信息系统，可以定位、定量地反映水土流失的面积、分布、程度及其动态变化，有效地提高了水土保持措施配置的科学性、针对性及其防治效果。因此，全面提高水土保持治理与监测预报的现代化水平，是我们面临的艰巨任务，所以我们必须从基础抓起，从现在抓起，让水土保持监测预报更好地服务于经济建设、生态建设和保护，进一步提高水土保持行业的社会影响力。

2. 水土保持监测是确立水土保持决策的基本依据

我国是世界上水土流失最严重的国家之一，水土流失成因复杂、面广量大、危害严重，对经济社会发展和国家生态安全以及群众生产、生活影响极大。及时、全面、准确地了解和掌握全国水土流失程度和生态环境状况，科学评价水土保持生态建设成效至关重要。如何准确掌握水土流失的地区分布以及产生的危害和严重后果，是涉及民族生存发展的大事。所有这些，只有通过科学的监测才能掌握，才能做出正确的判断和决策。因此，做好水土保持监测预报工作极其重要。

第二节　国内外水土保持监测发展状况

经过 70 多年的快速发展，水土保持监测已从单一的坡面观测向地域尺度监测转换，从劳动密集型向技术密集型过渡、从较窄领域监测向全方位领域监测的方向发展、从单纯的地面监测发展到与遥感相结合多源多尺度监测、从间断性监测逐步过渡到自动连续监测。同时，水土保持监测设施设备正在向高质量、多功能、集成化、自动化、系统化和智能化的方向发展，逐步发展成集自动化、信息技术、网络通信、3S、信息管理系统为一体的综合应用技术。

一、水土保持监测方法体系基本形成

随着水土保持科技研究、生产实践的不断发展，我国已形成全面的监测方法体系。

1. 空间尺度体系日趋健全

在坡面（地块）、小流域和区域等不同空间尺度上，都形成了良好的监测方法。在坡面尺度上，监测对象原型包括试验坡面径流场、大型自然坡面径流场、天然坡面径流场、简易土壤侵蚀观测场等多种形式，这些原型的监测方法已经相当丰富；在小流域尺度上，监测对象原型包括构成小流域的地块和作为整体的小流域，如今不仅实现了对小流域控制站径流量和泥沙的观测，而且实现了对由地块到地块、直到流域构成的"土壤流失链"体系性的数据处理与分析；在区域尺度上，通过遥感监测、抽样监测、典型监测等方法，获取土壤侵蚀及其防治效益的数据，为我国区域水土保持综合科学考察、土壤侵蚀普查以及流域水土保持效益分析、专题调查以及区域泥沙研究等提供方法。

2. 内容指标体系逐步完善

在兼顾系统性、科学性、完备性、可操作性的基础上，国家标准、行业标准和理论著作全面阐述的监测指标体系，既能够全面反映水土保持监测内容，又能区别表达不同内容的侧重。目前，关于监测内容和指标体系的出版物主要包括SL190—2007《土壤侵蚀分类分级标准》、GB/T15772—2008《水土保持综合治理规划通则》、GB/T15774—2008《水土保持综合治理效益计算方法》、GB50434—2008《生产建设项目水土流失防治标准》、SL419—2007《水土保持试验规程》、SL592—2012《水土保持遥感监测技术规范》、SL277—2002《水土保持监测技术规程》等技术标准，以及水土保持监测理论与方法、监测技术指标体系［19］、生产建设项目水土保持监测等著作。其中，监测内容涵盖了水力侵蚀、风力侵蚀和冻融侵蚀等各种侵蚀类型，并涉及土地、径流泥沙、土壤、植被以及相关的社会经济等绝大部分水土流失治理与预防的对象。这些标准和著作为水土保持监测内容和指标的设定、数据采集方法的确定和数据处理分析提供了良好的指导。

二、水土保持监测技术加速发展

近年来，水土保持监测新技术的研发与应用日益活跃，呈现出加速发展的良好态势。此外，许多高新技术企业的介入极大地促进了现代空间信息技术以及其他的高新技术在水土保持监测中的应用。

1. 数据获取与管理体系全面

水土保持监测数据获取体系不仅包括采集、传输和管理的各个环节，而且包括各环节间的有机联系及其构成的整个体系。目前已经实现数据的高频自动采集、远距离信息传输、模型化分析处理、数字化应用与网络共享。在数据采集环节，监测的技术平台由平面网络向高空与平面结合的立体网络发展，包括了航天遥感、航空遥感、无人机监测、实时摄像、地面观测等，可以实现对不同空间尺度的水土保持监测；在数据传输环节，相关技术不仅包括传统的光盘、硬盘以及硬拷贝的方式，而且有线和无线的网络传输也逐步发展；在信息管理环节，可以做到在线或离线数据分析、海量数据存储、网络查询与即时获取、信息服务与全面共享。可见，数据采集、传输和管理体系已在水土保持监测的不同时空尺度上全面应用。

2. 信息提取效率和精度改善

现代空间信息技术的融入极大地提高了获取区域水土保持监测对象的分辨率和专题信息提取效率。这主要表现在：

（1）米级、亚米级的高分辨率遥感影像和无人机摄影影像已经广泛应用于水土保持监测当中，不仅能对梯田、淤地坝以及小型蓄水保土工程等工程治理措施进行精准监测，而且能对生产建设项目扰动土地、水土保持设施、占地类型、动态变化等进行精确定位。

（2）对植被、水体、土壤及其他相关地物敏感反映的多光谱遥感数据，可为模型化提取水土保持专题信息提供基础，如提取植被指数、土壤水分、土壤有机质、土壤盐渍化、冻融相变水量及其他专题信息。

（3）野外精确定位和导航技术为水土保持设施及水土流失影响因素对象的定位、距离与面积测量、地面坡度分析等提供方便、快捷的手段，可以应用于设施验收、现场监督、野外调查等工作中。

三、水土保持监测设施设备基本完善

水土保持监测工作的有效开展，需要水土保持监测设施设备才能实现。随着科学技术的发展，现代水土保持监测设施设备更先进、更快捷、更精确，推动水土保持监测技术向更深、更广的领域发展。

1. 技术大幅提升

目前，远距离测量、激光扫描、实时摄像、径流泥沙自动观测、侵蚀过程数字化摄影等设施设备可以高精度、快速采集微地形变化（如面蚀与细沟侵蚀）、小范围地表扰动（如挖方、堆弃土石料）、河道径流与输沙以及侵蚀因子数据。这极大地改善了水土保持监测技术手段，提高了监测数据精度和采集效率。同时，水土保持移动终端系统、iSurvey 智能调查助手以及土壤流失量评价野外调查等系统对平板电脑、智能手机、移动宝等设备的利用，使应用终端从 PC 延伸到移动手机和移动终端。这不仅让数据采集、分析、管理随时随地触手可得，而且提高了信息化程度、降低了信息化成本。

2. 功能逐渐丰富

水土保持监测的内容涉及诸多方面，在不同的空间尺度上，即使同一内容同一指标的测试方法以及设施设备均存在差异。随着科学技术的飞速发展，设施设备的组件不断更新，应用功能逐步丰富，区域适用性增强。以水土流失监测设备为例，传统的水土流失监测设施设备监测周期长、自动化程度低、可靠性差、实时在线监测能力差、人为因素对观测数据影响较大。水土流失实时监测设备，通过称重传感器测量水沙混合物的重量，液位开关控制测量体积，电磁铁控制翻斗的翻转，控制器记录翻转的时间间隔，运用在线监测方法、手段，对水土流失量进行实时测量，形成快速便捷的数据采集、传输、处理和发布系统。

3.装备程度提高

随着水土保持监测的设施设备逐步向装备化发展，形成了由单个仪器、组合设备和成套装备构成的监测装备，实现了原始创新和集成创新。近年来，相关高等院校、研究院所和企业不断研究、发明和设计开发了许多水土保持监测仪器、设施、设备和成套装备，极大地丰富了监测技术手段，提高了监测效率，扩大了监测范围和监测数据精度。例如：水土流失流动监测车使原来固定的监测设施变为可以移动到需要的地点、针对监测关注对象、按照需要设计参数进行现场试验和观测，实现了野外开展主动监测；坡面土壤侵蚀形态演变的数字化摄影观测仪，观测在降雨条件下下垫面地形的演变过程，生成下垫面的DEM，并进行土壤侵蚀量的计算；无动力水土流失过程自动监测装置将水流动力、分流和径流泥沙实时监测等技术有机融合，可以实现地块、小流域和河道径流及其含沙量的自动测定与数据分析、管理。

第三节　监测内容和方法

一、监测内容

1.区域监测应包括以下内容

（1）不同侵蚀类型（风蚀、水蚀和冻融侵蚀）的面积和强度。

（2）重力侵蚀易发区，对崩塌、滑坡、泥石流等进行典型监测。

（3）典型区水土流失危害监测。1）土地生产力下降；2）水库、湖泊、河床及输水干渠淤积量；3）损坏土地数量。

（4）典型区水土流失防治效果监测：1）防治措施数量、质量：包括水土保持工程、生物和耕作等三大措施中各种类型的数量及质量；2）防治效果：包括蓄水保土、减少河流泥沙、增加植被覆盖度、增加经济收益和增产粮食等。

中小流域监测应包括以下内容：

（1）不同侵蚀类型的面积、强度、流失量和潜在危险度。

（2）水土流失危害监测：1）土地生产力下降；2）水库、湖泊和河床淤积量；3）损坏土地面积。

（3）水土保持措施数量、质量及效果监测；1）防治措施：包括水土保持林、经果林、种草、封山育林（草）、梯田、沟坝地的面积、治沟工程和坡面工程的数量和质量；2）防治效果：包括蓄水保土、减沙、植被类型与覆盖度变化、增加经济收益、增产粮食等。

（4）小流域监测增加项目：1）小流域特征值：流域长度、宽度、面积、地理位置、海拔高度、地貌类型、土地及耕地的地面坡度组成；2）气象：包括年降水量及其年内分布、雨强，年均气温、积温和无霜期；3）土地利用：包括土地利用类型及结构、植被类型及覆盖度；4）主要灾害：包括干旱、洪涝、沙尘暴等灾害发生次数和造成的危害；5）水土流失及其防治：包括土壤的类型、厚度、质地及理化性状，水土流失的面积、强度与分布，防治措施类型与数量；6）社会经济：主要包括人口、劳动力、经济结构和经济收入；7）改良土壤：治理前后土壤质地、厚度和养分。

2. 开发建设项目监测应包括以下内容

（1）应通过设立典型观测断面、观测点、观测基准等，对开发建设项目在生产建设和运行初期的水土流失及其防治效果进行监测。

（2）项目建设区水土流失因子监测应包括下列项目：1）地形、地貌和水系的变化情况；2）建设项目占用地面积、扰动地表面积；3）项目挖方、填方数量及面积、弃土、弃石、弃渣量及堆放面积；4）项目区林草覆盖度。

（3）水土流失状况监测应包括下列资料：1）水土流失面积变化情况；2）水土流失量变化情况；3）水土流失程度变化情况；4）对下游和周边地区造成的危害及其趋势。

（4）水土流失防治效果监测应包括下列项目：1）防治措施的数量和质量；2）林草措施成活率、保存率、生长情况及覆盖度；3）防护工程的稳定性、完好程度和运行情况；4）各项防治措施的拦渣保土效果。

二、监测分类

1. 分类

（1）水土流失影响因子监测。包括降水、风、地貌、地面组成物质、植被类型与覆盖度、人为扰动活动等。

（2）水土流失状况监测。包括水土流失类型、面积、强度和流失量等。

（3）水土流失危害监测。包括河道泥沙淤积、洪涝灾害、植被及生态环境变化，对项目区及周边地区经济、社会发展的影响。

（4）水土保持措施及效益监测。包括对实施的水土保持设施和质量、各类防治工程效果、控制水土流失、改善生态环境的作用等。

2. 水土保持监测方法

对水土保持监测方法的掌握有利于水土保持监测工作的顺利进行，目前，水土保持监测方法主要有遥感解译监测、无人机监测、地面监测、调查监测等。

遥感解译监测。利用遥感影像及 GIS 系统（地理信息系统）对工程状况进行摸底，并对已经建设部分进行水土流失状况评价。在遥感图像的季相选择上，既要注意图像覆盖区域内遥感信息获取瞬间图像本身的质量，如含云量 <10% 等技术指标，又必须顾及不同区域的时效性季相差异选择，以满足瞬时状态下最大限度地使图像上尽可能丰富地反映地表信息的要求。如果可能，尽可能使用 Quick Bird 高分辨率影像。

3. 主要调查方面

（1）地表组成

利用遥感数据，结合自动解译、目视解译和野外调查相结合的方式获取翔实的土地利用信息，整理出项目区土地利用分布图和统计表。

（2）植被变化情况监测

利用遥感解译，通过调查检验，得出项目区植被类型和植被覆盖度等空间数据和属性数据。

（3）水土流失状况监测

利用前面得出的土地利用、植被盖度和地形数据等，参照《土壤侵蚀分类分级标准》利用 GIS 的分析工具并结合野外调查，分析项目区土壤侵蚀强度状况，得到项目区水土流失现状图和统计表。

（4）水土保持治理措施监测

通过高分辨率影像，解译水保措施完成情况，植被生长状况。遥感解译图像最好在工程开工前和竣工结束后两个时相进行对比。

无人机监测。利用无人机遥测系统拍摄项目区的影像数据及地形数据，结合无人机的数据处理软件，可以连续地监测施工过程中地面扰动情况，计算工程填、挖方量、弃土弃渣量、水土流失量等各项指标。使用无人机进行监测，具有影像实时传输、高危地区探测、高分辨率、机动灵活等优点。无人机监测，还能在宏观上把握工程的总体情况，同时对已建立的解译标志进行校核，提高遥感监测的准确度，是遥感监测与常规监测方法的有力补充。

4. 无人机监测的主要技术路线

（1）航摄方案设计

以监测区地形图为基础，根据监测区域地形、地貌设计航摄方案。主要包括航摄比例尺、重叠度、航摄时间等。

（2）外业工作

在航摄区域布设一定数量的地面标志，检测无人机起飞后即可野外航摄。

（3）数据预处理及格式标准化

整理航摄范围内航片、清除异常航片、错误纠正、重复航片的清除等。

（4）数据处理及解译校对

利用遥感影像处理软件对影像进行拼接、纠正、调色等处理；通过野外调查，建立解译标志；依据解译标志针对影像提取植被覆盖度及土地利用信息；利用 GIS 坡度分析功能从 DEM 数据空间分析获取坡度信息。

5. 调查监测

通过询问、收集资料、典型调查、重点调查和抽样调查等方法，对相关的自然、社会和经济条件，水土流失及其防治措施、效果，水土保持项目管理、执法监督等情况进行全面接触和了解，掌握有关方面的资料，力求真实客观地反映水土保持状况，实现为动态监测服务。

第四节　成果应用

1. 监测成果管理

水土保持监测资料在由下级监测机构经过整编后，上报至上级监测机构，由省级以上水土保持监测机构统一管理。水利部水土保持监测中心负责全国范围内的监测成果管理。

2. 监测成果公告

国家和省级水土保持监测成果实行定期公告制度，监测公告分别由水利部和省级水行政主管部门依法发布。省级监测公告发布前须经水利部水土保持监测中心审查。

公告内容主要为：本辖区内的水土流失的面积、分布状况和流失程度；水土流失造成的危害及其发展趋势；水土流失防治情况及其效益等。

其中水利部水土保持监测中心负责全国范围内的监测公告工作，各流域、各省、自治区、直辖市在经过水利部水土保持监测中心和同级水行政主管部门的审定同意后，分别公布其所辖区的水土流失监测情况。水土流失监测工作五年为一个公告周期，每年公告年度水土流失监测结果，重点省、重点区域、重大开发建设项目的监测成果可根据实际需要发布。

3. 监测成效

我国水土保持监测始于 20 世纪 30 年代，在福建长汀、重庆北碚、甘肃天水及陕西长安等地建立了水土保持试验站，开展了水土流失定位观测。新中国成立后，水利部先后三次组织了全国土壤侵蚀调查，查清了水土流失面积、分布状况和流失程度，为国家生态建设提供了决策依据。水土流失规律、防治措施效益和预测模型等方面的试验研究，为水土流失动态监测预报奠定了基础。1991 年《中华人民共和国水土保持法》的颁布，标志着我国水土保持监测工作进入了一个新的发展阶段。

4. 主要表现

（1）全国水土保持监测网络和信息系统完成了一期工程建设。初步建成了水利部水土保持监测中心、长江和黄河 2 个流域监测中心站、中西部 13 个省（自治区、直辖市）监测总站和 100 个监测分站，建立了 18 个综合典型监测站和 260 多个观测场。

（2）监测制度和技术标准初步建立。水利部发布了《水土保持生态环境监测网络管理办法》和《开发建设项目水土保持设施竣工验收管理办法》，明确了各级监测机构职责、监测站网建设、资质管理、监测报告制度和监测成果发布等，并发布了《水土保持监测技术规程》等一系列的技术标准，规范了数据采集与处理、分析评价和资料整（汇）编工作。

（3）水土流失动态监测全面展开。在全国不同水土保持类型区开展了水土流失定点观测：在长江三峡库区、黄河中游多沙粗沙区、南水北调中线水源区和三江源头区等重点地区开展了水土流失危害及其发展趋势监测；对东北黑土区综合防治试点工程、京津风沙源治理工程、黄土高原淤地坝工程等国家重点生态建设项目进行了防治效果监测；对新建铁路、公路、电厂和西气东输等多项大中型开发建设项目的人为水土流失进行了动态监测。水利部发布了 2003 年和 2004 年全国水土保持监测公报，12 个省（自治区、直辖市）公告了年度监测成果。

（4）基础数据库和信息系统建设初显成效。我国建立了以县为单位的全国 1∶10 万水土流失空间数据库，重点地区水土保持数据库，抢救性地整理了一批时间序列长、观测指标完整的试验观测数据和典型小流域监测数据。全国建成的水土保持基础数据库数据总量达 1100GB，形成了不同空间尺度的数据库系统，这为实现水土保持信息化奠定了基础。

（5）水土流失预测预报进展顺利。深入研究了降雨、土壤、地形、植被和耕作等对水土流失的影响，探索和研究了坡面、小流域和区域水土流失预测预报模型，并取得了初步成果。

第三章　水土保持生态修复

水土保持生态修复是一项非常复杂的系统工程，其目的在于建立一个人类和生态系统和谐共处的新型持久生态系统。黄土高原作为我国乃至世界上水土流失最严重的地区，在我国经济建设以及国家能源、粮食和生态安全、社会稳定的全局中，具有十分重要的战略地位，是我国水土保持工作的重点地区。黄土高原水土保持生态修复过程中面临的诸多问题在我国目前生态文明建设中具有典型性，其水土保持生态修复的途径、治理基本思路、修复范式对当前生态文明建设理论和实践具有重要的参考价值。

第一节　水土保持生态修复的理论依据

一、生态系统退化的原因

生态修复是针对生态退化和生态破坏而言的。当生态系统的结构变化引起功能减弱或丧失时，生态系统是退化的。引起生态退化的原因很多，干扰是其中的主要原因之一。由于干扰打破了原有生态系统的平衡状态，使系统的结构和功能发生变化和障碍，形成破坏性的波动或恶性循环，从而导致系统的退化。事实上，干扰不仅仅在物种多样性的发生和维持中起着重要作用，也会对生物的进化产生重要的影响。干扰可分为两个方面，即自然干扰和社会干扰。自然干扰包括火、冰雹、洪水、干旱、台风、滑坡、泥石流、崩塌、海啸、地震、火山、冰河作用等。社会干扰包括有毒化学物的释放与污染、森林砍伐、植被过度利用、露天开采等。干扰的强度和频度是生态系统退化程度的根本原因。过大的干扰强度和频度，会使生态系统退化成为不毛之地，而严重退化的生态系统的恢复是非常困难的，需要采取一些工程措施和生物措施来进行恢复。

二、水土保持生态修复的理论依据

1.整体性原理

区域生态系统是由自然、经济、社会三部分交织而成的有机整体。其中，组成复合系统的各要素和各部分之间相互联系、相互制约，形成稳定的网络结构系统，使系统的整体结构和功能最优，处于良性循环状态。遵循这一原理，在黄土高原生态恢复中，必须在整体观指导下统筹兼顾，统一协调和维护当前与长远、局部与整体、开发利用与环境保护的关系，以保障生态系统的相对稳定性。

2. 限制因子原理

生物生存和繁殖依赖于各种生态因子的综合作用，但其中必有一种或少数几种因子是限制生物生存和繁殖的关键因子。若缺少这些关键因子，生物生存和繁殖就会受到限制，这些关键因子称为限制因子。在黄土高原生态恢复中，水分是主要制约植物生长的限制因子，这是由该区特殊的土壤结构造成的。由于黄土疏松通透，结构性差，在暴雨的打击下，极易形成大量的超渗流，而土壤自身持水能力差，从而使植物的生长受限。因此，采取有效措施，最大限度地把有限的大气降水充分保持与利用起来，改善土壤水分状况，是恢复该区生态系统的重要物质前提。

3. 大小环境对生物具有不同影响原理

生物生存所依赖的环境有大环境和小环境。大环境是指地区环境，如该区的大气环流、气候、地形、土壤及地带性植被等大范围的环境状况。小环境则指的是对生物有着直接影响的邻接环境，如植物所在区域近地面的大气状况、温度状况、湿度状况、土壤状况以及周边生物等。大小环境对生物具有不同影响。大环境决定生物可以在多大尺度范围内定居，而具体定居于何处，则通常由小环境决定。该原理为构建黄土高原不同类型生态退化区的生物群落，选择适合当地生态恢复的物种提供了理论指导。

4. 种群密度制约与空间分布格局原理

无论何种生态系统，其间物种的生存都会受环境容量的限制。根据阿里规律，种群密度太高或太低都可能成为种群发展的限制因子。种群分布有随机、均匀和集群分布三种基本格局。在自然生态系统中，集群分布往往是最为普遍的分布格局。实际上，对于有些物种，集群分布可能更有利于种群的生存和发展。因此，在生态恢复与重建中，应在了解物种种群空间分布规律的基础上，因物种不同而选择合适的种群密度与布局方式，改变过去那种整齐划一的方格状布局。

5. 物种多样性原理

生物群落是在特定的空间或特定的生境条件下，生物种群有规律的组合，其内部往往存在着丰富的物种与复杂有序的结构，并且生物与环境间、生物物种间具有高度的适应性与动态的稳定性。这种群落的稳定性来源于生物物种的多样性。而植物多样性又是生物群落中其他生物多样性的基础。遵循这一原理，在黄土高原人工林建造过程中应注意多种植物合理配置，科学构建多树种的混交林，尽量避免造单一树种的纯林。

6. 群落演替原理

群落演替包括原生演替、次生演替两种类型，通常次生演替的演替速度较原生演替速度快。在群落退化过程中的任何一个阶段上，只要停止对次生植物群落的持续作用，群落就从这个阶段开始它的复生过程。演替方向仍趋向于恢复到受到破坏前原生群落的类型，并遵循与原生演替一样的由低级到高级的过程。遵循这一原理，在生态恢复过程中，可对一些退化生态系统进行适度撂荒，减少人为干扰，其恢复尽可能保持与群落演替阶段相一致，将有助于生态系统的恢复。

7. 生物间相互制约原理

生态系统中生物之间通过捕食与被捕食关系，构成食物链，多条食物链相互连接构成复杂的食物网。由于它们的相互连接，其中任何一个链节的变化，都会影响到相邻链节的改变，甚至导致整个食物网的改变，并且在生物之间这种食物链关系中包含着严格的量比关系，处于相邻两个链节的生物，无论个体数目、生物量或能量均有一定比例，通常前一营养级生物能量转换成后一营养级的生物能量，遵循林德曼"十分之一定律"。在黄土高原生态恢复中，遵循这一原理，进行合理的生态设计，巧接食物链，发挥其最大功能和作用。

8. 生态效益与经济效益统一原理

在生态恢复中，为了在获取良好生态效益的同时，获得较高经济效益，应注意合理配置资源，充分利用劳动力，调整产业结构，优化产业布局，进行专业化、社会化生产，以提高综合经济效益。

9. 生态位原理

在生态系统中，每个种群都有自己的生态位，其反映了种群对资源的占有程度以及种群的生态适应特征。在自然群落中，一般由多个种群组成，它们的生态位是不同的，但也有重叠，这有利于相互补偿，充分利用各种资源，以达到最大的群落生产力。在特定生态区域内，自然资源是相对恒定的，如何通过生物种群匹配，利用其生物对环境的影响，使有限资源合理利用，增加转化固定效率，减少资源浪费，是提高人工生态系统效益的关键。遵循这一原理，在黄土高原生态恢复中，考虑各种群的生态位，选取最佳的植物组合，是非常重要的。如"乔、灌、草"结合，就是按照不同植物种群地上地下部分的分层布局，充分利用多层次空间生态位，使有限的光、气、热、水、肥等资源得到合理利用，同时又可产生为动物、低等生物生存和生活的适宜生态位，最大限度地减少资源浪费，增加生物产量，从而形成一个完整稳定的复合生态系统。

10. 干扰与演替原理

群落的自然演替机制奠定了恢复生态学的理论基础。演替有原生演替和次生演替两种基本类型。发生哪一种类型，是由演替过程开始时土壤条件所决定的。一般来说，生态演替是可预见、有秩序的变化系列。在演替过程中，一个生态系统被另一个生态系统所代替，直到建立起一个最能适应那个环境的生态系统。生态演替可看作是在外界压力不复存在之后，生态系统所经历的一系列恢复阶段。对受损生态系统恢复过程的关键性理解之一，就是被干扰后演替的最终结果和它们与正常演替的关系。自然干扰作用总是使生态系统返回到生态演替的早期阶段。一些周期性的自然干扰使生态系统呈中周期性演替现象，成为生态演替不可缺少的动因。人为活动的干扰是否仅仅是将一个生态系统位移到一个早期或更为初级演替阶段，还是它从开始就是与自然干扰所发生的演替明显不同的类型？实践表明，这两类干扰的结果是明显不同的。干扰如果很严重，使环境变化如此剧烈，以致演替向新的方向进行，永远也不能重建原来的顶极群落了。当干扰持续到生态系统接近死亡阶段时，恢复与重建可以使其在某些水平上恢复平衡，但与原来的正常状态不同。天然恢复过程是要经历很长时间的，在严重干扰后，需要的时间更长。生态演替在人为干预下可能加速、延缓、改变方向以致向相反的方向进行。究竟朝哪个方向进行，取决于人类的行为。

第二节　水土保持生态修复的基本原则

水土保持生态修复要求在遵循自然规律的基础上，通过人类的作用，根据技术上适当、经济上可行、社会能够接受的原则，使受害或退化的生态系统重新获得健康并有益于人类生存与生活的生态系统重构或再生的过程。水土保持生态修复的基本原则有以下几个方面：

1. 生态学为主导的原则

水土保持生态修复的基础依据是生态学的理论及原理，进行水土保持生态修复时，需要坚持以生态学为主导，遵循生态学的规律以及原则。自然法则是生态系统恢复与重建的基本原则，也就是说，只有遵循自然规律的恢复重建才是真正意义上的恢复与重建，否则只能是背道而驰，事倍功半。只有在充分理解和掌握了生态学的理论和原则的基础上，才能更好地处理生物与生态因子间的相互关系，了解生态系统的组成以及结构，掌握生态系统的演替规律，理解物种的共生、互惠、竞争、对抗关系等，从而更好地依靠自然之力来恢复自然。

2. 自然修复为主、人工干预为辅的原则

黄土高原生态修复要充分利用生态系统的自组织功能。当外界干扰未超过生态系统的承载能力时，可以按照自组织功能依靠自然演替实现自我恢复目标。当外界干扰超过生态系统的承载能力时，则需要辅助人工干预措施创造生境条件，然后充分发挥自然修复功能，使生态系统实现某种程度的修复。

3. 流域整体修复的原则

水土保持生态修复属于小流域综合治理中对生态修复理论以及技术的应用，以提升生态系统自我修复能力来加快水土流失的治理步伐。因此，对小流域治理中的生态修复，需要以流域为单位，从整体设计上保持生态修复的布局。与此同时，由于流域与上游以及下游之间有着紧密的联系，为了使生态修复效果更佳，将流域作为一个单元进行规划设计是一个必要的措施。

4. 因地制宜原则

我国是一个领土面积广阔的国家，不同的地区自然条件差别较大，在降水量、水土流失强度、林草覆盖率、人口以及社会经济条件等方面都有着很大的差别。因此，生态修复的措施上也有着一定的区别。由此可见，在一个地区的成功实例，并非完全适宜另一个地区，机械、教条的应用甚至无法达到治理的效果。在进行水土保持生态修复工作中，需要根据当地的实际情况，通过认真分析、研究植被恢复的特点，从而选择出适宜的生态修复技术及方法，促进生态修复工作的顺利开展。

5. 生态修复措施和工程措施相结合的原则

水土保持生态修复措施并不能够将传统的以及成功的水土保持措施完全替代，一些比较成功的水土保持工程措施在治理水土流失方面发挥着极其重要的作用，如坡面水系工程、经果林建设工程。水土保持生态修复作为治理水土流失的新技术以及新手段，使传统水土流失质量得到进一步完善，在生态修复规划以及设计中，需要将生态修复措施和工程措施相结合，从而使水土保持工作得到最佳发挥。

6. 工程措施和非工程措施相结合的原则

在应用传统的坡面水系工程、经果林建设工程等措施进行水土保持生态修复的同时，还应采取相应的非工程性措施。政策保障以及公众支持是水土保持生态修复工作顺利开展的必要前提。有效地开展封禁措施、退耕还林（草）、生态移民以及产业结构调整工作，就需要政策保障以及公众支持。这需要着重从两个方面出发：其一，加强对公众的宣传和教育，使之得到当地公众的支持以及参与，从而更好地落实修复措施；其二，这些措施的采取需要一系列的政策和机制来保证，如封禁区居民的生活保证、产业结构调整的进行、生态移民权益的保障以及退耕还林（草）后农民土地的补偿等，这些都需要有相应的非工程措施与之配合，而这些措施是生态修复工作的重要组成。

7. 经济可行性原则

社会经济技术条件是生态系统恢复重建的后盾和支柱，在一定程度上制约着恢复重建的可行性、水平与深度。虽然水土保持生态修复具有省钱且效果显著的优点，但是这并不意味着在进行水土保持生态修复规划设计中可以不考虑经济可行性的原则。所谓的经济可行性原则，是在水土保持生态修复工作中的投入既要符合当前经济发展水平，使资金的投入有可靠的保证，又要分析封禁、退耕还林（草）等水土保持生态修复手段对当地经济发展的影响。对于一些条件允许的地区可以实行严格的封禁，若条件不允许则应该从经济可行性原则出发，将修复与开发利用相结合，从而保证既能够做到经济的发展，又能够很好地保护生态环境。

8. 可持续发展性原则

可持续发展强调，要实现人类未来经济的持续发展，就必须协调人与自然的关系，努力保护环境。而作为人类生存和发展手段的经济，其增长必须以防止和逆转环境进一步恶化为前提，停止那种为达到经济目的而不惜牺牲环境的做法。但可持续发展并不反对经济增长，反而认为，无论是发达地区还是贫穷地区，只有积极发展经济，才是解决当前人口、资源、环境与发展问题的根本出路。

第三节　水土保持生态修复的目标

坚持生态环境保护优先，重视自然恢复，通过必要的保护与建设措施，实现生态系统的良性循环，保障国家生态安全，正确处理生态环境保护与经济社会发展的关系，促进黄土高原生产生活条件改善和农牧民增收。全面贯彻落实《全国生态环境建设规划（1998—2050年）》、《全国主体功能区规划》、《全国生态保护与建设规划（2013—2020年）》、《全国土地利用总体规:划纲要（2006—2020年》、《全国城镇体系规划纲要（2005—2020年）》、（国务院关于落实科学发展观，加强环境保护的决定》、《全国水土保持规划（2015—2030年》、《黄土商原地区综合治理规划大纲（2010—2030年）》、《全国草原保护建设利用总体规划）等，从严格执法入手，大力开展生态修复工作，建立有效的生态补偿机制和生态环境监管机制，促使今后开发过程中不产生新的生态环境问题，并有计划地解决过去历史遗留的生态环境问题。要以科技为先导，典型示范来开路，力争用10年左右的时间从根本上转变生态环境恶化的趋势，使大部分矿区环境质量有明显的改善，并建成一批景观优美、空气清新、碧水蓝天的环境综合整治示范区。用15年左右的时间，建成与我国经济社会发展相适应的水土流失综合防治体系，实现全面预防保护，林草植被得到全面保护与恢复，重点防治地区的水土流失得到全面治理。预计到2020年，全国新增水土流失治理面积32万km²，年均减少土壤流失量8亿t；到2030年，全国新增水土流失治理面积94万km²，年均减少土壤流失量15亿t，并逐步建设成生产发展、生态良好、生活富裕、人与自然和谐的新型环境。社会、经济、文化和生活需要不同，生态系统的恢复目标也将有所差异。但是无论具体情况如何不同，都存在基本的恢复目标或要求，生态修复的目标是健康的生态系统。根据生态系统的特点，具体要恢复的生态系统可以归结为以下四个方面的功能，主要包括（见表3-1）：

表3-1 水土保持生态修复基本目标

分类	水土保持生态修复基本目标
恢复生态功能	每一个自然生态系统都有它所特有的生态功能，或者涵养水源，或者保持水土，或者防风固沙等。修复其生态功能即是修复它的这个生态过程，让它的生态进入一个正常的循环过程，如良好的水循环。其次是修复它的生态结构，也就是修复成一个完整的生态系统。具体而言，就是修复物种的多样性和完整的群落结构
恢复生态的可持续性	可持续性包括两个方面：一指生态的抵抗能力，抵抗能力也可以看作是恢复能力。在自然变迁时候，生态系统可以不断调节自身，来适应外界的变化，在此过程中动植物情况有所交替，但是生态系统整体不会受到破坏。正如倒了一棵树，还会长出来，同时周围的植物也会覆盖这块地。而且，病虫害也不会大规模爆发，生态系统内部物种繁多且复杂，这就使得它的抵抗能力增强，不容易被单一的病虫害摧垮
生态的自我恢复能力	即使生态系统的一部分被外力破坏了，它也会很快自我修复。以上这两个方面决定了一个生态系统的可持续性和自我维持性
修复生态系统特有的文化和人文特色	地理位置的不同决定了生态系统自然状况的不同，这也决定了当地物种的类型和当地人的生活习惯。修复的生态系统只有与人和自然两个方面相符合，才能最终达到一个健康生态系统的目的

第四节　水土保持生态修复的特点和存在的问题

一、水土保持生态修复的特点

1. 水土保持生态修复的主要手段需重视封育保护

水土保持生态修复是通过降低乃至解除生态系统超负荷的压力，从而依靠自然的再生以及调控能力来促进植被的恢复以及水土流失的治理。因此，在水土保持生态修复中，采取封山禁牧，停止人为干扰是其主要的手段之一，而封禁是其核心。通过大量的实践证明中可以看出，采取封禁治理，能够在很大程度上提高林草的覆盖率，土壤侵蚀模数明显降低，从而使水土流失问题得到有效的治理，很好地改善了当地的生态环境。

2. 水土保持生态修复适宜程度和难度将有很大的差别

水土保持生态修复适宜地区的选择是有条件的，不同地区的适宜程度和生态修复的难度差异很大。其主要表现在以下几点：1）对于人口密度以及土地承载力越小的地方，越适宜生态修复的开展；2）地区的降水量需保持最少在 300mm 以上；3）为了能够更好地保障耐旱、耐贫瘠草、灌的生长，区域内的土层厚度应超过 10cm；4）即使区域水上流失严重，但并非是寸草不生；5）区域内的林草覆盖率需大于 10%；6）人均基本农田需大于 0.03hm²；7）区域内无严重的地质灾害，如泥石流、滑坡等。理论上讲，水土保持生态修复只要是对土地没有高效高产要求以及不是寸草不生的情况下都可以实施，但是其修复的适宜程度和难度将有很大的差别。

3. 水土保持生态修复离不开人工及政策措施的辅助

依靠封禁并非是水土保持生态修复的唯一途径，其生态修复还离不开人工以及政策措施的辅助。其一，可采取人工育林育草的措施加快封禁区的生物量生长，如因地制宜地补植补种以防治病虫害等，同时保证生态用水等措施也是非常重要的。其二，有必要采取相应的管理措施，只有将封禁区的管理工作做好，才能够更好地保障居民的生产生活，同时也能够更好地促进封禁区水土保持生态修复取得一定的成效。

4. 水土保持生态修复周期比较长

由于植被的生长需要一定的时间，相比较于工程措施而言，生态修复的周期较长，其效益往往需要 3~5 年之后才将慢慢体现。例如：经果林在 3~5 年才能够大见成效；坡改梯及小型水土保持工程当年就能见到成效。同时，植被恢复的速度与当地的自然条件有着紧密的联系，在自然条件差的条件下，植被恢复的速度自然变慢。由此可见，水土保持生态修复的成效相对来说较为缓慢，其功能的完善与发挥所花费的时间要更长。

二、水土保持生态修复存在的问题

1. 思想意识淡薄，专业知识缺乏

人类不合理的经济活动是造成水土流失的直接原因，如滥伐森林、陡坡开荒、顺坡耕地、过度放牧、铲挖草皮、乱弃矿杂废土等。特别是无规划地生产建设等违法行为十分严重，诸多活动中产生的水土流失所造成的河库淤积、生态系统退化、面源污染等危害，对人类的生存、社会经济发展及生态环境建设均造成严重的影响。2012 年底，煤炭产量约占中国 1/4 的山西省发布数据显示：30 多年来，山西省累计生产原煤 100 亿 t 左右，同时也形成了采空区 5000 多 km²，数百个村庄面临地面塌陷和滑坡等地质灾害。"十二五"期间，山西省确定需要治理的沉陷区达 1100km²，将搬迁 3315 户危险区居民，涉及两万余人。在山西省吕梁市临县林家坪镇南 15km 处的兴旺山村，满目是残垣断壁，夹杂着滑坡和泥石流留下的痕迹。烈头当空，全村却出奇地安静。300 余座新旧窑屋的墙上、壁上、拱顶上，几乎 9 成开裂，窄的裂缝如针尖，宽的有三四寸，呈"人"字形或"川"字形交错。大多数房门上挂着生了锈的锁，院里枣树抽芽，但已人去屋空。有的房屋干脆塌成一团土墟，墟上冒出荒草。《临县 2012 年地质灾害防治方案》里，明确将林家坪镇的兴旺山村、南庄村、棱头村、白家峁村、丰山村列为"地裂缝、地面塌陷高易发区"，并确认，导致上述灾害性水土流失事件发生的原因是矿区"采矿不当"。因此，应加强全国各级领导和群众对水土流失危害性的认识，提高水土保持生态建设在生态文明中的地位，加强执法力度，整顿执法队伍。执法人员自身应具备一定的专业知识，加强后期的学习，做到知识进取与执法为人一体化。

2. 植被严重退化，水土流失加剧

天然草地在干旱、风沙、水蚀、盐碱、内涝、地下水位变化等不利自然因素的影响下，或过度放牧与割草等不合理利用，或滥挖、滥割、樵采破坏草地植被，引起草地生态环境恶化，草地牧草生物产量降低，品质下降，草地利用性能降低，甚至失去利用价值的过程称为草地退化。草地退化既包括草的退化，也包括地的退化。草地退化主要是由于人类从草地上不断取走大量的物质与能量，草地长期入不敷出，违背了生态平衡的基本原则而造成的。其中最直接、最重要的原因是：1）过度放牧。草地上放牧的家畜长期超载，频繁啃食和践踏，牧草光合作用不能正常进行，种子繁殖和营养更新受阻，生机逐渐衰退。2）不适当开垦、挖药材、砍薪柴、割草、搂草、搂发菜等，破坏了草地植被，使风蚀、水蚀、沙漠化、盐渍化和土壤贫瘠化加剧。3）管理不当。在居民点、畜群点、饮水点或河流、道路两侧，由于缺乏保护与管理措施，各种不适当因素强烈影响，草地退化以同心圆或平行于河流、道路的形式，逐步向外扩展，离基点、路道、水源越近、退化愈严重。随着牧区经济的迅速发展，过度的放牧及对草场养护知识的缺乏，使草场超负荷放牧，对牧场周边农田过度开发，导致不合理的资源利用，使草原植被覆盖率下降，草原生产力降低，草原生态环境恶化。

3.土壤贫瘠，营养流失过度

经济的快速发展、过度地开发利用土地及基建工程的不文明施工，导致严重的水土流失。工程建设将扰动原地貌、损坏土地和植被。土石方的开挖及其他建设活动，势必会引起地表植被损坏，使裸地在雨水冲刷下引起水土流失，从而带走土壤表层中的营养元素，破坏土壤的理化性质，影响植被的生长。同时，若对原有的耕植土不加以合理堆放及采取相应临时防护等措施，势必会导致耕植土的流失，在流失过程中会带走大量养分，从而使土壤肥力降低，影响绿化效果。如崩岗侵蚀（水土流失特殊形式）则会使地形破碎，土层丧失，土壤养分流失，良地变成难以利用的侵蚀劣地。据调查，江西赣县崩岗侵蚀区年均流失量在8.5万t/km²，平均每年流失土层1cm左右。崩岗形成后，土壤表土流失，碎屑层裸露地表，地薄缺肥，温高缺水，土壤肥力极差，土壤有机质大量减少，且植被难以恢复，治理难度大。经过强烈水土流失，土壤有机质含量仅有0.3%左右，造林种草成活率低，生长缓慢。土壤有机质的大量流失，使土壤满足不了植物生长需要，造成植物生长缓慢，影响绿化景观及农作物收成。地瘠民贫，给居民生活生产带来难以估计的损失和危害。

4.科研不够成熟，技术进展过慢

生态修复是一项长久的工程，我国生态修复研究近年虽然对生态恢复重建的理论和实践已有过一些研究和探索，但恢复重建的理论体系和技术体系尚未形成。研究中只注重恢复有效的植物群落范式试验，相对忽视了对自然界自然规律恢复过程的研究；注重对植物多样性及小气候的研究，相对忽视对动物，土壤生物的研究；注重对生态效益、经济效益、环境效益及其评价的研究，缺乏对生态功能和结构的综合评价。因此应尽快发展建立有中国特色的生态修复理论和实践，促使我国自然、经济和社会的可持续发展。

第五节　水土保持生态修复范式运行的内在机制

黄土高原通过人工措施，使受损生态系统恢复合理的结构和功能，使其达到能够自我维持的状态。近年来，黄土高原各地实行的"封山育林、封山禁牧、建立自然保护区"等措施在增加地表覆盖、控制水土流失等方面起到了良好效果，使人们逐步认识到通过不同时段的人工诱导，生态系统自身可以修复被破坏的现状，控制环境进一步恶化，达到费省效宏的效果，甚至优于同类型条件下的人工高度治理的流域。为此，水利部在总结多年来水土保持实践经验的基础上，对水土保持生态建设提出了新的思路，即在水土保持生态环境建设中，坚持人与自然和谐共处的理念，充分利用和发挥生态系统的自我修复能力，以加快植被恢复，加强植被保护和增加植被覆盖为基础，积极开展综合治理，实施大面积生态恢复，实施生态自我修复与人工治理相结合的方式，即大封育小治理的水土流失防治范式，加快水土流失治理的步伐。水土保持生态修复范式运行的内在机制如下：

1. 生态修复范式运行中的动力机制

"任何系统的运转都离不开动力的支持，没有动力的支持则系统难以运转"。水土保持生态修复范式作为一个将各种要素组装起来的系统，其运转过程中必然需要一定的推拉动力（包括内动力和外动力），否则，就难以成为一个有价值的范式。动力机制对生态系统恢复范式而言，就是在一定影响范围内，要对每一个影响可持续发展的具体因子给予关注，并且要有关注的动力，使之具有主动性。从主体因素来看，水土保持生态修复范式运转所需要的动力主要来源于黄土高原地区的各个主体对生活水平目标提高的追逐，对环境改善程度增大的希望和对经济不断发展及社会不断文明的期盼。而这些目标的实现过程，是一个耗费能量的过程（精神能和物质能），需要源源不断的能量补给。这种存在于能耗与能补之间的关系及其确保这种关系的协调发展便成为动力机制运转的核心所在。

对于黄土高原地区生态系统恢复主体来说，动力机制的运转能否顺畅首先涉及是否能够保证农民收入和地方财政在一个可以预见的未来有所增长。当然，不管是农民个人，还是地方政府群体，其水土保持生态修复范式的方式及收入增长的来源渠道可以有多种，如直接增加产品产出，外部或上级主体的投资或资金拨入等。因为这关系到区域内部主体的积极性问题，即动力生成问题。如果不能存在一个预期，或者不能出现一个理想的预期，则造成对区域主体缺乏刺激或者刺激不够而导致动力衰减，并由此而最终影响黄土高原地区水土保持生态修复范式的运转。因此，在水土保持生态修复范式中，其动力机制运转的关键在于采取多种措施来不断地培育动力，运用正确的方式来不断增强对区域主体的刺激（正的刺激或负的刺激），使之能够确保生态系统恢复范式运转所耗费的能量补给，从而保障黄土高原地区水土保持生态修复范式的顺畅。

2. 生态修复范式运行中的协调机制

水土保持生态修复范式作为一个系统，是由许多个不同的子系统组成的，如从构成模块来看，就有环境子系统、经济子系统、社会子系统等；从能量传输关系看，又有投入子系统和产出子系统。而在每个子系统内，也存在着许多个不同的单元，如在经济子系统内，就有农业经济单元、工业经济单元和商业经济单元等；在投入子系统内，也存在着物质要素投入单元和劳动力要素投入单元等。而每一个单元又存在着许多个不同的部件，如农业经济单元中，有种植业生产、畜牧业生产和林业生产等。因此，要保持范式的良好运转，则各个部件、单元或者子系统之间就必须相互协调、密切配合，使之成为一个有机的整体。事实上，水土保持生态修复范式作为一个开放型的系统，是一个有机的整体，其内部的各个子系统、单元或部件之间毫无疑问地存在着互相依存、互相联系的高度"关联性"。范式系统内的各个组成要素之间的联系不是简单的拼凑和组装，而是通过分工与协作，把各个功能相异的构成要素组装成一个具有完整功能的、能够有利于实现当地可持续发展目标的系统。其要素、部件、单元及子系统之间的分工是紧紧围绕着当地可持续发展目标的实现所做出的分工，其相互协作也是由此而进行的相互配合，是对分工的一种落实。以资源利用子系统各个要素之间的分工关系建立的基础，也是实现其相互之间有机配合和密切协作的关键。因此，建立和完善生态系统恢复范式运转中的协调机制，对增强范式的功能和提高范式的运转效率具有重要意义。

3.生态修复范式运转中的自修复机制

修复机制是指水土保持生态修复范式系统在推广或者运转过程中，由于外部环境与条件的变化，使得原有的或者既定的范式在某些方面因不能适应这些新的变化而自我做出的适当调整，使之在符合或者遵循自身内在演变轨迹的情况下，职能更加完善，作用更加强大。自修复机制的建立反映了事物发展过程中的动态演变规律，又说明了同类区域里的不同地域之间存在着的一定差异，是既定范式在推广过程中对外在变化的一种本能反应，因而成为水土保持生态修复范式运转过程中的内在要求。

由于各种自然的（如自然环境的变化等）和社会的原因（如技术的进步、生产力水平的提高和生产关系的变革等），社会经济系统总是处于不断变化的状态。水土保持生态修复范式作为一种特殊的社会经济系统，自然也会在周围环境与条件的发展变化过程中呈现出一个动态演进的状态。而这种演进的过程不能离开水土保持生态修复范式的本质特点来进行，必须依循其内在的固有轨迹来展开。为此，在水土保持生态修复范式的运转过程中，就必须构造和建立一种能够完成这种使命的机制。

建立水土保持生态修复范式运转中的自修复机制，主要存在着两个方面的原因：其一是从横向看，在同样一个类型区域，如西北的黄土高原丘陵沟壑区，尽管大的地形地貌相似，自然条件趋同，但各个县域之间仍然存在着一定的差异，或者是微气候条件上的差异、或者是社会经济发展水平上的区别、或者是文化背景与风俗习惯上的不一，这就使一个既定的范式不能完全照搬照套，而应该根据当地的具体情况对范式做出适当的调整，使之更加符合推广地区的实际。如峁状丘陵沟壑区和梁状丘陵沟壑区同属于黄土高原丘陵沟壑区，但又有事实上的区别。其二是从纵向看，事物发展的动态性特征更加明显，尤其是生产力水平的不断提高和生产关系的不断调整，更是对一个范式成功与否的严峻挑战。如果范式不能对此做出自我调整和自我适应，那么该范式的生命力将十分有限。当然，在自我调整与自我修复的过程中，其方式和方法可以是多种多样的，如在范式内部引入新的成分，或者分化出新的子系统，或者增加新的要素，等等。总之，要运用一切办法使范式能够得以正常运转，并且保持在一个高效和富有生机的运转状态。

第六节　水土保持生态修复产生成效和途径

一、水土保持生态修复产生成效

在长期的实践中，我国水土保持生态修复工作积累了丰富的防治经验，走出了一条具有中国特色水土保持生态修复之路。最主要的有两条：一是坚持以小流域为单元的综合治理，形成综合防护体系。在重点治理区，因地制宜、科学规划、工程措施、生物措施和农业技术措施优化配置，山、水、田、林、路、村综合治理。目前，这条技术路线在实践中取得了巨大的成功，受到广大干部群众的欢迎，已成为我国生态建设的一条重要技术路线。二是坚持生态效益、经济效益和社会效益统筹。在治理中妥善处理国家生态建设需求、区域社会发展需求与当地群众增加经济收入需求三者的关系，把治理水土流失与群众脱贫致富紧密地结合起来，调动群众参与治理的积极性。

1. 植被覆盖率大幅度提高

据调查，各地在实施水土保持生态修复措施之后，植被覆盖率迅速增加。陕西省吴起县封禁4年，林草覆盖率提高了31%。福建省永泰县封育治理后植物种类增加了近3成，森林覆盖率由2.3%增加到43.3%。内蒙古自治区鄂托克前旗、乌审旗毛乌素沙地的植被覆盖率由10%提高到40%~50%。1995年，广东省在全国第一个实现了绿化达标，植被覆盖率普遍提高了30%~50%。江西省兴国县曾是一片"红色沙漠"，如今坚持实行封禁治理，突出预防保护措施，已收到了明显效果，目前全县林草覆盖率达74%。过去河床以年均4~6cm的速度在淤积抬高，如今以5~7cm的速度在降低，有效的减轻了洪水灾害，改善了农业生产条件和生态环境，促进了经济和社会的全面发展。生态修复之所以带来如此巨大的变化，是因为封育保护解除了生态系统所承受的超负荷压力，系统自我组织和调控作用增强，区域林草植被种类和数量必然增多，水土流失程度自然减轻。

2. 保土减沙效益明显

20世纪80年代中期至90年代中期，正是我国水土保持工作全面加强的时期，水土流失综合治理工作在局部地区特别是水蚀区成效是显著的。截至2009年底，全国累计完成水土流失初步治理面积105万km²，其中建设基本农田0.141亿hm²，建成淤地坝、塘坝、蓄水池、谷坊等小型水利水土保持工程740多万座（处），营造水土保持林0.5亿hm²。经过治理的地区，群众的生产生活条件得到明显改善，有近1.5亿人从中直接受益，2000多万贫困人口实现脱贫致富。水土保持措施每年减少土壤侵蚀量15亿t，其中黄河流域每年减少入黄河泥沙4亿t左右。黄河的一级支流无定河经过多年集中治理，入黄泥沙减少55%。嘉陵江流域实施重点治理15年后，土壤侵蚀量减少1/3。曾有"苦瘠甲于天下"之称的甘肃定西安定区和有"红色沙漠"之称的江西兴国县等严重流失区，通过治理，改善了生态环境，土地生产力大幅度提高，区域经济得到发展，改变了当地贫穷落后面貌。

3. 积累了一些成功的经验

实施水土保持生态修复具有多方面积极的效应：一是生态修复区环境明显改善，水土流失减轻；二是加快了农村产业结构调整，增加了农民收入；三是促进了农民生产经营方式转变和生态意识的增强。但水土保持生态修复是一项复杂的系统工程，在我国尚是一项新的课题，在理论和实践上都存在许多亟待解决的问题，如水土保持生态修复理论基础、研究关键技术和环境效应及其监测与评价研究等。从目前看，关于描述生态修复功能与意义、讨论总结地区生态修复措施及经验、讨论生态修复概念及生态学机理、叙述生态修复效益监测内容及方法的报道较多，但关于生态修复工程实施后对不同生态修复措施生态效益、社会效益和经济效益监测评价的研究报道较少。因此，如何对水土保持生态修复工程实施效果（生态效益、经济效益和社会效益）进行科学的评价是目前生态修复工程重要的研究课题，也是确定不同工程区适宜的生态修复措施必须解决的问题。

二、水土保持生态修复的途径

水土保持是土壤侵蚀地区经济社会可持续发展的生命线，是生态环境建设的主体。水土保持生态修复的提出与实施是水土保持工作理念的重大创新。但水土保持生态修复只是水土保持流域综合治理的一个重要方面，它不能完全替代人工造林种草等水土保持生物措施，更不能替代坡改梯、拦沙坝、小型水库、蓄水池等水土保持工程措施。目前，水土保持生态修复措施主要包括了退耕还林（草）、封山禁牧、舍饲养殖及综合治理等。对水土流失轻度区，通过封育保护，尽快遏制水土流失，大面积地进行生态修复，加快治理进度；对地广人稀、土地利用率不高的区域，指轻度或部分中度但人口较少的区域，进行灌草补植，封育保护；在强度水土流失的部分区域，因投资力度的限制，无法进行大面积的治理，先进行简单的治理措施，先控制大的水土流失，再进行生态修复。但这些措施在实施中尚有许多问题没有解决，如植被恢复方面，目前对人工恢复途径比较深入的研究，研究结果具有很好的操作性，在实践中得到广泛应用。但对以生态自我修复为主的恢复途径的研究较少，且主要集中在封禁的效果上，在生态自我修复的途径、方法、关键技术、区域差异、动态监测与评价等方面研究极少，缺乏操作性。根据我国各地近几年来实施水土保持生态修复工作的实践，总结出一系列水土保持生态修复的技术措施，具有一定的可操作性，主要措施有封育、补修、节能、法治四个方面。

第七节　水土保持生态修复范式的知识及发展

1. 水土保持生态修复范式的概念

范式（Paradigm）的概念和理论是美国著名科学哲学家托马斯·库恩（Thomas Kuhn）提出并在《科学革命的结构》（The Structure of Scientific Revolutions）（1962）中系统阐述的。它指的是一个共同体成员所共享的信仰、价值、技术等的集合，指常规科学所赖以运作的理论基础和实践规范，是从事某一科学的研究者群体所共同遵从的世界观和行为方式。把解决某类问题的方法总结归纳到理论高度，那就是范式。范式一词所指范围甚广，它标志了物件之间隐藏的规律关系，而这些物件并不一定是图像、图案，也可以是数字、抽象的关系甚至是思维的方式。简单说来，就是从不断重复出现的事件中发现和抽象出的规律，是解决问题的经验的总结。只要是一再重复出现的事物，就可能存在某种范式。宏观的范式往往是一些理论性的范式，其操作性较弱，对区域经济发展的直接指导性相对欠缺。

范式的特点是：1）范式在一定程度内具有公认性；2）范式是一个由基本定律、理论、应用以及相关的仪器设备等构成的一个整体，它的存在给科学家提供了一个研究纲领；3）范式还为科学研究提供了可模仿的成功先例。

2. 水土保持生态修复范式的发展

我国地域辽阔，各地区之间地形地貌、经济社会条件和农业资源差异很大。因此，因地制宜地选用适宜的生态系统恢复范式就显得十分重要。目前，我国生态系统恢复范式在广大农民群众实践探索中积累了丰富的经验，且种类繁多。国内生态系统恢复范式虽然较多，但尚没有系统的并已被人们广泛接受的定义。但无论如何表述和解析，其本质是基本一致的。生态系统恢复范式主要是指通过吸收和总结国内外生态系统恢复与重建的经验和教训，总结植物种类之间合理的组合与搭配，形成多功能复层的植物群落，通过合理开发和综合利用林草资源，建立协调和谐的生态系统，以提高各种资源的产出率和利用率；通过合理运用自然界的转化循环原理，建立无废物、无污染的生存环境；通过采用先进技术与工艺，对农林牧渔产品进行加工与利用，实行种养、加相结合，建立增产增值的生产流程；通过农业生态系统的结构设计和工艺设计，达到最大限度地适应，巧用各种环境资源，增加生产力和改善环境。

黄土高原由于气候、地域、人口、资源等因素的影响，呈现水土流失严重、景观破碎、土地退化、农业生态系统生产力低而不稳、天灾人祸频繁发生等严重的生态问题。这些因素严重制约着区域的可持续发展。因此，应坚持自然恢复理念，进行退化生态系统恢复技术与范式的集成，以重建区域生态系统。

黄土高原生态系统恢复范式，既具有针对性，便于概括归纳和清晰内部结构，又能够赋予较强的操作性，使得范式及其整体运作方式、框架结构等在向外推展的过程中更加容易和富有价值。黄土高原的可持续发展在范式的建造上，除了需要归纳综合性的共性特性以外，还要因地制宜地总结个性特点，以便在未来的范式推广过程中，制定和选用针对性的具体措施，使之更加符合微观区域特征。

第四章 水土保持科技

第一节 科研发展

　　水土保持科学的重点是研究水土流失地区水土资源与环境演化规律及各要素之间的相互作用过程，建立土壤侵蚀综合防治理论和技术体系，促进人与自然的和谐和经济社会可持续发展。世界环发大会和21世纪议程均将土壤侵蚀防治列为优先发展领域。许多国家都十分重视水土保持与生态环境保护工作，投入大量的人力、物力和财力开展土壤侵蚀和水土资源保护研究，取得了一系列成就。分析近年来国外水土保持学科发展动态，可概括为以下几个方面：

　　1.注重土壤侵蚀机理研究。建立土壤侵蚀预报模型，强调开发水土保持生态环境效应评价模型，扩展土壤侵蚀模型的服务功能，将模型引入农业非点源污染物的运移机理与预报研究。以美国、英国等为代表的西方发达国家先后研发了通用土壤流失方程（RUSLE2.0），土壤侵蚀预报的物理模型，如WEPP、EUROSEM、LISEM、GUEST、WEPS等。

　　2.注重研究手段革新。应用空间技术和信息技术，推动水土保持的数字化研究；美国等发达国家，利用高分辨率的遥感对地观测技术、计算机网络技术和强大的数据处理能力，开展了全球尺度的土壤侵蚀与全球变化关系研究。利用核素示踪技术和径流泥沙含量与流量在线实时自动测量等新技术，使得对土壤侵蚀和水土保持过程的描述更加精细，水土保持科学逐步向精确科学发展。

　　3.水土保持的理念不断深化，多学科交叉的趋势明显。将水土保持与环境保护、江河污染和全球气候变化，水土保持与提高土地生产力、区域生态修复、环境整治，水土保持与水利工程安全、地质灾害等联系起来开展多学科交叉研究，不但深化了水土保持的理念，开拓了水土保持的研究领域，而且提高了水土保持在国家经济、社会可持续发展中的地位与价值。

　　4.注重生态系统健康评价与生态修复的研究。近年来，世界各国纷纷出台有关生态保护、生态建设的政策，并组织科研机构和专业人员进行系统研究。2005年在西班牙召开的第17届国际恢复生态学大会和第4届欧洲恢复生态学大会，标志着恢复生态学的研究重心由北美开始向世界拓展。当前生态系统修复研究最受关注的问题是生态系统健康学说，主要包括从短期到长期的时间尺度、从局部到区域空间尺度的社会系统、经济系统和自然系统的功能，从区域到全球胁迫下的地球环境与生命过程。其目标是保护和增强区域甚至地球环境容量及恢复力，维持其生产力并保持地球环境为人类服务的功能。

5. 注重流域水土资源开发与保护，将水土流失治理与河流健康相结合。自 20 世纪 80 年代开始，在欧洲和北美，人们开始反思水土流失治理与河流保护问题。人们认识到河流是系统生命的载体，不仅要关注河流的资源功能，还要关注河流的生态功能。许多国家通过制定、修改水法和环境保护法，加强河流的环境评估，以实现水土等自然资源的合理经营及河流的服务功能。

6. 注重水土保持与全球气候变化研究。全球气候变化是世界各国高度关注的问题，投入了大量人力、物力用于研究应对策略。其中，植树种草引起的土地覆被变化（碳循环变化），土壤侵蚀和泥沙搬运引起的土壤有机碳的变化，进而与全球生源要素（C、N、P、S）循环乃至全球气候变化的耦合关系等已成为国内外研究的热点问题。

第二节　科研现状

一、科研现状

经过半个多世纪的努力，我国水土保持工作逐步发展成为一门独立的学科，基本确立了水土保持在我国科学体系中的学科地位：

1. 初步形成了水土保持基础理论体系。通过长期水土流失治理实践、试验研究、观察和测试，摸清了中国水土流失的基本规律，提出了土壤侵蚀分类系统，建立了以土壤侵蚀学、流域生态与管理科学、区域水土保持科学为基础的中国水土保持理论体系。

2. 建立了一批小流域水土流失综合治理样板，总结出比较完整的小流域水土流失综合治理理论与技术体系。基本建立起适应不同地区、不同地理环境、不同土壤侵蚀类型的水土流失防治方法、模式和技术措施，逐步形成了以小流域为单元，合理利用水土资源，各项工程措施、生物措施和农业技术措施优化配置的综合技术体系。

3. 初步建立起水土流失观测与监测站网。在不同类型区建立起一些小区、小流域及流域等不同空间尺度的监测站点，开展了水蚀、风蚀、重力侵蚀、冻融侵蚀等不同形态和侵蚀作用力下的水土流失观测。开始建立全国水土保持监测网络和信息系统，信息收集和整编能力不断提高，为水土保持科研和宏观决策提供了基础数据。

4. 建立了较为完善的水土保持技术标准体系。已颁布实施的技术标准涵盖了水土保持规划设计、综合治理、生态修复、竣工验收、效益计算、工程管护、监测评价、信息管理等各个方面，基本上形成了比较完整的水土保持技术标准体系，为实现科学化、规范化管理提供了技术保障。

5. 初步构建了水土保持科学研究与教育体系。在服务生产的过程中，水土保持科研和教育队伍不断壮大，从业人员不断增多，科研实验和观测手段不断完善。目前，全国专门从事水土保持科研或以水土保持为主的相关科研机构达 53 个，水土保持科研人员 4000 多人。水土保持高等教育稳步发展，全国设有水土保持、荒漠化防治等相关专业的大专院校达 19 所，有 40 所大学和研究机构开展水土保持专业研究生教育，现有博士点 9 个，硕士点 34 个，每年都培养一大批高级专门人才。

二、水土保持科技发展指导思想

1. 指导思想

以科学发展观为指导，坚持以人为本，以建设资源节约型和环境友好型社会，服务国家生态安全、粮食安全、防洪安全和饮水安全为目标，全面提升我国水土保持科学研究水平，解决国家水土流失治理与生态建设中的重大科技问题，以自主创新、重点跨越、支撑生态建设为重点，强化水土保持若干重大基础理论与关键技术研究，为国家宏观决策和区域土壤侵蚀防治提供科技支撑，全面推动水土保持科技发展，防止新的水土流失，逐步减缓现有水土流失强度，减少水土流失面积，促进水土资源的可持续利用和生态环境的可持续维护。

2. 基本原则

（1）面向实际，理论研究与生产实践相结合

从生产实践的紧迫需求出发，紧紧围绕生态环境保护与建设，结合水土保持重点治理工程，特别是国家重点项目，研究并解决重大关键性技术问题。坚持理论研究与技术推广应用相结合，公益性研究与市场化开发相结合，生态、经济、社会效益相结合，不断提高科技成果的转化率。

（2）重点突破，长远目标和近期目标相结合

水土保持科研领域同样面临着许多重大的理论问题和实际问题，要坚持有所为、有所不为。实施重点跨越，优选一批对水土保持生态建设影响重大的项目，集中力量，攻破难点。同时，依据水土保持学科发展与国家土壤侵蚀治理的需求和国家投入能力的客观实际，将近期目标与长远目标相结合。超前部署前沿技术和基础研究，引领科学研究的前沿，推动水土保持学科发展与水土保持工作的发展。

（3）兼收并蓄，集成创新与引进吸收相结合

根据我国土壤侵蚀的特点，研究探索具有创新性的治理途径，特别要倡导原始创新、集成创新、引进吸收和消化再创新。广泛研究和应用推广水土保持新材料、新技术、新工艺，提高水土保持的科技含量和创新内容。在自主创新的同时，积极引进、吸收和消化国际水

土保持与生态建设的最新科学理论与研究成果，开创具有中国特色的水土保持科技新领域。

（4）注重成效，实用技术开发与高新技术应用并举

水土保持既是一门传统行业，也是一门应用性极强的学科。一方面要注重实用性强、易接受、投入少、成本低、见效快的实用技术的开发、集成与传统工艺的改造；另一方面要跟踪高新技术的发展，为水土流失治理提供全新的技术手段，拓宽治理的途径，提高治理的速度与效益。

第三节　科研平台

一、中国科学院三峡库区水土保持与环境研究站

1. 野外站概况

三峡库区水土保持与环境研究站（简称三峡站）位于三峡库区中游左岸，重庆市忠县石宝镇境内，地理坐标东经 108° 10′，北纬 30° 25′，距忠县城区 30 km。

2. 基础条件

野外试验观测设施：

已建立了自动在线探测、无线数据采集、室内样品实验分析、田间模拟实验和遥感技术结合的立体动态监测平台以及计算机过程模拟与数据信息管理系统。其中野外基础观测设施包括 18 个面源污染人工模拟观测场、12 个标准土壤侵蚀观测径流小区、6 个果园自然坡面径流小区、4 个消落带泥沙淤积与库岸侵蚀观测场、3 个水文把口站、2 个自动气象站、2 个消落带植物培育基地、1 个人工模拟降雨实验场、1 个村落废水沟渠湿地生态净化试验观测场、1 个城镇污水生态净化试验观测场。基础观测设施建设投资达 380 万元。

3. 研究方向及定位

（1）总体定位

三峡库区在我国，特别是长江流域的社会经济、生态屏障和水安全方面具有重要的战略地位，三峡工程是长江流域水资源与水利水电梯级开发的重大工程，在防洪、发电、水资源保障、航运等方面发挥巨大的综合效应。同时，三峡工程的建设与运行和库区移民安置对库区及流域生态系统、地表过程和社会经济已经产生了重大的影响，引起社会广泛关注。为此，中国科学院成都山地灾害与环境研究所，针对三峡库区水土流失强烈、面源污染严重和消落区生态退化等问题，开展定位观测试验、开发防治关键技术、建立监测实验台站。为库区退化生态系统的恢复与重建、社会经济可持续发展提供重要的科学技术支撑和"山绿、水清、民富、理明"示范模式，为国家宏观决策提供准确的信息和科学依据。

（2）研究方向

以水土保持学、环境科学和生态学为主要学科方向，研究三峡库区平行岭谷山地地带自然过程与人为干扰下的土壤侵蚀产沙过程、坡面水－沙－污染物质耦合迁移转化规律、消落带生态环境退化与保护，揭示移民后人类活动及环境变化对加速坡面侵蚀产沙过程、面源污染负荷、山地农业生态系统结构与功能，为构建三峡库区合理的水沙控制模式与高产高效可持续的农业生产体系，保护消落带生态环境提供理论支撑与技术模式。

（3）当前研究重点

1）坡地土壤侵蚀过程与小流域泥沙平衡。

2）坡耕地整治与高效生态农业试验示范。

3）山区聚落与城镇农业面源污染过程与机理。

4）消落带生态环境退化规律与保护。

4. 承担项目情况

自2007年建站以来，主要围绕三峡库区水土流失与面源污染及消落带生态环境退化问题开展了定位观测与野外试验，先后有多项国家重大项目在本站开展实施。目前有国家科技支撑计划、中科院西部行动计划、自然科学基金项目、中科院西部之光项目及国家部属项目等在三峡站开展工作，累计经费3200余万元。

5. 研究成果

（1）针对水平梯田投入高、风险大、农民不乐意接受等问题，研发低成本的"大横坡＋小顺坡"、"坡式梯地＋地埂经济植物篱"等技术，科学设计坡式梯田的参数和植物篱的宽度，高效地防治坡耕地水土流失，提高土地质量。

（2）针对大面积经果林内水土流失严重、杂草繁盛、大量使用除草剂等问题，研发低成本的生态立体种植技术，充分利用光、热、水、土资源，提高土地产出率、控制水土流失、减少农药除草剂的用量。

（3）针对水土保持设施完善的基本农田和果园，经济价值高，农民投入积极性较高，但化肥、农药和除草剂等用量较高，面源污染严重等问题，研发有控缓释定点施肥，有机肥使用，定向施药和诱杀施药技术以及农业废弃物循环利用技术。

（4）针对来自坡耕地地表径流和村落生活污水，在自然沟渠中设计跌水爆氧和小型人工湿地消减溪流中的C、N、P等面源污染物，改善水质。

（5）在改善消落带生态功能、友好利用土地资源和产生最小二次生物污染的前提下，研发了消落带耐淹植物的种植技术。

6. 试验示范区建设

三峡站除开展野外观测与室内试验外，结合研究课题，与当地政府紧密合作开展试验示范，形成有实体、重效益、宜推广的科研成果。目前已与当地政府协议获批核心试验区3.2 km²，综合治理示范区45.7 km²。

二、水土保持信息综合管理平台

水土保持信息综合管理平台结合水土保持业务，开发能够对水土保持信息进行处理、对水土流失进行分析预测、对水土流失防治进行管理、对水土保持效果进行评价、对监测信息进行查询和发布的应用系统。总体功能分为水土保持空间信息系统、水土保持监测网络数据管理系统、生产建设项目监管系统、综合治理项目管理系统。

1.水土保持空间信息子系统

水土保持空间信息子系统是各类基础地理数据的统一汇总中心，是基础地理信息数据进行存储、管理以及应用的系统平台。各类地理信息数据经过采集、格式标准化后自动导入数据平台，业务平台则需调用基础地理数据平台的信息来实现各种业务功能。

2.生产建设项目监管系统

生产建设项目监管系统能够实现数据收集、利用、导出等功能，包括生产建设项目位置、图斑、信息的浏览查询和现场监管的移动端系统，实现生产建设项目信息的采集、录入、发布、管理和应用。能够直观展示生产建设项目防治责任范围及扰动图斑范围，能够查看项目空间位置及基本信息，支持展示移动端采集结果，为监督、检查、管理提供强有力支撑。此外，移动版还能够辅助业务人员进行实地检查记录。

3.综合治理项目管理系统

综合治理项目管理系统主要对国家重点治理工程、坡改梯工程、国家农发工程、侵蚀沟治理工程等重点治理项目进行系统的管理、查询、应用。

将重点项目"图斑精细化"的成果数据进行入库、发布，系统可对重点项目的位置、基本信息、精细图斑等信息进行浏览、查询，直观掌握全省重点项目情况，为水土保持重点工程信息化管理奠定基础。

第四节　科研发展需求

1.深化水土保持科技体制改革与创新体系建设

强化宏观指导，推进国家级水土保持研究院（所、校）现代科技管理体制建设。加强国家水土保持科技管理协调，积极稳妥地推进水土保持科研机构管理体制的改革，强化宏观指导与调控，健全国家级水土保持科技决策机制，消除体制机制性障碍，加强部门之间、地方之间、部门与地方之间的统筹协调，切实整合科技资源，进一步加强工程技术研究中心和重点实验室建设。对于服务国家公益性基础研究的水土保持研究院（所、校）要加强科研能力建设，建立稳定的投入机制，逐步建立起有利于水土保持科技发展的现代科技管理体制。

积极推进地方和流域科研机构的改革。具备市场应对能力的应用研究和技术推广机构，要向企业化转制或转制为科技服务机构；对承担区域基础研究和监测的机构，政府要给予一定的支持。同时要拓宽工作领域，面向市场，增强自我发展能力，加强技术推广和技术咨询、工程监理等服务。

2. 建立与完善水土保持科技政策与投入体系

加大对技术推广的支持力度。建立推广水土保持综合治理先进适用技术的新机制，在国家重大生态工程建设项目中列专项经费用于开展重大技术攻关和实用技术推广，重点支持工程建设中亟待解决的重大科技问题研究。

通过政策引导，建立多元化、多渠道的科技投入体系。充分发挥政府在投入中的引导作用，通过积极争取各级财政直接投入、税收优惠等多种政策引导和调动地方、企业投入水土保持公益性科学研究的积极性。

3. 构建科研协作网络与科技基础条件平台

水土保持科技协作网以全国水土保持生态建设的需求为导向，以提高水土保持工程科技含量和加快生态环境建设速度为目标，制定全国水土保持科技协作规程，有计划、有步骤地组织全国水土保持科研单位，围绕重大科技问题联合攻关、协同作战。

科技基础条件平台。多部门协作，建立以信息、网络技术为支撑，将土壤侵蚀研究实验基地、大型科学设施和仪器装备、科学数据与信息、自然科技资源等组成科技基础条件平台，通过有效配置和共享，服务于全社会科技创新。

建立科技资源的共享机制。根据"整合、共享、完善、提高"的原则，制定各类科技资源的标准规范，建立促进科技资源共享的政策法规体系。针对不同类型科技条件资源的特点，采用灵活多样的共享模式。

4. 完善水土保持应用技术推广体系

教学、科研和各级业务主管部门，要面向生产实践，建立面向基层的技术服务和科技推广体系，确保推广工作落到实处；要加强对广大群众的培训，采取户外教室与实用技术培训相结合的措施，促进科技成果向现实生产力的转化；要不断总结和大力推广新的实用技术。

5. 加强水土保持试验示范与科普教育基地建设

建立不同尺度、不同类型的土壤侵蚀综合防治试验示范工程，通过试验区示范、推广、扩散作用，带动周边地区的土壤侵蚀综合治理与开发，不断提高水土保持的科技贡献率；编辑出版水土保持科普读物，建立水土保持科普教育基地，提高全民水土保持意识。

6. 建设一支高素质的科技队伍

依托重大科研和建设项目，造就一批由初、中、高各层次组成的、比例适合、数量适中、专业配套的水土保持科研队伍。加大学科带头人的培养力度，积极推进创新团队建设，培养造就一批具有世界前沿水平的水土保持高级专家。

充分发挥教育在创新人才培养中的重要作用。加强水土保持科技创新与人才培养的有机结合,鼓励科研院所与高等院校合作培养研究型人才。支持研究生参与或承担科研项目,鼓励本科生投入科研工作,确保水土保持科技队伍后继有人。

第五节　科研重点方向

一、重大基础理论

1. 土壤侵蚀动力学机制及其过程

应用力学与能量学经典理论与研究方法,研究土壤侵蚀过程及其侵蚀力、抗蚀力的演变、能量传递与作用机制,全面揭示土壤侵蚀的过程与机制。

近期研究的重点:水力侵蚀过程与动力学机理,风力侵蚀过程与动力学机制,重力侵蚀,如滑坡、泥石流与崩岗等发生机理,人为侵蚀与特殊侵蚀过程机制。

2. 土壤侵蚀预测预报及评价模型研究

用数学方法定量描述各个因子对土壤侵蚀的影响,以及侵蚀过程,最终预报土壤流失量。

近期研究的重点:土壤侵蚀因子定量评价,坡面水蚀预测预报模型,小流域分布式水蚀预测预报模型,风蚀预测预报模型,区域土壤侵蚀预测评价模型,农业非点源污染模型,滑坡、泥石流预警预报模型,多尺度土壤侵蚀预测、预报及评价模型,以及各类预报模型的适用范围及效果评价。

3. 土壤侵蚀区退化生态系统植被恢复机制及关键技术

不同类型区生态系统植被退化的类型及成因,不同类型区退化生态系统植被恢复机制和途径及近自然恢复程度。

近期研究的重点为:不同类型区植被自然恢复过程人工干预的条件和技术,不同类型区植被潜力、稳定性维持机制,不同区域植被区系与生态环境因子耦合关系,不同区域植被的生态功能评价技术、不同类型区植被建设的区域布局和不同尺度的景观格局及其对生态系统间相互关系的影响。

4. 水土流失与水土保持效益、环境影响评价

长时期和大范围的土壤侵蚀,以及长期开展和正在实施的重大生态建设工程,对环境构成多方面的深刻影响,使得水土保持和土地利用活动成为侵蚀地区现代环境发展演化的主要驱动力之一。分析揭示水土流失、水土保持对本地、异地区域环境过程和环境要素的影响,为区域社会经济持续发展和进一步的水土保持决策提供有效支持。

近期研究的重点:水土流失与水土保持对环境要素和环境过程影响的研究,水土保持效益、环境影响评价指标与模型,土壤侵蚀与全球变化关系。

5. 水土保持措施防蚀机理及适用性评价研究

我国水土保持历史悠久,水土流失治理措施丰富多样,系统分析总结各地区水土保持

措施，阐明各种措施的防蚀机理与适用区域，对指导我国生态建设，以及丰富世界水土保持措施知识库具有重要作用。

近期研究的重点：水土保持措施防蚀机理，水土保持措施适用性评价，水土保持措施效益分析。

6. 流域生态经济系统演变过程和水土保持措施配置

流域是相对完整的自然单元，它既是地表径流泥沙汇集输移的基本单元，也是水土保持措施配置的单元。根据流域土壤侵蚀、水土资源的时空分异规律，综合布设各种治理措施。研究小流域尺度的土壤侵蚀过程、土壤侵蚀治理过程及两者共同驱动下的生态经济系统演替过程，是土壤侵蚀与水土保持学科的重要组成部分。

近期研究的重点：小流域土壤侵蚀及其环境演化过程研究，侵蚀—治理双向驱动下小流域生态系统结构与功能研究，小流域水土保持措施配置和流域健康诊断，数字流域及其流域过程模拟。

7. 区域水土流失治理标准与容许土壤流失量研究

水土流失治理目标已从单一维护土地生产力转向保护侵蚀区生态环境、减少非侵蚀区的损失等多目标并重。区域水土流失治理标准与容许土壤流失量、水土流失危险性程度、土壤可改良程度、社会经济发展水平、环境质量要求等紧密相关。

近期研究重点：影响区域水土流失治理标准的因素及其定量计算方法，区域水土流失治理标准分级系统与计算方法，容许土壤流失量的影响因素及其定量计算方法等。

8. 水土保持社会经济学研究

水土流失和水土保持都是与一定社会经济条件相联系的，随着经济社会的发展，水土保持与人类文明的关系愈来愈密切。应在研究自然科学方法和手段的同时，加强水土保持与社会经济、法律、道德伦理、文化、管理体制等人文和社会经济学方面的研究。

近期研究重点：水土流失和社会经济发展的关系，社会经济政策对水土保持的影响，水土保持对社会经济发展的贡献，不同区域的人口承载力、人口、土地利用结构对水土流失的影响。

9. 水土保持生态效益补偿机制

水土流失不仅造成上游流失区土地退化，生态恶化，制约经济的持续发展，更严重危害流域中下游地区生态、防洪安全。限制上游地区的一些生产经营行为与规模，保护生态，以及通过经济补偿的形式解决上游地区人们的生存与发展问题，愈来愈成为人们普遍关注的热点。

近期研究重点：水土流失区土地生态经济功能分区、评价模式，水土保持与流域防洪减灾的关系，水土保持生态效益补偿标准及其补偿机制。

10. 水土保持与全球气候变化的耦合关系及评价模型

人类活动引起全球气候变化加剧，造成灾害性天气频发，影响人类经济与社会发展的结论已被科技界研究证实，并日益引起世界各国政府的高度关注。水土流失与水土保持会改变下垫面，影响全球碳循环，引起气候的变化，同时全球气候的变化也会影响区域水土流失强度与水土保持的效果。

近期研究重点：水土流失、水土保持与全球气候变化的内在联系、评价指标与标准，全球气候变化对区域水土流失、水土保持造成的影响、水土保持与全球气候变化的耦合关系及其评价模型。

二、关键技术

1. 水土流失区林草植被快速恢复与生态修复关键技术

针对我国目前土壤侵蚀区区域植被结构不尽合理、林草措施成活率与保存率低、植被生产力及经济效益不高等问题，应加强区域植被快速建造与持续高效生产方面的研究。主要有：高效、抗逆性速生林草种选育与快速繁殖技术，林草植被抗旱营造与适度开发利用技术，林草植被立体配置模式与丰产经营利用技术，特殊类型区植被的营造及更新改造与综合利用技术，不同类型区生态自我恢复的生物学基础与促进恢复技术，生物能源物种的筛选与水土保持栽培管理技术，经济与生态兼营型林、灌、草种的选育与栽培技术，小流域农林复合经营技术。

2. 降雨地表径流调控与高效利用技术

水土流失是水与土两种资源的流失，"水"既是水土流失的动力，又是流失的对象。在当前水资源十分紧缺的形势下，更应切实保护和高效利用水资源。要通过汇集、疏导地表径流等措施使"水""土"两种资源更有效地结合，提高利用率。需要研究的关键技术有：降雨——地表径流资源利用潜力分析与计算方法，降雨径流安全集蓄共性技术，降雨径流网络化利用技术，降雨地表径流高效利用的配套设备。

3. 水土流失区面源污染控制与环境整治技术

水土流失是面源污染的载体，流失的水体和土壤携带的大量氮素、磷素、农药等物质，是下游河湖、水库面源污染物的主要来源。水土保持应与提供清洁水源和环境整治相结合，在改善当地生产条件、提高农民生活水平的同时，控制面源污染，保障城乡饮用水安全。需要研究和开发的关键技术有：氮磷流失过程及其综合调控技术，流失养分的局域多层空间综合防治措施优化配置调控技术，水源地面源污染防治技术，农村饮用水源的生态保护与生活排水处理技术，生态清洁型小流域建设技术，流域尺度面源污染防治措施及控制技术体系，土壤侵蚀区农村生态家园规划方法及景观设计技术，土壤侵蚀区农村环境整治与山水林田路立体绿化技术。

4. 开发建设项目与城市水土流失防治技术

新时期，随着我国经济社会的快速发展，工业化、城市化步伐的加快，开发建设项目和城市建设过程中人为造成新的水土流失防治的关键技术研究十分迫切。主要有：不同下垫面开发建设项目弃土弃渣土壤流失形式、流失量及危害性评价，城市土壤侵蚀特点、流失规律、危害与防治对策，开发建设项目与城市土壤侵蚀综合防治规划与景观设计，开发建设严重扰动区植被快速营造模式与技术，不同类型区开发建设项目水土保持治理模式与技术标准。

5. 水土流失试验方法与动态监测技术

长期以来作为研究工作基础的土壤侵蚀实地试验观测和动态监测工作还比较薄弱，亟待加强。同时，监测体系刚刚建立，各地开展监测的内容、技术和方法不一，观测资料难以统一分析和对比。亟须加强的关键技术研究有：区域水土流失快速调查技术，坡面和小流域水土流失观测设施设备，沟蚀过程与流失量测验技术，风蚀测验技术，滑坡和泥石流预测方法与观测设备，冻融侵蚀监测方法，水土流失测验数据整编与数据库建设，全国水蚀区小流域划分及其数据库建设，水土保持生态项目管理数据库建设等。

6. 坡耕地与侵蚀沟水土综合整治技术

坡耕地改造是改变微地貌、有效遏制水土流失的关键技术。研究重点是：不同类型区高标准梯田、路网、水系合理布局与建造技术，不同生态类型区坡地改造与耕作机具的研制与开发，梯地快速培肥与优化利用技术。

沟壑整治与沟道治理开发是水土保持的主要措施之一。研究重点：坝系合理安全布局、设计与建造技术，沟壑综合防治开发利用技术，淤地培育与提高利用率技术，泥石流、滑坡、崩岗综合防治技术。

7. 水土保持农业技术措施

缓坡耕地将在我国一定时期内的农业生产中长期存在，大量坡耕地的存在又是我国土壤侵蚀的主要策源地，在农牧交错区、黑土区以及土层极薄的土石山区，由于受地形和投入等因素的限制，大量坡耕地难以通过基本农田建设及时加以改造。因而，亟须加强水土保持保护性耕作、保护性栽培、管理等关键技术研发。主要有：水土保持土地整治与带状种植模式技术，缓坡耕地水土保持保护性耕作机具研究，不同作物水土保持保护性耕作专用技术与模式，免耕、等高耕作技术。

8. 水土保持数字化技术

水土保持数字化是数字地球思想及其技术在水土保持领域的应用与发展。水土保持数字化可以定义为按地理坐标对水土保持要素状况的数字化描述和处理，它借助地球空间信息技术，对水土流失影响因子、水土流失以及水土保持防治措施、水土保持管理等信息按照数字信号进行收集、贮存、传输、分析和应用。主要研究的内容有：水土保持数字化的技术标准，水土保持信息基础设施的构建，水土保持数据库设计与开发，业务应用服务和信息共享平台建设技术，应用信息系统开发。

9. 水土保持新材料、新工艺、新技术

水土保持必须吸收相关学科和行业的发展成果，加快新材料、新工艺和新技术的应用研究。需研究的关键技术有：核素示踪技术在土壤侵蚀过程与规律研究方面的应用，土壤侵蚀动态监测"3S"技术的开发和应用，风沙区表土固结材料与技术，工程开挖造成的陡峭崖壁喷混植生技术，植生袋技术，坡面植被恢复过程中土壤保湿剂使用技术等。

第五章　水土保持措施

水土保持是指对自然因素和人为活动造成水土流失所采取的预防和治理措施。水土保持措施为防治水土流失，保护、改良与合理利用水土资源，改善生态环境所采取的工程、植物和耕作等技术措施与管理措施的总称。工程措施、植物措施和农业措施是水土保持的主要措施。

第一节　水土保持工程措施

水和土是人类赖以生存的基本物质，是发展农业生产的基本要素。水土保持对发展山区、丘陵区、风沙区的生产和建设，整治国土，治理江河，减少水、旱灾害，防止土地退化，维持生态系统平衡，具有重要意义。水土保持工程措施是应用工程原理，防治山区、丘陵区、风沙区水土流失，保护、改良与合理利用水土资源，以利于充分发挥水土资源的经济效益和社会效益，建立良好生态环境的措施。自 1980 年"水土保持小流域治理"正式提出后，由以往单一的分散治理措施转向以大流域为骨干，以小流域为单元，实行全面规划，林草措施、工程措施与保土耕作措施相结合，山、水、田、林、路统筹安排的综合治理措施。水土保持工程措施是小流域水土保持综合治理措施体系的组成部分。根据兴修目的及其应用条件，我国的水土保持工程可分为以下四种类型：山坡防护工程、山沟治理工程、山洪排导工程、小型蓄水用水水库工程。

一、山坡防护工程

1. 坡面集水保水工程

坡面集水保水工程是在干旱地区充分利用降水资源为农业生产和人畜生活用水服务的一种工程措施。在降水是唯一水源或主要水源的旱农业地区，根据水量平衡原理，为了增加土壤的贮水量，只有通过减少地表径流，抑制土壤无效蒸发，才能达到预期的目的，其中集水技术是一种最有效的方法。这里主要介绍的坡面集水保水工程包括水窖（又名旱井）、涝池（又名蓄水池）、山边沟渠工程、鱼鳞坑、水平沟和水平阶及保水技术等。

（1）水窖

1）定义

修建于地面以下并具有一定容积的蓄水建筑物叫水窖，水窖由水源、管道、沉沙、过滤、窖体等部分组成。

2）功能

A. 拦蓄雨水和地表径流；

B. 提供人畜饮水和旱地灌溉的水源；

C. 减轻水土流失。

3）类型

水窖按开挖形状，可分为井窖、窑窖、竖井式；根据断面形状，可分为圆柱形、瓶形、烧杯形、坛形等；根据防渗材料，可分为水泥砂浆抹面水窖、黏土水窖、浆砌石水窖和混凝土水窖；按水的来路，可分为坡洼引水式、道路排水式、场台庭院集水式；按式样形式，可分为立式（井窖形、龙坛形）、卧式（窑洞式、马槽形）；按材料结构，可分为砖石结构、土灰结构；按排列形式，可分为单口井、连环井。水窖可根据实际情况采用修建单窖、多窖串联或并联运行使用，以发挥其调节用水的功能。

4）设计

修建水窖要根据年降水量、地形、集雨坪（径流场）面积等条件因地制宜进行合理布局。规划要结合现有水利设施，建设高效能的人畜饮水、旱地灌溉或两者兼顾的综合利用工程。

水源高于供水区的，采取蓄、引工程措施；水源低于供水区的，采取提、蓄工程措施；无水源的采取建塘库、池窖，分散解决工程措施。

水窖的规划原则：

在有水源保证的地方，修建水窖以分配（或调节）用水量，根据地形及用水地点，修建多个水窖，用输水管（渠）串联或并联运行供水；

在无水源保证的地方，可修建容积较大的水窖其蓄水调节能力，一般应满足当地 3~4 个月的供水量。

水窖的选址原则：要有足够的来路水，以防打好窖后蓄不上水。要明确水窖的主要用途，以需定址，如吃水窖，一般选在院内场边和村边；生产用窖，一般选在地头路边。从安全出发，水窖应避开交通要道，以防人畜跌进窖内。窖址要有良好土质，保持水窖坚固、耐用、不漏水。要有好的地形和环境条件，远离裂缝陷穴、沟头、沟边以策安全。吃水窖要远离粪坑、渗井、厕所、畜圈和其他污染源，以保证饮水清洁卫生。

水窖的设计原则：因地制宜，就地取材，技术可靠，保证水质、水量，节省投资；充分开发利用各种水资源（包括现有水利设施），使灌溉与人畜饮水结合；防止冲刷，确保工程安全；为了调节水源，可将水窖串联联合运行；供饮水的水窖，一般要求人均 3~5 m³，兼有水浇地任务的是人均 5~7m³，以 1 户 1 窖或 3~5 户联窖为宜。

5）水源工程

水窖的水源有雨水、泉水裂隙水、山沟水、库水及提水入窖（池）等。

A.雨水作为水窖水源，在没有地表水源的情况下，直接拦蓄雨水时，需要有集雨坪、汇流沟等水源配套工程。此项工程可利用现有的房屋、晒坝（坪）、冲沟、道路等集水，也可修建集雨坪、拦山沟等工程拦截雨水，汇流入窖。

B.库水作为水窖水源，水库就是水窖的调节池、沉淀池。水库的水通过链、渠进入水窖。

C.泉水、裂隙水、河水作为水窖水源，在水源处修建一座集水池或取水口，将水集中起来，通过输水管或暗（明）渠进入水窖。

集水池窖大小的确定，主要根据来水量（水源）和供水量（引用）情况，以满足有一定的沉沙和调节能力、节省投资为原则。

D.渠水作为水窖水源，一般来说，渠水水源均能满足水窖对水量的要求，作为饮用水，混浊度小于10°的可不考虑过滤设施，这样进水池和沉沙池可合二为一。

E.输配水工程的作用是将水源水输入水窖（池），由水窖（池）最后分配到用水点。该工程一般可位于净化设施之后，也可位于净化设施之前。

F.净化设施利用自然山坡汇集雨水，必须经沉沙过滤后方能进入水窖。沉沙过滤池的结构视集雨坪面积的大小而定。

（2）涝池

1）定义

涝池又叫蓄水池或塘堰，以拦蓄地表径流为主而修建的。蓄水量为50~1000m²的蓄水工程，称为涝池。大的涝池可占几亩地，容积可达几百米，甚至几千米。山坡地上的涝池，因受地形条件限制要小一些，蓄水量一般为10~80m²。

2）功能

拦蓄地表径流，充分和合理利用自然降雨或泉水，就近供耕地、经济林果浇灌和人畜饮水需要，减轻水土流失，也是山区抗旱和满足人畜用水的一种有效措施。

3）类型

按材料可分为土池、三合土池、浆砌条石池、浆砌块石池、砖砌池和钢筋混凝土池等。按形式可分为圆形池、矩形池、椭圆形池等几种类型。此外，蓄水池还可分为封闭式和敞开式两大类。

（3）山边沟渠工程

1）定义

为防治坡面水土流失而修建的截排水设施，统称坡面沟渠工程。坡面沟渠工程是坡面治理的重要组成部分。

2）功能

A.拦截坡面径流，引水灌溉；

B.排除多余来水，防止冲刷；

C.减少泥沙下泻，保护坡脚农田；

D.巩固和保护治坡成果。

3）类型

A.截水沟：水平沟、沿山沟、拦山沟、环山沟、山圳以及梯田内的边沟、背沟；

B.排水沟：撇水沟、天沟、排洪沟；

C.蓄水沟：水平竹节沟；

D.引水渠：堰沟；

E.灌溉渠。

（4）鱼鳞坑、水平沟和水平阶

1）鱼鳞坑

鱼鳞坑是陡坡地（45°）植树造林的整地工程，多挖在石山区较陡的梁峁坡面上，或支离破碎的沟坡上。由于这些地区不便于修筑水平沟，因而采取挖坑的办法分散拦截坡面径流。

鱼鳞坑的布置是从山顶到山脚每隔一定距离成排地挖月牙形坑，每排坑均沿等高线挖，上下两个坑应交叉而又互相搭接，成"品"字形排列。等高线上鱼鳞坑间距（株距）字母 l 为 1.5~3.5 m（约为坑径的 2 倍），上下两排坑距 b 为 1.5m，月牙坑半径 r 为 0.4~0.5 m，坑深为 0.3~0.5 m。挖坑取出的土，培在外沿筑成半圆埂，以增加蓄水量。埂中间高两边低，使水从两边流入下一个鱼鳞坑。表土填入挖成的坑内，坑内种树。

坡面修建鱼鳞坑有两种状态：一种是当降雨强度小，历时短时，鱼鳞坑不可能漫溢，因此，鱼鳞坑起到了完全切断和拦截坡面径流的作用；另一种是当降雨强度大、历时长时，鱼鳞坑要发生漫溢，因鱼鳞坑的埂中间高两边低，这样就保证了径流在坡面上往下运动时不是直线和沿着一个方向运动，从而避免了径流集中。坡面径流受到行行列列鱼鳞坑的节节调节，就会使径流冲刷能力减弱。

2）水平沟

在坡面不平、覆盖层较厚、坡度较大的丘陵坡地，采用水平沟，即沿等高线修筑。用来拦截坡地上游降雨径流，使其变为土壤水。水平沟的设计和修筑需依据坡面坡度、土层厚度、土质和设计雨量而定。其原则是：水平沟的沟距和断面大小应以保证设计频率暴雨径流不致引起坡面水土流失。陡坡、土层薄、雨量大，沟距应小些；反之可大些。坡陡，沟深而窄；坡缓，沟浅而宽。一般沟距为 3~5 m，沟口宽 0.7~1.0 m，沟深 0.5~1.0 m。水平沟容积比鱼鳞坑大，故蓄水量也大。为防止山洪过大冲坏地埂，每隔 5~10m，设置泄洪口，使超量的径流导入山洪沟中。为使雨水在沟中均匀，减少流动，每隔 5~10m，留一道土挡，其高度为沟深的 1/2~1/3。

3）水平阶

水平阶是沿等高线自上而下里切外垫，修成台面口台面外高里低，以尽量蓄水，减少流失，但其效果不如水平沟。在山石多、坡度大的坡面上采用。水平阶的设计计算类同梯田，如采用断续水平阶，实际相当于窄式隔坡梯田。阶面面积与坡面面积之比为1:1~4。

（5）保水技术

保水技术包括抑制水分蒸发、抑制水分蒸腾和减少水分渗漏三个方面。抑制水分蒸发包括抑制地面（土壤）蒸发和水面蒸发两个内容；抑制水分蒸腾包括农作物叶面蒸腾和杂草蒸腾两个内容；减少渗漏包括土壤渗漏、水池渗漏、渠道渗漏及水库渗漏四个内容。

抑制蒸发就是通过生物的、化学的或工程的手段，尽可能减少土壤表面和水面的水分蒸发损失。实际上是增加旱地农田供水量，增加土壤和库、池的蓄水保水能力。同时，抑制蒸发还抑制了因蒸发而引起的盐分浓度的增加，这对防止土壤碱化有一定的作用。

抑制渗漏就是采用使土壤不渗水或少渗水的方法以控制水库和其他集水结构的水分漏失。在某些地区抑制渗漏还能带来解决周围土壤滞水、渍水和盐碱化等问题。

抑制蒸腾就是采用一些生物或工程技术措施尽可能地减少水分通过植物体以水汽状态散失于大气。

1）抑制水面蒸发的技术

一般来说，抑制水面蒸发的方法是用一层阻止水分汽化的阻挡层来覆盖水面。对于小水池在水池上加上池盖或顶棚就行了。但对于较大的蓄水结构来说，就需要采取必要的工程技术。现在国内外抑制水面蒸发的工程技术措施主要有以下四种。

A. 液态化学制剂。脂肪醇，如十六醇，是细长的分子，在水面上能并排排列，形成一个分子厚的盖在水面上的一层薄膜，可以阻止水分汽化，抑制水面蒸发。

B. 石蜡蒸发抑制剂。漂浮的石蜡板放在水面上，在太阳光下石蜡熔化，伸展成一个柔软的连续薄膜，可以抑制水面蒸发。

C. 固态板。用轻质水泥、聚苯乙烯、橡胶和塑料等制成的固态板，覆盖水面可以减少产生蒸发的面积，为了克服抑制蒸发所引起的水体增温问题，选用绝热、浅色能避免太阳能进入水体的反射材料来解决这个问题。

D. 沙石填充法。用沙和粗石填充贮水池和水库，把水贮存在沙、石之间的空隙中，水位保持在地表下30 cm以上，可以避免水面蒸发。修造填沙坝也是抑制水面蒸发的一种形式。这种沙坝可长时期地贮存水分，比露天贮水池贮存的时间长得多。

2）抑制农用水池和渠道渗漏的技术

农用水池和渠道的防渗技术一般都先采取措施压实土壤，以封闭土壤空隙。最简单的办法是用人工或蓄力压实（如脚踩、打夯、牛羊踏实等），大的水池或水库可用轮式拖拉机压实。必要时还可用胶泥、黏土或1:5的石灰土铺在池底或搪在池壁，以形成防渗层。或在池内放入浅水，反复进行水耕水耙，把水搅浑，使细泥沉降并填塞于土壤孔隙之中，以减低渗漏。

浅的土质和蓄水池、库、渠（深度小于3 m），可用成本低的聚乙烯和聚丙烯薄膜作为防渗材料，也可用水泥制品或敷设沥青防渗层进行防渗。不过在塑料薄膜或沥青防渗层上仍要铺填 30~60cm 的土层并夯实，以保护薄膜或沥青防渗层被氧化或冻裂。更要尽量防止蓄水池和库渠干涸，以免防渗层干裂。较深的库、池或建筑在石质土壤上的库、池需要采用较厚的韧性较强的乙烯基或加强的聚丙烯薄膜。成本较高的异丁橡胶也可用来铺补水库、沟渠和蓄水池，其具有坚固、耐久、抗风化和虫害等优点。

3）抑制农田水分渗漏的技术

抑制农田水分渗漏损失的工程技术主要有以下两种：

A. 建造人工地下挡水层。建造人工地下挡水层就是在保留适当土层厚度的条件下，设置不透水层，以抑制水分渗漏，提高土壤供水的有效性。建造这种挡水层，可保持水分和养分不致渗漏到根层以下。

地下挡水层的建造方法，就是在土壤耕层以上的适当深度处，即土表以下 60~70cm 处用抗水材料组成的连续薄膜铺置。在有排水需要的地方，隔一定距离（每排 150m 左右）需留间隙，以利排水。

大多数地下挡水层所用的挡水材料基本上都是用沥青做成的，但任何耐用的不透水的材料都可使用，如塑料薄膜、含胶体丰富的堆肥或厩肥层。

B. 施用改土物质改良土壤的保水性能。吸水的土壤改良剂是一种有发展前景的土壤保水技术。吸水（能吸持水分）化学制剂能够吸收水分，使水分不至于大量蒸发或淋失，与这种制剂混合的土壤能截流水分并较长久地保持水分，而这种水分对于植物根来说是可以随时吸收的。研究制成的化学制剂可吸收本身质量 20 倍的水分。

在表土中掺入 5% 的粉碎褐煤也可以改善沙土的持水能力，可使其有效水分增加 1 倍，使用有机肥料和塘泥来改善沙土的持水性能，也是抑制土壤渗漏的一种有效手段。

4）用环境控制的手段抑制农田水分的蒸腾和蒸发

用环境控制的手段抑制农田水分的蒸腾和蒸发，不但可以提高作物产量，而且能使农产品的质量大大改善。

采用封闭半封闭农业环境的办法，把作物种植在环境控制的农业装置里，是抑制旱地农田水分蒸腾和蒸发的一种现代化的工程技术措施。在这个装置里，水可以得到保持并被重新利用，不但保水效率很高，而且能使作物产量趋近其潜在产量的上限。

封闭的温室农业。这个封闭系统就是把作物栽种在充气的塑料温室内，温室与外界大气很少或没有联系。温室内是靠携带空气的水流循环来降温和增温的。由于湿度很高，从而抑制了蒸腾和蒸发，在冬季温室冷壁上凝结的水可以收集起来重新利用。

局部开放的温室农业。即在局部封闭的温室内，可以把新鲜空气连续送到棚内，并排出废气。水流携带空气而行进，使室内湿化，从而抑制了水分的蒸腾和蒸发。

塑料棚。即利用低矮的塑料棚盖住植物，以便减少蒸腾和蒸发，这是环境控制农业的初级形式。由于其造价低、技术难度小、人工控制比较容易且效益较高而被国内外广泛采用。

2. 山坡固定工程

斜坡稳定性直接关系斜坡上和斜坡附近的工矿、交通设施和房屋建筑等安全，因此实施必要的工程措施是十分重要的。

斜坡固定工程是指为防止斜坡岩土体的运动，保证斜坡稳定而布置的工程措施，包括挡墙、抗滑桩、削坡、反压填土、排水工程、护坡工程、滑动带加固工程和植物固坡措施等。

（1）挡墙

挡墙又称挡土墙，可防止崩塌、小规模滑坡及大规模滑坡前缘的再次滑动。挡墙的构造有以下几类：重力式、半重力式、倒 T 形或 L 形、扶壁式、支垛式、棚架扶壁式和框架式等，如图 2-1 所示。

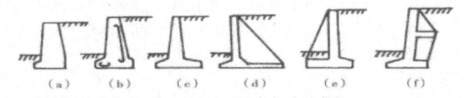

（a）重力式；（b）半重力式；（c）倒 T 形或 L 形；（d）扶壁式；（e）支垛式；（f）棚架扶壁式

图 2-1　挡墙的构造

重力式挡墙可以防止滑坡和崩塌，适用于坡脚较坚固、允许承载力较大、抗滑稳定较好的情况。根据建筑材料和形式，重力式挡墙又分为片石垛、浆砌石挡墙、混凝土或钢筋混凝土挡墙和空心挡墙（明洞）等。片石垛可就地取材、施工简单、透水性好，适用于滑动面在坡脚以下不深的中小型滑坡，不适用于地震区的滑坡。浅层中小型滑坡的重力式挡墙宜建在滑坡前，若滑动面有几个且滑坡体较薄，可分级支挡。

其他几种类型的挡墙多用于防止斜坡崩塌，一般用钢筋混凝土修建。倒 T 形或 L 形因自重轻，需利用坡体的重量，适用于 4~6 m 的高度；扶壁式和支垛式因有支挡，适用于 5 m 以上的高度；棚架扶壁式只用于特殊情况。框架式也称垛式，是重力式的一个特例，由木材、混凝土构件、钢筋混凝土构件或中空管装配成框架，框架内填片石，它又分叠合式、单倾斜式和双倾斜式。框架式结构较柔韧，排水性好，滑坡地区采用较多。

加筋土挡墙是由土工合成材料与填土构成的一种新型挡土墙，该种挡土墙不用砂石料和混凝土，对环境有利，施工方便，透水性好，对边坡稳定有利。

（2）抗滑桩

抗滑桩是穿过滑坡体将其固定在滑床的桩柱。使用抗滑桩，土方量小，施工需有配套机械设备，工期短，是广泛采用的一种抗滑措施。

根据滑坡体厚度、推力大小、防水要求和施工条件等，选用木桩、钢桩、混凝土桩或钢筋（钢轨）混凝土桩等。木桩可用于浅层小型土质滑坡或对土体临时拦挡，但强度低、抗水性差，所以滑坡防止中常用钢桩和钢筋混凝土桩。

抗滑桩的材料、规格和布置要能满足抗断、抗弯、抗倾斜、阻止土体从桩间或桩顶滑出的要求，这就要求抗滑桩有一定的强度和锚固深度。桩的设计和内力计算可参考有关文献。

（3）削坡和反压填土

削坡主要用于防止中小规模的土质滑坡和岩质斜坡崩塌。削坡可减缓坡度，减小滑坡体体积，减少下滑力。滑坡可分为滑动部分和抗滑部分，滑动部分一般是滑坡体的后部，它产生下滑力；抗滑部分即滑坡前端的支撑部分，它产生抗滑阻力。所以削坡的对象是滑动部分，当高而陡的岩质斜坡受节理缝隙切割，比较破碎，在有可能崩塌坠石时，可剥除危岩，削缓坡顶部。

当斜坡高度较大时，削坡常分级留出平台。反压填土是在滑坡体前面的抗滑部分堆土加载，以增加抗滑力。填土可筑成抗滑土堤，土要分层夯实，外露坡面应干砌片石或种植草皮，堤内侧要防渗沟，土堤和老土间修隔渗层，填土时不能堵住原来的地下水出口，要先做好地下水引排工程。

（4）排水工程

排水工程可减免地表水和地下水对坡体稳定的不利影响：一方面能提高现有条件下坡体的稳定性；另一方面允许坡度增加而不降低坡体稳定性。排水工程包括排除地表水工程和排除地下水工程。

1）地表水排除工程

地表水排除工程的作用：一是拦截地表水；二是防止地表水大量渗入，并尽快汇集排走。它包括防渗工程和排水沟工程。

防渗工程包括整平夯实和铺盖阻水，可以防止雨水、泉水和池水的渗透。当斜坡上有松散土体分布时，应填平坑洼和裂缝并整平夯实。铺盖阻水是一种大面积防止地表水渗入坡体的措施，铺盖材料有黏土、混凝土和水泥砂浆，黏土一般用于较缓的坡。

排水沟布置在斜坡上，一般呈树枝状，充分利用自然沟谷。当坡面较平整，或治理标准较高时，需要开集水沟和排水沟，构成排水系统。排水沟工程可采用砌石、沥青铺面、半圆形钢筋混凝土槽、半圆形波纹管等形式，有时采用不铺砌的沟渠，其渗透和冲刷较强，效果差。

2）地下水排除工程

地下水排除工程的作用是排除和截断渗透水。它包括渗沟、明暗沟、排水孔、排水洞和截水墙等。

渗沟的作用是排除土壤水和支撑局部土体，比如可在滑坡体前缘布置渗沟。有泉眼的斜坡上，渗沟应布置在泉眼附近和潮湿的地方。渗沟深度一般大于 2 m，以便充分疏于土壤水。沟底应置于潮湿带以下较稳定的土层内，并应铺砌防渗材料。

（5）护坡工程

为防止崩塌，可在坡面修筑护坡工程进行加固，这比削坡节省投工，速度快。常见的护坡工程有干砌片石和混凝土砌块护坡、浆砌片石和混凝土护坡、格状框条护坡、喷浆和混凝土护坡、锚固法护坡等。

干砌片石和混凝土砌块护坡用于坡面有涌水，边坡小于1:1，高度小于3m的情况，涌水较大时应设反滤层，涌水很大时最好采用盲沟。

防止没有涌水的软质岩石和密实土斜坡的岩石风化，可用浆砌片石和混凝土护坡。边坡小于1:1的用混凝土，边坡1:0.5~1:1的用钢筋混凝土。上文已提到，浆砌片石护坡可以防止岩石风化和水流冲刷，适用于较缓的坡。格状框条护坡是用预制构件的现场直接浇筑混凝土和钢筋混凝土，修成格式建筑物，格内可进行植被防护。有涌水的地方干砌片石。为防止滑动，应固定框格交叉点或深埋横向框条。

在基岩裂隙小，没有大崩塌发生的地方，为防止基岩风化剥落进行喷浆和混凝土护坡。若能就地取材，用可塑胶泥喷涂则较为经济，可塑胶泥也可做喷浆的垫层。注意不要在有涌水和冻胀严重的坡面喷浆或喷混凝土。

在有裂隙的坚硬的岩质斜坡上，为了增大抗滑力或固定危岩，可用锚固法护坡，所用材料为销栓或预应力钢筋。在危岩土钻孔直达基岩一定深度，将钢筋末端固定后要施加预应力，为了不把滑面以下的稳定岩体拉裂，事先要进行抗拉试验，使锚固末端达滑面以下一定深度，并且相邻锚固孔的深度不同。根据坡体稳定计算求得的所需克服的剩余下滑力来确定预应力大小和锚孔数量。

二、山沟治理工程

1. 沟头防护工程

沟头侵蚀的防治，应按流量的大小和地形条件采取不同的沟头防护工程。根据沟头防护工程的作用，可将其分为蓄水式沟头防护工程和排水式沟头防护工程两类。

（1）蓄水式沟头防护工程

当沟上部来水较少时，可采用蓄水式沟头防护工程，即沿沟边修筑一道或数道水平半圆环形的沟埂，拦蓄上游坡面径流，防止径流排入沟道。沟的长度、高度和蓄水容量按设计来水量而定。

蓄水式沟头防护工程又分为沟埂式与埂墙涝池式两种类型。

沟埂式沟头防护：沟埂式沟头防护是在沟头以上的山坡上修筑与沟边大致平行的若干道封沟埂，同时在距封沟埂上方1.0~1.5 m处开挖与封沟埂大致平行的蓄水沟，拦截与蓄存从山坡汇集而来的地表径流。沟埂式沟头防护，在沟头坡地地形较完整时，可做成连续式沟埂；若沟头坡地地形较破碎时，可做成断续式沟埂。在设计中，应注意的问题是封沟埂位置的确定、封沟埂的高度、蓄水沟的深度、沟埂的长度及道数。

第一道封沟埂与沟顶的距离，一般等于2~3倍沟深，至少相距5~10m，以免引起沟壁崩塌见图2-2。各沟埂间距可用下式计算：

$$L=H/I$$

式中：L 为封沟的间距，m；H 为埂高，m；I 为最大地面坡度，%。计算步骤如下：先初步拟订沟埂的尺寸及长度，算出沟埂的蓄水容积 V，若蓄水容积 V 接近设计来水量 W（可按 10~20 a 一遇暴雨计算），则设计的沟埂断面满足要求；若 W 比 V 小得多，可缩小沟埂的尺寸及长度；若 W 大于 V，则需要增设第二道沟埂。

在上方封沟埂蓄满水之后，水将溢出。为了确保封沟埂安全，可在埂顶每隔 10~15 m 的距离挖一个深 20~30 cm、宽 1~2 m 的溢流口，并以草皮铺盖或石块铺砌，使多余的水通过溢流口流入下方蓄水沟埂内。

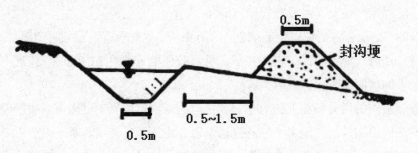

图 2-2　封沟埂与蓄水沟断面图

埂墙涝池式沟头防护：当沟头以上汇水面积较大，并有较平缓的地段时，则可开挖涝池群。各个涝池应互相连通，组成连环流，以最大限度地拦蓄地表径流，防止和控制沟侵蚀作用。同时涝池内存蓄的水也可得以利用。涝池的尺寸与数量等应该与设计来水量相适应，以避免水少池干或水多涝池容纳不下的现象，一般可按 10~20 a 一遇的暴雨来设计。

（2）泄水式沟头防护工程

沟头防护以蓄为主，做好坡面与沟头的蓄水工程，变害为利。但在下列情况下可考虑修建泄水式沟头防护工程。当沟头集水面积大且来水量多时，沟埂已不能有效地拦蓄径流；受侵蚀的沟头临近村镇，威胁交通，而又无条件或不允许采取蓄水式沟头防护时，必须把径流导入集中地点通过泄水建筑物排泄入沟，沟底还要有消能设施以免冲刷沟底。一般泄水式沟头防护工程有支撑式悬臂跌水、圬工式陡坡跌水和台阶式跌水三种类型。

支撑式悬臂跌水沟头防护：在沟头上方水流集中的跌水边缘，用木板、石板、混凝土或钢板等做成槽状。使水流通过水槽直接下泄到沟底，不让水流冲刷跌水壁，沟底应有消能措施，可用浆砌石做成消力池，或碎石堆于跌水基部以防冲刷。

圬工式陡坡跌水沟头防护：陡坡是用石料、混凝土或钢材等制成的急流槽，因槽的底坡大于水流临界坡度，所以一般易发生急流。陡坡式沟头防护一般用于落差较小，地形降落线较长的地点。为了减少急流的冲刷作用，有时采用人工方法来增加急流槽的粗糙程度。

台阶式跌水沟头防护：此种泄水工程可用石块或砖加砂浆砌筑而成，施工技术主要是清基砌石，不太困难，但需石料较多，要求质量较高。

台阶式跌水沟头防护，按其形式不同可分为两种：单级式和多级式。单级台阶式跌水多用于跌差不大（1.5~2.5 m），而地形降落比较集中的地方。多级台阶式跌水多用于跌差较大而地形降落距离较长的地方。在这种情况下如采用单级台阶式跌水，因落差过大，下游流速大，必须做很坚固的消力池，建筑物的造价高。

2.谷坊

谷坊又名防冲坝、沙土坝、闸山沟等，是山区沟道内为防止沟床冲刷及泥沙灾害而修筑的横向挡拦建筑物。谷坊高度一般 3~5 m，拦沙量小于 1000 m³，以节流固床护坡为主，是水土流失地区沟道治理的一种主要工程措施，相当于日本沟道防沙工程中的固床工程。

（1）谷坊的作用

谷坊的主要作用包括：

1）固定与抬高侵蚀基准面，防止沟床下切；

2）抬高沟床，稳定坡脚，防止沟岸扩张及滑坡；

3）减缓沟道纵坡，减小山洪流速，减轻山洪或泥石流灾害；

4）使沟道逐渐淤平，形成坝阶地，为发展农林业生产创造条件。

谷坊的主要作用是防止沟床下切冲刷。因此，在考虑某沟段是否应该修建谷坊时，首先应当研究该段沟道是否会发生下切冲刷作用。

（2）谷坊的分类

谷坊可分别按所使用的建筑材料、使用年限和透水性的不同进行分类。根据使用年限不同，可分为永久性谷坊和临时性谷坊。浆砌石谷坊、混凝土谷坊和钢筋混凝土谷坊为永久性谷坊，其余基本上属于临时性谷坊。按谷坊的透水性质，又可分为不透水性谷坊，如土谷坊、浆砌石谷坊混凝土谷坊、钢筋混凝土谷坊等。透水性谷坊，只起拦沙挂淤作用，如插柳谷坊、干砌石谷坊等。

第二节　水土保持农业措施

水土保持农业措施指的是用增加地面糙率、改变坡面微小地形、增加植物被覆、地面覆盖或增强土壤抗蚀力等方法，保持水土、改良土壤，以提高农业生产的技术措施。水土保持农业技术措施与水土保持林草措施、水土保持工程措施有机结合，构成完整的综合治理体系。

水土保持农业技术措施的范围很广，包括大部分旱地农业栽培技术，其中水土保持效果显著的部分按作用可分为：水土保持耕作措施、水土保持改土培肥措施、旱作节水农业和集流农业技术，以及水土保持农林复合系统等四类。

1.水土保持耕作措施

（1）等高耕作

等高耕作又称横坡耕作技术，是指沿等高线，垂直于坡面倾向，进行的横向耕作。它是坡耕地实施其他水土保持耕作措施的基础。沿等高线进行横坡耕作，在犁沟平行于等高线方向会形成许多"蓄水沟",从而有效地拦蓄了地表径流,增加土壤水分入渗率,减少水土流失,有利于作物生长发育,从而达到高产。

（2）等高沟垄耕作

等高沟垄耕作是在等高耕作的基础上进行的。具体操作为:在坡面上沿等高线开犁,形成沟和垄,在沟内或垄上种植作物。一条垄等于一个小坝,可有效地减少径量和冲刷量,增加土壤含水率,保持土壤养分。还可进一步划分为以下三种类型。

1）水平沟种植

水平沟种植又称套犁沟播。具体做法为:在犁过的壕沟内再套耕 - 犁,然后将种子点在沟内,施上肥料,结合碎土,镇压覆盖种子,中耕培土时仍保持垄沟完整。

2）垄作区田

垄作区田是干旱和半干旱地区采用的蓄水保土耕作法。具体做法是在坡地上从下往上进行,先在下边沿等高线耕 - 犁,接着在犁沟内施肥播种,然后在上边浅犁一道,覆土盖种,再空出一道的距离继续犁耕施肥播种,依次进行,直至种完。这样使坡面沟垄相间,有利于拦蓄地表径流。为了防止横向水土流冲刷,在沟内每隔 1~2 m 横向修一道小土挡。

3）平播起垄

平播起垄是用犁沿等高线隔行条播种植,并进行镇压,使种子和土壤密接,以利于出苗、保墒;在早期保持平作状态,在雨季到来以前,结合中耕,将行间的土培在作物根部,形成沟垄,并在沟内每隔 1~2 m 加筑土挡,以分段拦蓄雨水。这种方法的优点是,在春旱地区,它可以避免因早起垄而增加蒸发面积造成缺苗现象,影响产量。它还能在雨季充分接纳和拦蓄雨水,故蓄水保土和增产作用较显著。

（3）区田

区田也叫掏钵种植,是我国一种历史悠久的耕种法。具体做法是:在坡耕地上沿等高线划分成许多 1 m² 的小耕作区,每区掏 1~2 钵,每钵长、宽、深各约 50 cm。掏钵时,用铣或镢,先将表层熟土刮出,再将掏出的生土放在钵的下方和左右两侧,拍紧成埂,最后将刮出的熟土连同上方第二行小区刮出的熟土全部填到钵内,同时将熟土与施人的肥料搅拌均匀,掏第二行钵时将第三行小区的表层熟土刮到坑内,依次类推。这样自上而下地进行,上下行的坑成"品"字形错开,坑内作物可实行密植。每掏一次可连续种 2~3 年,再重掏一次。在实践中,群众还创造了人工加畜力的掏钵方法,值得推广。

（4）圳田

圳田是宽约 1m 的水平梯田。具体做法是,沿坡耕地等高线作成水平条带,每隔 50 cm 挖宽、深各 50 cm 的沟,并结合分层施肥将生土放在沟外拍成垄,再将上方 1m 宽的表土填入下方沟内。由于沟垄相间,便自然形成了窄条台阶地。此法亦可采用人畜相结合的方法,以提高工效。

（5）水平防冲沟

水平防护冲也叫等高防冲沟。这是在田面按水平方向,每隔一定距离用犁横开一条沟。

为了使所开犁沟能充分保持水土，在犁沟时每走若干距离将犁拾起，空很短的距离后再犁，这样在一条沟中便留下许多土挡，使每段犁沟较为水平，可以起到分段拦蓄的作用。同时应注意，上下犁沟间所留土挡应错开。犁沟的深浅和宽窄，在20°的坡地上沟间距离约2 m，沟深35~40cm。为了经济利用田面，犁沟内亦可点播豆类作物，并照常进行中耕除草。此法也可用在休闲地上，特别是夏闲地上。

（6）草田轮作

在农业生产过程中，将不同品种的农作物或牧草按一定原则和作物（牧草）的生物学特性在一定面积的农田，上排成一定的顺序，周而复始地轮换种植就是轮作。在轮作的农田上，把作物安排为前后栽植顺序是轮作方式，轮作方式之中或全部栽植农作物，或按一定比例栽植作物与多年生牧草即草田轮作，种植一遍所历经的时间称为轮作周期。轮作有空间上的轮换种植与时间上的轮换种植，空间种植是将同一种农作物（或牧草）逐年轮换种植，而时间轮作是在同一块农田上在轮作周期内，按轮作方式栽植不同品种的农作物或豆科牧草。从时间和空间的关系上来看，在作物安排上最简单的是三年轮作周期与三区轮作方式。

依据水土保持作用，将草田轮作制中的农作物和牧草可分为三大类：第一类是保持水土作用小的玉米、高粱、棉花、谷子、糜子等禾本科中耕作物；第二类是保持水土作用大的小麦、大麦、莜麦、荞麦、豌豆、大豆、黑豆等一些禾本科和豆科的密播作物；第三类是1年生和多年生的牧草，如苏丹草、春箭舌豌豆、苜蓿紫花、沙打旺、红豆草、黑麦草等。

2. 水土保持改土培肥措施

（1）生物养地

生物养地就是利用生物及其遗体培养地力或改良土壤，如种植豆科、禾本科绿肥；实行禾本科和互科不同作物轮作；放养绿萍、蓝藻，在稻田养鱼、养鸭；利用土壤中的蚯蚓、菌根和自生固氮菌，施用厩肥、堆肥；造林种草、保持水土均属生物养地之列。生物养地的主要作用包括：1）固氮；2）增加土壤有机质，为土壤中的生物提供能源；3）分解有机态养料为无机态养料；4）保持水土；5）生物排出盐碱等。

（2）有机肥料养地

有机肥料的生产原料很多，具体可以分为：农业废弃物，如秸秆、豆粕、棉粕等；畜禽粪便，如鸡粪、牛羊马粪、兔粪；工业废弃物，如酒糟、醋糟、木薯渣、糖渣、糠醛渣等；生活垃圾，如餐厨垃圾等；城市污泥，如河道淤泥、下水道淤泥等。其中秸秆还田是重要的有机肥养的方式。秸秆还田主要方式有四个：一是发展沼气还田；二是草塘泥沤制还田；三是腐熟剂快速腐解秸秆还田；四是稻麦留高茬直接还田。

最后一种秸秆还田方式与免耕制度相结合形成的免耕留茬秸秆覆盖技术具有培肥地力的良好效应。由于根茬及其分泌物、脱落物形成的土壤微团聚体没有被破坏，土壤的物理性状得以改善，对培肥地力有较好的作用。据测定，每公顷玉米根茬干物量可达2t以上，不刨根茬相当于增施有机肥20t，土壤有机质可增加0.3%。而且留茬秸秆覆盖，增加了地表覆盖度，减轻了土壤水分蒸发，而且不翻耕，在原垄茬间播种，踩实后的播种区毛细水管很快形成，恢复抗旱保墒能力。不刨根茬，根茬护土，减少风蚀及雨水对土壤的侵蚀，防止了冲沟。

（3）化学肥料养地

化学肥料养地理论来源于李比西关于土壤中矿物质是一切绿色植物唯一养料的观点，认为可以用化学肥料加上微量元素和硅质肥料来代替有机肥料的效果。自从有了化肥工业以来，欧美一些国家进行了一些长期定位试验，证明化肥可以明显地增加农作物产量、产值，能维持并改善地力。化肥施用水平与产量水平密切相关。据 FAO 估计，世界粮食增产额中约有 50% 靠的是化肥。在增产的同时，化肥还直接保持土壤中的 N.P、K.Ca 等的平衡，并间接促进碳循环。

（4）有机与无机结合

有机肥料（包括还田秸秆）是一种全肥，它的某些作用是化肥难以替代的，如有机肥与秸秆中磷钾返还比例大；有机肥中含有多种微量元素，这是化肥所缺少的；有机肥料还可以改善土壤的理化和生物学性质，培肥地力，使施用的化肥效果更高。提倡有机肥与化肥合理配合施用，是制定施肥方案的一个重要原则。

（5）坡改梯工程

通过改田改土和对 25° 以下的瘠薄坡地实施坡改梯工程，对土壤瘠薄、肥力条件差的耕地，进行改土培肥。通过增厚土层，增施有机肥，改良土壤，提高田地生产力，对农田水利设施不配套的耕地，修建涵闸、蓄水塘等农田水利设施，并选择适宜的先锋植物，使跑水跑土、跑肥的"三跑田"变成保水、保土、保肥的"三保田"。

3. 节水灌溉工程技术

（1）渠道防渗技术

渠道防渗是发展高效用水灌溉的主要技术措施。根据所用的材料可分为土料防渗、砌石防渗、混凝土衬砌防渗、沥青材料防渗、塑料薄膜防渗等，其中混凝土衬砌防渗使用最为广泛。未采用防渗措施的渠道，渗漏损失水量一般要达到总灌溉用水量的 30%~40%，许多大型渠道在 50% 以上。采用渠道防渗措施后，不仅可以显著地提高渠系水利用系数，减少渠水渗漏；而且可以提高渠道输水安全保证率，提高渠道抗冲能力，增加输水能力。渠道防渗还具有调控地下水位，防止次生盐碱化，减少渠道淤积，防止杂草丛生，节约维修费用，降低灌溉成本的附加效益。

（2）地面灌溉技术

地面灌溉是利用渠道或管道将灌溉用水连续不断地输送到地头，通过放水口引入田间，而进入田间的水则是以连续薄层水流向前推进，借助水的重力作用和土壤毛细管的渗吸作用，下渗湿润土壤，是一种充分供水、完全满足作物需水要求的灌溉方法，也是一种最原始、最简单、最廉价、灌水效率最低的灌水方法。地面灌溉新技术主要有以下四种。

1）节水型畦灌技术。畦灌是用临时修筑的土埂将灌溉田块分隔成一系列的长方形田块，即灌水畦，又称畦田。灌水时，灌溉水从输水垄沟或直接从田间毛渠引入畦田后，在畦田田面上形成很薄的水层，沿畦长坡度方向均匀流动，在流动的过程中主要借重力作用及毛细管作用，以垂直下渗的方式逐渐湿润土壤的地面灌水方法。

2）节水型沟灌技术。沟灌法是在作物种植行间开挖灌水沟，灌溉水由输水沟或毛渠进入灌水沟后，在流动的过程中主要借土壤毛细管作用从沟底和沟壁向周围渗透而湿润土壤的；与此同时，在沟底也有重力作用浸润土壤。

3）地膜覆盖灌水技术。地膜覆盖灌水，是在地膜覆盖栽培技术基础上，结合传统地面灌水沟、畦田灌溉所发展的新型节水型灌水技术。

4）波涌（间歇）灌溉技术。波涌灌溉又可称为涌流灌溉或间歇灌溉，它是间歇性地按一定的周期向沟（畦）中供水，使水流推进到沟（畦）末端的一种节水型地面灌水新技术，通过几次放水和停水过程，水流在向下游推进的同时，借重力、毛管力等作用渗入土壤。

（3）微灌

微灌是根据作物需水要求，通过管道系统与安装在末级管道上的灌水器，将作物生长所需的水分和养分以较小的流量均匀、准确地直接输送到作物根部附近的土壤表面或土层中的灌溉方法。微灌按灌溉水水流出流方式不同，可分为滴灌、微喷灌和小管出流灌（涌泉灌）。滴灌是利用滴头、滴灌带（滴头与毛管制成一体）等灌水器，滴灌是以水滴或细流形式湿润土壤的一种灌水方法。微喷灌是利用微喷头将水喷洒以湿润土壤的一种灌水方法。小管出流灌是利用小管灌水器（涌水器）将末级管道中的压力水以小股水流或涌泉的形式灌溉土地的一种灌水方法。

微灌灌水时，通过低压管道系统将水输送到田间，再通过沿配水管道安装的灌水器，以间断（或连续）水滴、微细喷洒等形式进行灌溉，水在毛管作用和重力作用下进入土壤，供作物利用。灌水流量小，每次灌水时间长，是以微小的流量湿润作物根区附近的土壤，以满足作物的需水要求。它不同于全面湿润的地面灌溉和喷灌，属于局部灌水技术。微灌最显著的优点是节水，蒸发损失小，而且由于灌水流量小，不易发生地表径流和深层渗漏，可以有效地降低灌溉水的损失和浪费，同时微灌能比较精确地控制水量，可适时适量地按作物生长需要供水，水的利用率高。

（4）喷灌

喷灌又称人工降雨，它是通过管道将压力水输送到田间，由喷头将水流的压力能量（势能）转变为动能喷射到空中，在空气阻力作用下碎裂成小水滴，撒落到地面，像天然降雨一样浇灌作物的一种灌水方法。一方面喷灌采用了管道输水，避免了输水过程中的渗漏损失和蒸发损失；另一方面喷灌是利用压力水灌溉，而且喷洒点随时可以更换和移动。这样有利于灌溉水量的控制，也避免了地面灌溉中的超渗（深层渗漏）问题和灌水不均匀的问题，所以喷灌是一种现代新型节水灌溉技术。

喷灌的输水系统采用全封闭压力管道，几乎不存在输水损失。而灌溉系统又是采用专门的喷洒设备，以降雨的形式灌溉农田，所以能够很好地控制灌溉强度和灌水量，避免了深层渗漏。喷灌条件下的灌水均匀度较高，一般情况下可以达到 80%~85%，同时也提高了水的有效利用率，其有效利用率在 80% 以上。测定结果表明：在相同的灌水目标下，喷灌的灌溉用水量比地面灌溉节约用水 30%~50%，节水效益十分明显。喷灌像降雨一样湿润土壤，不破坏土壤结构，为作物生长创造良好的水分状况。但喷灌受风的影响大，风力会改变水舌的形状和喷射距离，降低喷灌的均匀度，因此一般有 3~4 级风时应停止喷灌；同时，喷灌的蒸发损失大，水滴降落到地面之前最大可以蒸发掉 10% 的灌溉水量；投资较大，喷灌需要专门设备，且对设备的要求相对较高。

（5）地下渗灌技术

渗灌（地下渗灌）是指灌溉水以滴渗方式湿润作物根系层，实现作物灌溉，以满足作物需水要求的一种灌水技术。目前，工程上的做法是将灌溉水通过低压渗灌管管壁上的微孔（裂纹、发泡孔）由内向外呈发汗状渗出，随即通过管壁周围土壤颗粒，颗粒间孔隙的吸水作用向土体扩散，给作物根系供水，一次连续性实现对作物灌溉的全过程。渗灌水流进入土壤后，仅湿润作物根系层，地面没有水分，故蒸发量更少，比其他灌水方式更为节水。

渗灌是在低压条件下通过埋设在作物根系范围内的渗灌管，向作物根系层适时、适量灌水的灌溉方法，因为这种灌溉方法中灌溉水在作物根系层进行，有效地降低了地表蒸发量，因此具有省工、省时、省水、增产、增收、便于管理及耕作等优点，特别适合于宽行距的行播作物灌溉。但由于技术方面的原因在生产上常出现一些问题，易导致表土返盐、土壤湿润不够均匀，加之地下管道不易检修维护、投资大、施工技术要求高，而且由于土质差异、作物差异，确定不同土质，不同作物下合理的灌水技术要素指标还存在一定问题，因此，渗灌技术需要进一步完善。

（6）膜上灌技术

在地膜栽培的基础上，把以往的地膜旁侧灌水改为膜上灌水，水沿放苗孔和地膜旁侧渗水对作物进行灌溉。投资少，操作简便，便于控制灌水量，加快输水速度，可减少土壤的深层渗漏和蒸发损失，可显著提高水的利用率。膜上灌适用于所有实行地膜种植的中耕作物，与常规沟灌玉米、棉花相比，可省水 40%~60%，并有明显的增产效果。

第三节　水土保持植被措施

水土保持植被措施是指在山地丘陵区以控制水土流失、保护和合理利用水土资源、改良土壤、维持和提高土地生产潜力为主要目的所进行的造林种草措施，也称为水土保持林草措施。

作为水土保持三大措施之一的植被措施一直备受水土保持工作者的重视。近年来，随着党与国家西部生态环境建设与退耕还林还草政策的深入开展，植被建设成为恢复脆弱生态环境的主要措施。由于植被措施治理水土流失具有立体多点防侵蚀的特点，因此具有强大的防止水土流失的功能，并且与其他两种措施相比，治根治本，对地表的破坏程度也非常小，所以在水土流失中对生物措施的研究意义非常大。植被不仅能有效控制水土流失和土地荒漠化，改善生态条件，同时又是农林牧副业生产的可再生资源，是生产系统的生产者。

1. 造林种草的水土保持作用表现在以下四个方面：

（1）林冠截留降雨，减少土壤侵蚀

植被地上部分通过截流降雨，减少降雨击溅，减少表层结皮，以及枯枝落叶层的蓄积水分而削弱径流，延长入渗时间，达到减少侵蚀的目的。据观测，林冠截留降雨一般为15%~40%，针叶林（松林、云杉林等）树冠可截留雨量的18%~30%；阔叶林树冠则可截留雨量的20%左右。截留的雨水除一小部分蒸发到大气中外，其余大部分经过枝叶一次或几次截留以后，缓慢滴落或沿树干下流，改变了雨水落地的方式。林冠的截留作用，一方面减小了林下的径流量和径流速度；另一方面推迟了降雨时间和产流时间，缩短了林地土壤侵蚀的过程，使侵蚀量大大减小。另外，树干径流的雨水顺枝干到达地面后，一般在树干附近渗入土壤，有利于树木根系的吸收，避免了雨滴击溅侵蚀。根据美国的试验资料，兰茎冰草（Agropyron smithi Rudb）的截留量可达50%；而草原网茅（Spartinapectinata）在30min 时间内的截留量：降水量5mm 时是72%，降雨量33 mm 时是55%。

（2）枯枝落叶层吸水下渗，调节径流

1）林草地枯枝落叶层吸收调节地表径流的作用

林草地大量的枯枝落叶层，像一层海绵覆盖在地面，直接承受落下的雨水，保护地表免遭雨滴的溅击。枯枝落叶层结构疏松，具有很大的吸水能力和透水性。枯枝落叶的吸水量，因树种不同可达其自身质量的40%~260%；而腐殖质的吸水量可达其自身质量的2~4倍。据测算，每亩森林比每亩无林地多蓄水 20m³。5 万亩森林所含水量相当于一个容量为100 万 m³ 的小型水库。当其吸水饱和以后，多余的水分通过枯枝落叶层渗入土壤，变成地下水。因而，大大减少了地表径流。此外，枯枝落叶层还能增加地表粗糙度，又形成无数细小栅网，分散水流，拦滤泥沙，大大降低了径流速度，减少了泥沙的下移，枯枝落叶层地挡雨、吸水和缓流作用具有非常重要的意义。林草地保持水土的大小，取决于枯枝落叶层的多少。因此，保持林草地的枯落物，是水土保持林草经营的重要措施之一。

2）林草地：土壤的渗透作用

林草地每年可形成大量的枯枝落叶，加之土壤中还有相当数量的细根死亡，能增加土壤的有机质和营养物质。有机质被微生物分解后，形成褐色的腐殖质，与土粒结合成团粒结构，可以减小土壤容重，增加土壤孔隙度，改善了土壤的理化性质。同时，林草根系的活动也使土壤变得疏松多孔，这样有利于水分的下渗。大量的雨水渗入并蓄存于土壤内，变成地下水，在枯水期流入河川，不仅大大减少了地表径流及其对土壤的冲刷，而且改善了河川的水文状况，起到了调节径流和理水的作用。

（3）固持和改良土壤，提高土壤的抗蚀性和抗冲性

1）固持土壤作用

深根的锚固作用。植物的粗深根系穿过坡体浅层的松散风化层，锚固到深处较稳定的：土层上，类似于锚杆系统。在植被覆盖的岸坡上，相互缠绕的侧向根系形成具有一定抗拉强度的根网，将根系和土壤固结为一个整体；同时垂直根系将浅层根系土层锚固到深处较稳定的土层上，从而增加了土体的稳定性。

浅根的加筋作用。植被的根系在土壤中错综盘结，使岸坡土体在根系延伸范围内成为土与根系的复合材料，根系可视为三维加筋材料。根系的加筋作用增加了土体的凝聚力，同时根系的张拉限制了土体的侧向变形。土中的根系加筋显然提高了土体的抗剪强度。

降低岸坡土体孔隙水压力。岸坡的失稳与土体中水压力的大小有密切的关系。植物通过吸收和蒸发土体内水分，降低土体的孔隙水压力，增加土体之间的凝聚力，提高土体的抗剪强度，从而增加岸坡的稳定性。

2）改良土壤的作用

森林的改良土壤作用主要表现在通过制造有机物质和枯落物、腐根分解改善土壤理化性质等方面。森林通过庞大的树冠，进行光合作用，制造有机物质，为林地土壤肥力改善提供了良好的条件。林木从土壤中吸收的有机物质少，而归还给土壤的有机物质多。据测定，林木每年有 60%~70% 的有机物质以枯枝落叶的形成归还于土壤，而只有 30%~40% 的有机物质用于自身的生长发育。林木每年从 1hm² 的土地上吸收的有机物质比农作物和草本植物少 10~15 倍。100 年生的云杉林地所含灰分物质为 28t/hm²，有机质为 520t/hm²，而 100 年生的橡树林地的灰分物质和有机质分别为 62.3t/hm² 和 588 t/hm²。所以，阔叶林地的有机物质和无机物质多于针叶林。在森林覆盖下的土壤经过长年累月有机质的循环积累，土壤肥力越来越高。

林地中根系数量很多，对土壤理化性质影响很大。林木根系直接与土壤接触交织成网，不仅增加了土壤的孔隙度，而且向土壤内分泌碳酸和其他有机化合物，促进了土壤微生物的活动，加速了土壤有机化合物的分解。同时根系不断更新，腐根分解后也增加了土壤有机质，改善了土壤结构。

林内大量的枯枝落叶聚积在地表，形成了有机质，经过微生物的分解作用，提高了土壤腐殖质的含量。据测定，有林地土壤腐殖质含量比无林地多 4%~10%。林地土壤腐殖质含量的增加，大大改善了土壤的质地、结构和其他理化性质。

草本植物茎叶繁茂，枯落物丰富，给土壤聚积了大量的有机物质。牧草的根系也能增加土壤的氮、磷、钾养分，尤其是豆科牧草的根系具有根瘤菌，能固定空气中的氮素。此外，草本植物在减弱径流过程中，将径流携带的泥沙过滤沉积，也能增加土壤肥力。一般来说，种植牧草可使土壤有机质含量增加10%~20%。草本植物的枯落物和腐根，经微生物分解后，形成土壤腐殖质，加之密集的根系交织成网，促进了土壤团粒结构的形成，增加了土壤的吸水性、保水性和透气性，改善了土壤的理化性质。

3）提高土壤的抗蚀性和抗冲性

土壤的抗蚀性指土壤抵抗径流对土壤分散和悬浮的能力，其强弱主要取决于土粒间的胶结力及土粒和水的亲和力。胶结力小且与水亲和力大的土粒，容易分散和悬浮，结构易受破坏和分解。土壤抗蚀性指标主要包括水稳性团聚体含量、水稳性团聚体风干率（风干土水稳性团粒含量/毛管饱和土水稳性团粒含量×100）和以微团聚体含量为基础的各抗蚀性指标，如团聚状况（微团聚体中>0.05mm的颗粒含量-机械组成分析中>0.05mm的颗粒含量）、团聚度（团聚状况/微团聚中>0.05 mm的颗粒含量×100）、分散系数（微团聚体中<0.001 mm的颗粒含量/机械组成分析中<0.001 mm的颗粒含量×100）、分散率（微团聚体中<0.05mm的颗粒含量/机械组成分析中<0.05mm的颗粒含量×100）等。上述土壤抗蚀性指标的应用因不同区域而异。孙立达等人（1995）在黄土高原的研究表明，水稳性团聚体含量是本区最适宜的抗蚀性指标，而水稳性团聚体风干率可用于本区东南部，不适于本区西北部，以微团聚体为基础的抗蚀性指标不适宜在黄土高原地区应用。

王佑民等人（1994）研究表明，成龄刺槐林地的腐殖质含量大于草地，疏草地与幼林地相当，二者均大于农地。沙棘和柠条灌木林地腐殖质含量的变化也具有相似的规律。成龄刺槐林地的水稳性团聚体含量及其风干率大于草地，草地大于幼林地和过熟林地。二者均大于农地，沙棘和柠条灌木林地水稳性团聚体含量及其风干率的变化也基本与刺槐林地相似。可见造林种草、恢复植被是提高土壤抗蚀性的主要途径。

土壤抗冲性指土壤抵抗径流的机械破坏和搬运能力。王佑民等人研究结果显示，林地抗冲性最强，草地次之，农地最差。多年生的天然草地在茎叶十分茂密的情况下，土壤表层抗冲性高于林地，但在20em土壤以下不会超过林地。林草植物增强土壤抗冲性的作用主要表现在其地被物层对地面径流的调蓄和吸收，以及根系对土壤的固持作用方面。地被物包括活地被物和枯落物，二者均有抗冲作用。当单位面积上活地被物茎叶数量多和枯落物厚度大时，其土壤的抗冲性就越强。另外，林草地发达的根系网络能固结土壤，根系层是继枯落物层之后，对土壤抗冲性产生重大影响的又一活动层。植物根系不同径级对提高土壤抗侵蚀性的不同效应。根系提高土壤抗冲性的作用与≤1 mm的须根密度关系极为密切，须根密度越大，增强土壤抗冲性效应就越大。李勇等（1990）对油松林的研究发现，对土壤抗冲性起重要作用的是≤1 mm的须根密度；在有效根密度（指100 cm²土壤截面上对土壤抗冲性能有明显增强效应的≤1 mm须根的个数）的范围内，根系提高土壤抗冲性的效应与根数密度成正比；20~25年生油松人工林根系提高土壤抗冲性能的最低有效根密度为26~34个100cm²，土层有效深度为70cm。因此，一旦植被遭到破坏，特别是地被层和根系遭到破坏，土壤抗冲能力会迅速下降，若遇暴雨冲刷，会导致沟蚀发生。

（4）植被措施防治风蚀

植物的地上部分主要通过三种生态过程对地表土壤形成保护作用（Bresso-lier和Thomas，1977；Wolfe和Nickling，1993）：第一，植物覆盖部分地表，避免了被覆盖部分受风力的直接作用。第二，植物的存在增加了下垫面的粗糙度，这样就可以吸收和分散地面以上一定高度内的风动量，从而减少气流与地面物质之间的动量传递，达到减弱到达地表面风动量的目的。地表粗糙度和摩阻速率随植被覆盖度的增大而提高，临界侵蚀风速也会相应增大，所以在一定范围内，植被对土壤风蚀的抑制作用随覆盖度的增大而越来越显著。第三，风蚀发生时，气流受到植物地上部分的阻挡摩擦，消耗大量的运动能量，从而在植被层下形成速度较低的"束缚流"，阻止被蚀物质的运动，并促使其沉积。

　　植被在风蚀中的作用主要是由于改变了植被附近风速的分布，在植被带背面形成了一个明显的弱风区。但是，随着林带的远离，风速又会回到原来的状态。植被改变气流结构和降低风速主要是因为植被本身具有透风性，其稀疏、通风和紧密结构可有效降低风速及风的能量，减少风对土壤的侵蚀，不同植物防治风蚀的性能是不同的。研究表明，在干旱、半干旱地区灌木的防风蚀作用最大，其次分别是多年生牧草、林木、作物、一年生牧草。当植被覆盖度低于 20% 时，风蚀率会大幅度突然增加；当小于 27.15% 时，风蚀开始变得很明显。

第六章 水资源保护

第一节 水资源保护含义

水是生命的源泉，它滋润了万物，哺育了生命。我们赖以生存的地球有 70% 是被水覆盖着的，而其中 97% 为海水，与我们生活关系最为密切的淡水，只有 3%，而淡水中又有 70%~80% 为川淡水，目前很难利用。因此，我们能利用的淡水资源是十分有限的，并且受到污染的威胁。

中国水资源分布存在如下特点：总量不丰富，人均占有量更低；地区分布不均，水土资源不相匹配；年内年际分配不匀，旱涝灾害频繁。而水资源开发利用中的供需矛盾日益加剧。首先是农业干旱缺水，随着经济的发展和气候的变化，中国农业，特别是北方地区农业干旱缺水状况加重，干旱缺水成为影响农业发展和粮食安全的主要制约因素。其次是城市缺水，中国城市缺水，特别是改革开放以来，城市缺水越来越严重。同时，农业灌溉造成水的浪费，工业用水浪费也很严重，城市生活污水浪费惊人。

目前，中国的水资源环境污染已经十分严重，根据中国环保局的有关报道：中国的主要河流有机污染严重，水源污染日益突出。大型淡水湖泊中大多数湖泊处在富营养状态，水质较差。另外，全国大多数城市的地下水受到污染，局部地区的部分指标超标。由于一些地区过度开采地下水，导致地下水位下降，引发地面的坍塌和沉陷、地裂缝和海水入侵等地质问题，并形成地下水位降落漏斗。

农业、工业和城市供水需求量不断提高导致有限的淡水资源更为紧张。为了避免水危机，我们必须保护水资源。水资源保护是指为防止因水资源不恰当利用造成的水源污染和破坏而采取的法律、行政、经济、技术、教育等措施的总和。水资源保护的主要内容包括水量保护和水质保护两个方面。在水量保护方面，主要是对水资源统筹规划、涵养水源、调节水量、科学用水、节约用水、建设节水型工农业和节水型社会。在水质保护方面，主要是制定水质规划，提出防治措施。具体工作内容是制定水环境保护法规和标准；进行水质调查、监测与评价；研究水体中污染物质迁移、污染物质转化和污染物质降解与水体自净作用的规律；建立水质模型，制定水环境规划；实行科学的水质管理。

水资源保护的核心是根据水资源时空分布、演化规律，调整和控制人类的各种取用水行为，使水资源系统维持一种良性循环的状态，以达到水资源的可持续利用。水资源保护不是以恢复或保持地表水、地下水天然状态为目的的活动，而是一种积极的、促进水资源开发利用更合理、更科学的问题。水资源保护与水资源开发利用是对立统一的，两者既相互制约，又相互促进。保护工作做得好，水资源才能可持续开发利用；开发利用科学合理了，也就达到了保护的目的。

水资源保护工作应贯穿在人与水的各个环节中。从更广泛的意义上讲，正确客观地调查、评价水资源，合理地规划和管理水资源，都是水资源保护的重要手段，因为这些工作是水资源保护的基础。从管理的角度来看，水资源保护主要是"开源节流"、防治和控制水源污染。它一方面涉及水资源、经济、环境三者平衡与协调发展的问题，另一方面还涉及各地区、各部门、集体和个人用水利益的分配与调整。这里面既有工程技术问题，也有经济学和社会学问题。同时，还要广大群众积极响应，共同参与，就这一点来说，水资源保护也是一项社会性的公益事业。

第二节　天然水的组成与性质

一、水的基本性质

1. 水的分子结构

水分子是由一个氧原子和两个氢原子通过共价键结合所形成的。通过对水分子结构的测定分析，两个 O-H 键之间的夹角为 104.5°，H-O 键的键长为 96pm。由于氧原子的电负性大于氢原子，O-H 的成键电子对更趋向于氧原子而偏离氢原子，从而氧原子的电子云密度大于氢原子，使得水分子具有较大的偶极矩（ μ =1.84D），是一种极性分子。水分子的这种性质使得自然界中具有极性的化合物容易溶解在水中。水分子中氧原子的电负性大，O-H 的偶极矩大，使得氢原子部分正电荷，可以把另一个水分子中的氧原子吸引到很近的距离形成氢键。水分子间氢键能为 18.81KJ/mol，约为 O-H 共价键的 1/20 氢键的存在，增强了水分子之间的作用力。冰融化成水或者水汽化生成水蒸气，都需要环境中吸收能量来破坏氢键。

2. 水的物理性质

水是一种无色、无味、透明的液体，主要以液态、固态、气态三种形式存在。水本身也是良好的溶剂，大部分无机化合物可溶于水。由于水分子之间氢键的存在，使水具有许多不同于其他液体的物理、化学性质，从而决定了水在人类生命过程和生活环境中无可替代的作用。

（1）凝固（熔）点和沸点

在常压条件下，水的凝固点为0℃，沸点为100℃。水的凝固点和沸点与同一主族元素的其他氢化物熔点、沸点的递变规律不相符，这是由于水分子间存在氢键的作用。水的分子间形成的氢键会使物质的熔点和沸点升高，这是因为固体熔化或液体汽化时必须破坏分子间的氢键，从而需要消耗较多能量。水的沸点会随着大气压力的增加而升高，而水的凝固点随着压力的增加而降低。

（2）密度

在大气压条件下，水的密度在4℃时最大，为$1 \times 10^3 kg/m^3$，温度高于4℃时，水的密度随温度升高而减小，在0℃~4℃时，密度随温度的升高而增加。

水分子之间能通过氢键作用发生缔合现象。水分子的缔合作用是一种放热过程，温度降低，水分子之间的缔合程度增大。当温度≤0℃，水以固态的冰的形式存在时，水分子缔合在一起成为一个大的分子。冰晶体中，水分子中的氧原子周围有四个氢原子，水分子之间构成一个四面体状的骨架结构。冰的结构中有较大的空隙，所以冰的密度反比同温度的水小。

当冰从环境中吸收热量，融化生成水时，冰晶体中一部分氢键开始发生断裂，晶体结构崩溃，体积减小，密度增大。当温度进一步升高时，水分子间的氢键被进一步破坏，体积进而继续减小，使得密度增大；同时，温度的升高增加了水分子的动能，分子振动加剧，水具有体积增加而密度减小的趋势。在这两种因素的作用下，水的密度在4℃时最大。

水的这种反常的膨胀性质对水生生物的生存发挥了重要的作用。因为寒冷的冬季，河面的温度可以降低到冰点或者更低，这是无法适合动植物生存的。当水结冰的时候，冰的密度小，浮在水面，4℃的水由于密度最大，而沉降到河底或者湖底，可以保护水下生物的生存。而当天暖的时候，冰在上面也是最先融化。

（3）高比热容、高汽化热

水的比热容为$4.18 \times 10^3 J/(kg \cdot K)$，是常见液体和固体中最大的。水的汽化热也极高，在2℃下为$2.4 \times 10^3 (KJ/kg)$。正是由于这种高比热容、高汽化热的特性，地球上的海洋、湖泊、河流等水体白天吸收到达地表的太阳光热能，夜晚又将热能释放到大气中，避免了剧烈的温度变化，使地表温度长期保持在一个相对恒定的范围内。通常生产上使用水做传热介质，除了它分布广外，主要是利用水的高比热容的特性。

（4）高介电常数

水的介电常数在所有的液体中是最高的，可使大多数蛋白质、核酸和无机盐能够在其中溶解并发生最大限度的电离，这对营养物质的吸收和生物体内各种生化反应的进行具有重要意义。

（5）水的依数性

水的稀溶液中，由于溶质微粒数与水分子数的比值的变化，会导致水溶液的蒸汽压、凝固点、沸点和渗透压发生变化。

（6）透光性

水是无色透明的，太阳光中可见光和波长较长的紫外线部分可以透过，使水生植物光合作用所需的光能够到达水面以下的一定深度，而对生物体有害的短波远紫外线则几乎不能通过。这在地球上生命的产生和进化过程中起到了关键的作用，对生活在水中的各种生物具有至关重要的意义。

3. 水的化学性质

（1）水的化学稳定性

在常温常压下，水是化学稳定的，很难分解产生氢气和氧气。在高温和催化剂存在的条件下，水会发生分解，同时电解也是水分解的一种常用方式。

水在直流电作用下，分解生成氢气和氧气，工业上用此法制纯氢和纯氧。

（2）水合作用

溶于水的离子和极性分子能够与水分子发生水合作用，相互结合，生成水合离子或者水合分子。这一过程属于放热过程。水合作用是物质溶于水时必然发生的一个化学过程，只是不同的物质水合作用方式和结果不同。

（3）水解反应

物质溶于水所形成的金属离子或者弱酸根离子能够与水发生水解反应，弱酸根离子发生水解反应，生成相应的共轭酸。

二、天然水的组成

天然水在形成和迁移的过程中与许多具有一定溶解性的物质相接触，由于溶解和交换作用，使得天然水体富含各种化学组分。天然水体所含有的物质主要包括无机离子、溶解性气体、微量元素、水生生物、有机物以及泥沙和黏土等。

1. 天然水中的主要离子

重碳酸根离子和碳酸根离子在天然水体中的分布很广，几乎所有水体都有它的存在，主要来源于碳酸盐矿物的溶解。一般河水与湖水中超过 250mg/L 在地下水中的含量略高。造成这种现象的原因在于在水中如果要保持大量的重碳酸根离子，则必须有大量的二氧化碳，而空气中二氧化碳的分压很小、二氧化碳很容易从水中溢出。

天然水中的氯离子是水体中常见的一种阴离子，主要来源于火成岩的风化产物和蒸发盐矿物。它在水中有广泛分布，在水中含量变化范围很大，一般河流和湖泊中含量很小，要用 mg/L 来表示。但随着水矿化度的增加，氯离子的含量也在增加，在海水以及部分盐湖中，氯离子含量达到十几 g/L 以上，而且成为主要阴离子。

硫酸根离子是天然水中重要的阴离子，主要来源于石膏的溶解、自然硫的氧化、硫化物的氧化、火山喷发产物、含硫植物及动物体的分解和氧化。硫酸根离子分布在各种水体中，河水中硫酸根离子含量在 0.8~199.0mg/L 之间；大多数的淡水湖泊，其硫酸根离子含量比河水中含量高；在干旱地区的地表及地下水中，硫酸根离子的含量往往可达到几 g/L；

海水中硫酸根离子含量为 2~3g/L，而在海洋的深部，由于还原作用，硫酸根离子有时甚至不存在。硫酸盐含量不高时，对人体健康几乎没有影响，但是当含量超过 250mg/L 时，有致泻作用，同时高浓度的硫酸盐会使水有微苦涩味，因此，国家饮用水水质标准规定饮用水中的硫酸盐含量不超过 250mg/L。

钙离子是大多数天然淡水的主要阳离子。钙广泛地分布于岩石中，沉积岩中方解石、石膏和萤石的溶解是钙离子的主要来源。河水中的钙离子含量一般为 20mg/L 左右。镁离子主要来自白云岩以及其他岩石的风化产物的溶解，大多数天然水中镁离子的含量在 1~40mg/L，一般很少有以镁离子为主要阳离子的天然水。通常在淡水中的阳离子以钙离子为主；在咸水中则以钠离子为主。水中的钙离子和镁离子的总量称为水体的总硬度。硬度的单位为度，硬度为 1 度的水体相当于含有 10mg/L 的 CaO_2。

水体过软时，会引起或加剧身体骨骼的某些疾病，因此，水体中适当的钙含量是人类生活不可或缺的。但水体的硬度过高时，饮用会引起人体的肠胃不适，同时也不利于人们生活中的洗涤和烹饪；当高硬度水用于锅炉时，会在锅炉的内壁结成水垢，影响传热效率，严重时还会引起爆炸，所以高硬度水用于工业生产中应该进行必要的软化处理。

钠离子主要来自火成岩的风化产物，天然水中的含量在 1~500mg/L 范围内变化。含钠盐过高的水体用于灌溉时，会造成土壤的盐渍化，危害农作物的生长。同时，钠离子具有固定水分的作用，原发性高血压病人和浮肿病人需要限制钠盐的摄取量。钾离子主要分布于酸性岩浆岩及石英岩中，在天然水中的含量要远低于钠离子。在大多数饮用水中，钾离子的含量一般小于 20mg/L；而某些溶解性固体含量高的水和温泉中，钾离子的含量高达 100mg/L。

2. 溶解性气体

天然水体中的溶解性气体主要有氧气、二氧化碳、硫化氢等。

天然水中的溶解性氧气主要来自大气的复氧作用和水生植物的光合作用。溶解在水体中的分子氧称为溶解氧，溶解氧在天然水中起着非常重要的作用。水中动植物及微生物需要溶解氧来维持生命，同时溶解氧是水体中发生的氧化还原反应的主要氧化剂，此外水体中有机物的分解也是好氧微生物在溶解氧的参与下进行的。水体中的溶解氧是一项重要的水质参数，溶解氧的数值不仅受大气复氧速率和水生植物的光合速率影响，还受水体中微生物代谢有机污染物的速率影响。当水体中可降解的有机污染物浓度不是很高时，好氧细菌消耗溶解氧分解有机物，溶解氧的数值降低到一定程度后不再下降；而当水体中可降解的有机污染物较高，超出了水体自然净化的能力时，水体中的溶解氧可能会被耗尽，厌氧细菌的分解作用占主导地位，从而产生臭味。

天然水中的二氧化碳主要来自水生动植物的呼吸作用。从空气中获取的二氧化碳几乎只发生在海洋中，陆地上的水体很少从空气中获取二氧化碳，因为陆地水中的二氧化碳含量经常超过它与空气中二氧化碳保持平衡时的含量，水中的二氧化碳会溢出。河流和湖泊中二氧化碳的含量一般不超过 30mg/L。

天然水中的硫化氢来自水体底层中各种生物残骸腐烂过程中含硫蛋白质的分解，水中的无机硫化物或硫酸盐在缺氧条件下，也可还原成硫化氢。一般来说硫化氢位于水体的底层，当水体受到扰动时，硫化氢气体就会从水体中溢出。当水体中的硫化氢含量达到10mg/L 时，水体就会发出难闻的臭味。

3. 微量元素

所谓微量元素是指在水中含量小于 0.1% 的元素。在这些微量元素中比较重要的有卤素（氟、溴、碘）、重金属（铜、锌、铅、钴、镍、钛、汞、镉）和放射性元素等。尽管微量元素的含量很低，但与人的生存和健康息息相关，对人的生命起至关重要的作用。它们的摄入过量、不足、不平衡或缺乏都会不同程度地引起人体生理的异常或发生疾病。

4. 水生生物

天然水体中的水生生物种类繁多，有微生物、藻类以及水生高等植物、各种无脊椎动物和脊椎动物。水体中的微生物是包括细菌、病毒、真菌以及一些小型的原生动物、微藻类等在内的一大类生物群体，它个体微小，却与水体净化能力关系密切。微生物通过自身的代谢作用（异化作用和同化作用）使水中悬浮和溶解在水里的有机物污染物分解成简单、稳定的无机物二氧化碳。水体中的藻类和高级水生植物通过吸附、利用和浓缩作用去除或者降低水体中的重金属元素和水体中的氮、磷元素。生活在水中的较高级动物如鱼类，对水体的化学性质影响较小，但是水质对鱼类的生存影响却很大。

5. 有机物

天然水体的有机物主要来源于水体和土壤中的生物的分泌物和生物残体以及人类生产生活所产生的污水，包括碳水化合物、蛋白质、氨基酸、脂肪酸、色素、纤维素、腐殖质等。水中的可降解有机物的含量较高时，有机物的降解过程中会消耗大量的溶解氧，导致水体腐败变臭。当饮用水源有机物含量比较高时，会降低水处理工艺的处理效果，并且会增加消毒副产物的生成量。

第三节　水体污染与水质模型

一、天然水的污染及主要污染物

1. 水体污染

水污染主要是由于人类排放的各种外源性物质进入水体后，而导致其化学、物理、生物或者放射性等方面特性的改变，超出了水体本身自净作用所能承受的范围，造成水质恶化的现象。

2. 污染源

造成水体污染的因素是多方面的，如向水体排放未经妥善处理的城市污水和工业废水；施用化肥、农药及城市地面的污染物被水冲刷而进入水体，随大气扩散的有毒物质通过重力沉降或降水过程而进入水体等。

按照污染源的成因进行分类，可以分成自然污染源和人为污染源两类。自然污染源是因自然因素引起污染的，如某些特殊地质条件（特殊矿藏、地热等）、火山爆发等。由于现代人们还无法完全对许多自然现象实行强有力的控制，因此也难控制自然污染源。人为污染源是指由于人类活动所形成的污染源，包括工业、农业和生活等所产生的污染源。人为污染源是可以控制的，但是不加控制的人为污染源对水体的污染远比自然污染源所引起的水体污染程度严重。人为污染源产生的污染频率高、污染的数量大、污染的种类多、污染的危害深，是造成水环境污染的主要因素。

按污染源的存在形态进行分类，可以分为点源污染和面源污染。点源污染是以点状形式排放而使水体造成污染，如工业生产水和城市生活污水。它的特点是排污经常，污染物量多且成分复杂，依据工业生产废水和城市生活污水的排放规律，具有季节性和随机性，它的量可以直接测定或者定量化，其影响可以直接评价。而面源污染则是以面积形式分布和排放污染物而造成水体污染，如城市地面、农田、林田等。面源污染的排放是以扩散方式进行的，时断时续，并与气象因素有联系，其排放量不易调查清楚。

3. 天然水体的主要污染物

天然水体中的污染物质成分极为复杂，从化学角度分为四大类：

（1）无机无毒物：酸、碱、一般无机盐、氮、磷等植物营养物质。

（2）无机有毒物：重金属、砷、氰化物、氟化物等。

（3）有机无毒物：碳水化合物、脂肪、蛋白质等。

（4）有机有毒物：苯酚、多环芳烃、PCB、有机氯农药等。

水体中的污染物从环境科学角度可以分为耗氧有机物、重金属、营养物质、有毒有机污染物、酸碱及一般无机盐类、病原微生物、放射性物质、热污染等。

（1）耗氧有机物

生活污水、牲畜饲料及污水和造纸、制革、奶制品等工业废水中含有大量的碳水化合物、蛋白质、脂肪、木质素等有机物，他们属于无毒有机物。但是如果不经处理直接排入自然水体中，经过微生物的生化作用，最终分解为二氧化碳和水等简单的无机物。在有机物的微生物降解过程中，会消耗大量水体中的溶解氧，水中溶解氧浓度下降。当水中的溶解氧被耗尽时，会导致水体中的鱼类及其他需氧生物因缺氧而死亡，同时在水中厌氧微生物的作用下，会产生有害的物质如甲烷、氨和硫化氢等，使水体发臭变黑。

一般采用下面几个参数来表示有机物的相对浓度：

生物化学需氧量（BOD）：指水中有机物经微生物分解所需的氧量，用 BOD 来表示，其测定结果用 mg/LO_2 表示。因为微生物的活动与温度有关，一般以 20℃工作为测定的标准温度。当温度为 20℃时，一般生活污水的有机物需要 20 天左右才能基本完成氧化分解过程，但这在实际工作中是有困难的，通常都以 5 天作为测定生化需氧量的标准时间，简称 5 日生化需氧量，用 BOD 来表示。

化学需氧量（COD）：指用化学氧化剂氧化水中的还原性物质，消耗的氧化剂的量折换成氧当量（mg/L），用 COD 表示。COD 越高，表示污水中还原性有机物越多。

总需氧量（TOD）：指在高温下燃烧有机物所耗去的氧量（mg/L），用 TOD 表示一般用仪器测定，可在几分钟内完成。

总有机碳（TOC）：用 TOC 表示。通常是将水样在高温下燃烧，使有机碳氧化成 CO_2，然后测量所产生的 CO_2 的量，进而计算污水中有机碳的数量。一般也用仪器测定，速度很快。

（2）重金属污染物

矿石与水体的相互作用以及采矿、冶炼、电镀等工业废水的泄漏会使得水体中有一定量的重金属物质，如汞、铅、铜、锌等。这些重金属物质在水中达到很低的浓度便会产生危害，这是由于它们在水体中不能被微生物降解，而只能发生各种形态的相互转化和迁移。重金属物质除被悬浮物带走外，会由于沉淀作用和吸附作用而富集于水体的底泥中，成为长期的次生污染源；同时，水中氯离子、硫酸根离子、氢氧离子、腐殖质等无机和有机配位体会与其生成络合物或整合物，导致重金属有更大的水溶解度而从底泥中重新释放出来。人类如果长期饮用重金属污染的水、农作物、鱼类、贝类，有害重金属为人体所摄取，积累于体内，对身体健康产生不良影响，致病甚至危害生命。例如，金属汞中毒所引起的水俣病，1956 年，日本一家氮肥公司排放的废水中含有汞，这些废水排入海湾后经过生物的转化，形成甲基汞，经过海水底泥和鱼类的富集，又经过食物链使人中毒，中毒后产生发疯痉挛症状。人长期饮用被镉污染的河水或者食用含镉河水浇灌生产的稻谷，就会得"骨痛病"。病人骨骼严重畸形、剧痛，身长缩短，骨脆易折。

（3）植物营养物质

营养性污染物是指水体中含有的可被水体中微型藻类吸收利用并可能造成水体中藻类大量繁殖的植物营养元素，通常是指含有氮元素和磷元素的化合物。

（4）有毒有机物

有毒有机污染物指酚、多环芳烃和各种人工合成的并具有积累性生物毒性的物质，如多氯农药、有机氯化物等持久性有机毒物，以及石油类污染物质等。

（5）酸碱及一般无机盐类

这类污染物主要是使水体 pH 值发生变化，抑制细菌及微生物的生长，降低水体自净能力。同时，增加水中无机盐类和水的硬度，给工业和生活用水带来不利因素，也会引起土壤盐渍化。

酸性物质主要来自酸雨和工厂酸洗水、硫酸、黏胶纤维、酸法造纸厂等产生的酸性工业废水。碱性物质主要来自造纸、化纤、炼油、皮革等工业废水。酸碱污染不仅可腐蚀船舶和水上构筑物，而且改变水生生物的生活条件，影响水的用途，增加工业用水处理费用等。含盐的水在公共用水及配水管留下水垢，增加水流的阻力和降低水管的过水能力。硬水将影响纺织工业的染色、啤酒酿造及食品罐头产品的质量。碳酸盐硬度容易产生锅垢，因而降低锅炉效率。酸性和碱性物质会影响水处理过程中絮体的形成，降低水处理效果。长期灌溉 pH>9 的水，会使蔬菜死亡。可见水体中的酸性、碱性以及盐类含量过高会给人类的生产和生活带来危害。但水体中盐类是人体不可缺少的成分，对于维持细胞的渗透压和调节人体的活动起到重要意义，同时适量的盐类亦会改善水体的口感。

（6）病原微生物污染物

病原微生物污染物主要是指病毒、病菌、寄生虫等，主要来源于制革厂、生物制品厂、洗毛厂、屠宰场、医疗单位及城市生活污水等。危害主要表现为传播疾病：病菌可引起痢疾、伤寒、霍乱等；病毒可引起病毒性肝炎、小儿麻痹等；寄生虫可引起血吸虫病、钩端螺旋体病等。

（7）放射性污染物

放射性污染物是指由于人类活动排放的放射性物质。随着核能、核素在诸多领域中的应用，放射性废物的排放量在不断增加，已对环境和人类构成严重威胁。

自然界中本身就存在着微量的放射性物质。天然放射性核素分为两大类：一类由宇宙射线的粒子与大气中的物质相互作用产生；另一类是地球在形成过程中存在的核素及其衰变产物，如 238U（铀）、40K（钾）等。天然放射性物质在自然界中分布很广，存在于矿石、土壤、天然水、大气及动植物所有组织中。目前已经确定并已做出鉴定的天然放射性物质已超过 40 种。一般认为，天然放射性本底基本上不会影响人体和动物的健康。

人为放射性物质主要来源于核试验、核爆炸的沉降物，核工业放射性核素废物的排放，医疗、机械、科研等单位在应用放射性同位素时排放的含放射性物质的粉尘、废水和废弃物，以及意外事故造成的环境污等。人们对于放射性的危害既熟悉又陌生，它通常是与威力无比的原子弹、氢弹的爆炸关联在一起的，随着全世界和平利用核能呼声的高涨，核武器的禁止使用，核试验已大大减少，人们似乎已经远离放射性危害。然而近年来，随着放射性同位素及射线装置在工农业、医疗、科研等各个领域的广泛应用，放射线危害的可能性却在增大。

环境放射性污染物通过牧草、饲草和饮水等途径进入家禽体内，并蓄积于组织器官中。放射性物质能够直接或者间接地破坏机体内某些大分子如脱氧核糖核酸、核糖核酸蛋白质分子及一些重要的酶结构。结果使这些分子的共价键断裂，也可能将它们打成碎片。放射性物质辐射还能够产生远期的危害效应，包括辐射致癌、白血病、白内障、寿命缩短等方面的损害以及遗传效应等。

（8）热污染

水体热污染主要来源于工矿企业向江河排放的冷却水，其中以电力工业为主，其次是冶金、化工、石油、造纸、建材和机械等工业。它主要的影响是：使水体中溶解氧减少，提高某些有毒物质的毒性，抑制鱼类的繁殖，破坏水生态环境进而引起水质恶化。

二、水体自净

污染物随污水排入水体后，经过物理、化学与生物的作用，使污染物的浓度降低，受污染的水体部分或完全恢复到受污染前的状态，这种现象称为水体自净。

1. 水体自净作用

水体自净过程非常复杂，按其机理可分为物理净化作用、化学及物理化学净化作用和生物净化作用。水体的自净过程是三种净化过程的综合，其中以生物净化过程为主。水体的地形和水文条件、水中微生物的种类和数量、水温和溶解氧的浓度、污染物的性质和浓度都会影响水体自净过程。

（1）物理净化作用

水体中的污染物质由于稀释、扩散、挥发、沉淀等物理作用而使水体污染物质浓度降低的过程，其中稀释作用是一项重要的物理净化过程。

（2）化学及物理化学净化作用

水体中污染物通过氧化、还原、吸附、酸碱中和等反应而使其浓度降低的过程。

（3）生物净化作用

由于水生生物的活动，特别是微生物对有机物的代谢作用，使得污染物的浓度降低的过程。

影响水体自净能力的主要因素有污染物的种类和浓度、溶解氧、水温、流速、流量、水生生物等。当排放至水体中的污染物浓度不高时，水体能够通过水体自净功能使水体的水质部分或者完全恢复到受污染前的状态。

但是当排入水体的污染物的量很大时，在没有外界干涉的情况下，有机物的分解会造成水体严重缺氧，形成厌氧条件，在有机物的厌氧分解过程中会产生硫化氢等有毒臭气。水中溶解氧是维持水生生物生存和净化能力的基本条件，往往也是衡量水体自净能力的主要指标。水温影响水中饱和溶解氧浓度和污染物的降解速率。水体的流量、流速等水文水力学条件，直接影响水体的稀释、扩散能力和水体复氧能力。水体中的生物种类和数量与水体自净能力关系密切，同时也反映了水体污染自净的程度和变化趋势。

2. 水环境容量

水环境容量指在不影响水的正常用途的情况下，水体所能容纳污染物的最大负荷量，因此又称为水体负荷量或纳污能力。水环境容量是制定地方性、专业性水域排放标准的依据之一，环境管理部门还利用它确定在固定水域到底允许排入多少污染物。水环境容量由两部分组成，一是稀释容量也称差值容量，二是自净容量也称同化容量。稀释容量是由于水的稀释作用所致，水量起决定作用。自净容量是水的各种自净作用综合的去污容量。对于水环境容量，水体的运动特性和污染物的排放方式起决定作用。

三、水质模型的发展

水质模型是根据物理守恒原理，用数学的语言和方法描述参加水循环的水体中水质组分所发生的物理、化学、生物化学和生态学诸方面的变化、内在规律和相互关系的数学模型。它是水环境污染治理、规划决策分析的重要工具。对现有模型的研究是改良其功效、设计新型模型所必需的，为水环境规划治理提供更科学更有效决策的基础，是设计出更完善更能适应复杂水环境预测评价模型的依据。

自 1925 年建立的第一个研究水体 BOD-DO 变化规律的 Street-er-Phelps 水质模型以来，水质模型的研究内容与方法不断改进与完善。在对水体的研究上，从河流、河口到湖泊水库、海湾；在数学模型空间分布特性上，从零维、一维发展到二维、三维；在水质模型的数学特性上，由确定性发展为随机模型；在水质指标上，从比较简单的生物需氧量和溶解氧两个指标发展到复杂多指标模型。

其发展历程可以分为以下三个阶段：

第一阶段（20 世纪 20 年代中期至 70 年代初期）：该阶段是地表水质模型发展的初级阶段，该阶段模型是简单的氧平衡模型，主要集中于对氧平衡的研究，也涉及一些非耗氧物质，属于一种维稳态模型。

第二阶段（20 世纪 70 年代初期至 80 年代中期）：该阶段是地表水质模型的迅速发展阶段，随着对污染水环境行为的深入研究，传统的氧平衡模型已不能满足实际工作的需要，描述同一个污染物由于在水体中存在状态和化学行为的不同面表现出完全不同的环境行为和生态效应的形态模型出现。由于复杂物理、化学和生物过程，释放到环境中的污染物在大气、水、土壤和植被等许多环境介质中进行分配，由污染物引起的可能的环境影响与他们在各种环境单元中的浓度水平和停留时间密切相关，为了综合描述它们之间的相互关系，产生了多介质环境综合生态模型，同时由一维稳态模型发展到多维动态模型，水质模型更接近实际。

第三阶段（20 世纪 80 年代中期至今）：该阶段是水质模型研究的深化、完善与广泛应用阶段，科学家的注意力主要集中在改善模型的可靠性和评价能力的研究。该阶段模型的主要特点是考虑水质模型与面源模型的对接，并采用多种新技术方法，如随机数学、模糊数学、人工神经网络、专家系统等。

四、水质模型的分类

自第一个水质数学模型 Streeter-Phelps 应用于环境问题的研究以来，已经历了 70 多年。科学家已研究了各种类型的水体并提出了许多类型的水质模型，用于河流、河口、水库以及湖泊的水质预报和管理。根据其用途、性质以及系统工程的观点，大致有以下几种分类：

1. 根据水体类型分类

以管理和规划为目的，水质模型可分为三类，即河流的、河口的（包括潮汐的和非潮汐的）和湖泊（水库）的水质模型。河流的水质模型比较成熟，研究得亦比较深，而且能较真实地描述水质行为，所以用得比较普遍。

2. 根据水质组分分类

根据水质组分划分，水质模型可以分为单一组分的、耦合的和多重组分的三类。其中BOD-DO 耦合水质模型是能够比较成功地描述受有机物污染的河流的水质变化。多重组分水质模型比较复杂，它考虑的水质因素比较多，如综合的水生生态模型。

3. 根据系统工程观点分类

从系统工程的观点，可以分为稳态和非稳态水质模型。这两类水质模型的不同之处在于水力学条件和排放条件是否随时间变化。不随时间变化的为稳态水质模型，反之为非稳态水质模型。对于这两类模型，科学研究工作者主要研究河流水质模型的边界条件，即在什么条件下水质处于较好的状态。稳态水质模型可用于模拟水质的物理、化学、生物和水力学的过程，而非稳态模型可用于计算径流、暴雨等过程，即描述水质的瞬时变化。

4. 根据所描述数学方程解分类

根据所描述的数学方程的解，水质模型有准理论模型和随机水质模型。以宏观的角度来看，准理论模型用于研究湖泊、河流以及河口的水质，这些模型考虑了系统内部的物理、化学、生物过程及流体边界的物质和能量的交换。随机模型来描述河流中物质的行为是非常困难的，因为河流水体中各种变量必须根据可能的分布，而不是它们的平均值或期望值来确定。

5. 根据反应动力学性质分类

根据反应动力学性质，水质模型分为纯化反应模型、迁移和反应动力学模型、生态模型，其中生态模型是一个综合的模型它不仅包括化学、生物的过程，而且包括水质迁移以及各种水质因素的变化过程。

6. 根据模型性质分类

根据模型的性质，可以分为黑箱模型、白箱模型和灰箱模型。黑箱模型由系统的输入直接计算出输出，对污染物在水体中的变化一无所知；白箱模型对系统的过程和变化机制有完全透彻的了解；灰箱模型介于黑箱与白箱之间，目前所建立的水质数学模型基本上都属于灰箱模型。

五、水质模型的应用

水质模型之所以受到科学工作者的高度重视，除了其应用范围广外，还因为在某些情况下它起着重要作用。例如，新建一个工业区，为了评估它产生的污水对受纳水体所产生的影响，用水质模型来进行评价就至关重要，以下将对水质模型的应用进行简要评述。

1. 污染物水环境行为的模拟和预测

污染物进入水环境后，由于物理、化学和生物作用的综合效应，其行为的变化是十分复杂的，很难直接认识它们。这就需要用水质模型（水环境数学模型）对污染物水环境的行为进行模拟和预测，以便给出全面而清晰的变化规律及发展趋势。用模型的方法进行模拟和预测，既经济又省时，是水环境质量管理科学决策的有效手段。但由于模型本身的局限性，以及对污染物水环境行为认识的不确定性，计算结果与实际测量之间往往有较大的误差，所以模型的模拟和预测只是给出了相对变化值及其趋势。对于这一点，水质管理决策者们应特别注意。

2. 水质管理规划

水质规划是环境工程与系统工程相结合的产物，它的核心部分是水环境数学模型。确定允许排放量等水质规划，常用的是氧平衡类型的数学模型。求解污染物去除率的最佳组合，关键是目标雨数的线性化。而流域的水质规划是区域范围的水资源管理，是一个动态过程，必须考虑三个方面的问题：首先，水资源利用利益之间的矛盾；其次，水文随机现象使天然系统动态行为（生活、工业、灌溉、废水处置、自然保护）预测的复杂化；最后，技术、社会和经济的约束。为了解决这些问题，可将一般水环境数学模型与最优化模型相结合，形成所谓的水质管理模型。目前，水质管理模型已有很成功的应用。

3. 水质评价

水质评价是水质规划的基本程序。根据不同的目标，水质模型可用来对河流、湖泊（水库）、河口、海洋和地下水等水环境的质量进行评价。现在的水质评价不仅给出水体对各种不同使用功能的质量，而且还会给出水环境对污染物的同化能力以及污染物在水环境浓度和总量的时空分布。水污染评价已由点源污染转向非点源污染，这就需要用农业非点源污染评价模型来评价水环境中营养物质和沉积物以及其他污染物。如利用贝叶斯概念（Bayesian Concepts）和组合神经网络来预测集水流域的径流量。研究的对象也由过去的污染物扩展到现在的有害物质在水环境的积累、迁移和归宿。

4. 污染物对水环境及人体的暴露分析

由于许多复杂的物理、化学和生物作用以及迁移过程，在多介质环境中运动的污染物会对人体或其他受体产生潜在的毒性暴露，因此出现了用水质模型进行污染物对水环境即人体的暴露分析。目前已有许多学者对此展开研究，但许多研究都是在实验室条件下的模拟，研究对象也比较单一，并且范围也不广泛，如何建立经济有效的针对多种生物体的综合的暴露分析模型，还有待环境科学工作者们去探索。

5. 水质监测网络的设计

水质监测数据是进行水环境研究和科学管理的基础，对于一条河流或一个水系，准确的监测网站设置的原则应当是：在最低限量监测断面和采样点的前提下获得最大限度的具有代表性的水环境质量信息，既经济又合理、省时。对于河流或水系的取样点的最新研究，采用了地理信息系统和模拟的退火算法等来优化选择河流采样点。

第四节 水环境标准

一、水质指标

各种天然水体是工业、农业和生活用水的水源。作为一种资源来说，水质、水量和水能是度量水资源可利用价值的三个重要指标，其中与水环境污染密切相关的则是水质指标。在水的社会循环中，天然水体作为人类生产、生活用水的水源，需要经过一系列的净化处理，满足人类生产、生活用水的相应的水质标准；当水体作为人类社会产生的污水的受纳水体时，为降低对天然水体的污染，排放的污水都需要进行相应的处理，使水质指标达到排放标准。

水质指标是指水中除去水分子外所含杂的种类和数量，它是描述水质状况的一系列指标，可分为物理指标、化学指标、生物指标和放射性指标。有些指标用某一物质的浓度来表示，如溶解氧、铁等；而有些指标则是根据某一类物质的共同特性来间接反映其含量，称为综合指标，如化学需氧量、总需氧量、硬度等。

1. 物理指标

（1）水温

水的物理化学性质与水温密切相关。水中的溶解性气体（如氧、二氧化碳等）的溶解度、水中生物和微生物的活动，非离子态、盐度、pH 值以及碳酸钙饱和度等都受水温变化的影响。

温度为现场监测项目之一，常用的测量仪器有水温计和颠倒温度计，前者用于地表水、污水等浅层水温的测量，后者用于湖、水库、海洋等深层水温的测量。此外，还有热敏电阻温度计等。

（2）臭

臭是一种感官性指标，是检验原水和处理水质的必测指标之一，可借以判断某些杂质或者有害成分是否存在。水体产生臭的一些有机物和无机物，主要是由于生活污水和工业废水的污染物和天然物质的分解或细菌活动的结果。某些物质的浓度只要达到零点几微克1升时即可察觉。然而，很难鉴定臭物质的组成。

臭一般是依靠检查人员的嗅觉进行检测，目前尚无标准单位。臭阈值是指用无臭水将水样稀释至可闻出最低可辨别臭气的浓度时的稀释倍数，如水样最低取 25mL 稀释至 200mL 时，可闻到臭气，其臭阈值为 8。

（3）色度

色度是反映水体外观的指标。纯水为无色透明，天然水中存在腐殖酸、泥土、浮游植物、铁和锰等金属离子能够使水体呈现一定的颜色。纺织、印染、造纸、食品、有机合成等工业废水中，常含有大量的染料、生物色素和有色悬浮微粒等，通常是环境水体颜色的主要来源。有色废水排入环境水体后，使天然水体着色，降低水体的透光性，影响水生生物的生长。水的颜色定义为改变透射可见光光谱组成的光学性质。水中呈色的物质可处于悬浮态、胶体和溶解态，水体的颜色可以真色和表色来描述。真色是指水体中悬浮物质完全移去后水体所呈现的颜色。水质分析中所表示的颜色是指水的真色，即水的色度是对水的真色进行测定的一项水质指标。

表色是指有去除悬浮物质时水体所呈现的颜色，包括悬浮态、胶体和溶解态物质所产生的颜色，只能用文字定性描述，如工业废水或受污染的地表水呈现黄色、灰色等，并以稀释倍数法测定颜色的强度。

我国生活饮用水的水质标准规定色度小于 15 度，工业用水对水的色度要求更严格，如染色用水色度小于 5 度，纺织用水色度小于 10~12 度等。水的颜色的测定方法有铂钴标准比色法、稀释倍数法、分光光度法。水的颜色受 pH 值的影响，因此测定时需要注明水样的 pH 值。

（4）浊度

浊度是表现水中悬浮性物质和胶体对光线透过时所发生的阻碍程度，是天然水和饮用水的一个重要水质指标。浊度是由于水含有泥土、粉砂、有机物、无机物、浮游生物和其他微生物等悬浮物和胶体物质所造成的。我国饮用水标准规定浊度不超过 1 度，特殊情况不超过 3 度。测定浊度的方法有分光光度法、目视比浊法、浊度计法。

（5）残渣

残渣分为总残渣（总固体）、可滤残渣（溶解性总固体）和不可滤残渣（悬浮物）三种。它们是表征水中溶解性物质、不溶性物质含量的指标。

残渣在许多方面对水和排出水的水质有不利影响。残渣高的水不适于饮用，高矿化度的水对许多工业用水也不适用。含有大量不可滤残渣的水，外观上也不能满足洗浴等使用。残渣采用重量法测定，适用于饮用水、地面水、盐水、生活污水和工业废水的测定。

总残渣是将混合均匀的水样，在称至恒重的蒸发皿中置于水浴上，蒸干并于 103℃~105℃烘干至恒重的残留物质，它是可滤残渣和不可滤残渣的总和。可滤残渣（可溶性固体）指过滤后的滤液于蒸发皿中蒸发，并在 103℃~105℃或 180℃±2℃烘干至恒重的固体包括 103℃~105℃烘干的可滤残渣和 180℃±2℃烘干的可滤残渣两种。不可滤残渣又称悬浮物，不可滤残渣含量一般可表示废水污染的程度。将充分混合均匀的水样过滤后，截留在标准玻璃纤维滤膜（0.45μm）上的物质，在 103℃~105℃烘干至恒重。如果悬浮物堵塞滤膜并难于过滤，不可滤残渣可由总残渣与可滤残渣之差计算。

（6）电导率

电导率是表示水溶液传导电流的能力。因为电导率与溶液中离子含量大致呈比例的变化，电导率的测定可以间接地推测离解物总浓度。电导率用电导率仪测定，通常用于检验蒸馏水、去离子水或高纯水的纯度、监测水质受污染情况以及用于锅炉水和纯水制备中的自动控制等。

2. 化学指标

（1）pH值

pH值是水体中氢离子活度的负对数。pH值是最常用的水质指标之一。

由于pH值受水温影响而变化，测定时应在规定的温度下进行，或者校正温度。通常采用玻璃电极法和比色法测定pH值。天然水的pH值多在6~9范围内，这也是我国污水排放标准中的pH值控制范围。饮用水的pH值规定在6.5~8.5范围内，锅炉用水的pH值要求大于7。

（2）酸度和碱度

酸度和碱度是水质综合性特征指标之一，水中酸度和碱度的测定在评价水环境中污染物质的迁移转化规律和研究水体的缓冲容量等方面有重要的意义。

水体的酸度是水中给出质子物质的总量，水的碱度是水中接受质子物质的总量。只有当水样中的化学成分已知时，它才被解释为具体的物质。

酸度和碱度均采用酸碱指示剂滴定法或电位滴定法测定。

地表水中由于溶入二氧化碳或由于机械、选矿、电镀、农药、印染、化工等行业排放的含酸废水的进入，致使水体的pH值降低。由于酸的腐蚀性，破坏了鱼类及其他水生生物和农作物的正常生存条件，造成鱼类及农作物等死亡。含酸废水可腐蚀管道，破坏建筑物。因此，酸度是衡量水体变化的一项重要指标。

水体碱度的来源较多，地表水的碱度主要由碳酸盐和重碳酸盐以及氢氧化物组成，所以总碱度被当作这些成分浓度的总和。当中含有硼酸盐、磷酸盐或硅酸盐等时，则总碱度的测定值也包含它们所起的作用。废水及其他复杂体系的水体中，还含有有机碱类、金属水解性盐等，均为碱度组成部分。有些情况下，碱度就成为一种水体的综合性指标代表能被强酸滴定物质的总和。

二、水质标准

水质标准是由国家或地方政府对水中污染物或其他物质的最大容许浓度或最小容许浓度所做的规定，是对各种水质指标做出的定量规范。水质标准实际上是水的物理、化学和生物学的质量标准，为保障人类健康的最基本卫生分为水环境质量标准、污水排放标准、饮用水水质标准、工业用水水质标准。

1. 水环境质量标准

目前，我国颁布并正在执行的水环境质量标准有《地表水环境质量标准》（CB3838-2002）、《海水水质标准》（CB3097-1997）、《地下水质量标准》（CB/T14848-93）等。

《地表水环境质量标准》（GB3838-2002）将标准项目分为地表水环境质量标准项目、集中式生活饮用水地表水源地补充项目和集中式生活饮用水地表水源地特定项目。地表水环境质量标准基本项目适用于全国江河、湖泊、运河、渠道、水库等具有使用功能的地表水水域；集中式生活饮用水地表水源地补充项目和特定项目适用于集中式生活饮用水地表水源地一级保护区和二级保护区。《地表水环境质量标准》（GB3838-2002）依据地表水水域环境功能和保护目标，按功能高低依次划分为五类。

Ⅰ类：主要适用于源头水、国家自然保护区。

Ⅱ类：主要适用于集中式生活饮用水地表水源地一级保护区、珍稀水生生物栖息地、鱼虾类产场、仔稚幼鱼的索饵场等。

Ⅲ类：主要适用于集中式生活饮用水地表水源地二级保护区、鱼虾类越冬场、水产养殖区等渔业水域及游泳区。

Ⅳ类：主要适用于一般工业用水区及人体非直接接触的娱乐用水区。

Ⅴ类：主要适用于农业用水区及一般景观要求水域。

对应地表水，上述五类水域功能，将地表水环境质量标准基本项目标准值分为五类，不同功能类别分别执行相应类别的标准值。水域功能类别高的标准值严于水域功能类别低的标准值。同一水域兼有多类使用功能的，执行最高功能类别对应的标准值。

《海水水质标准》（CB3097-1997）规定了海域各类使用功能的水质要求。该标准按照海域的不同使用功能和保护目标，海水水质分为四类。

Ⅰ类：适用于海洋渔业水域、海上自然保护区和珍稀濒危海洋生物保护区。

Ⅱ类：适用于水产养殖区、海水浴场、人体直接接触海水的海上运动或娱乐区，以及与人类食用直接有关的工业用水区。

Ⅲ类：适用于一般工业用水、海滨风景旅游区。

Ⅳ类：适用于海洋港口水域、海洋开发作业区。

《地下水质量标准》（GB/T14848-93）适用于一般地下水，不适用于地下热水、矿水、盐卤水。根据我国地下水水质现状、人体健康基准值及地下水质量保护目标，并参照了生活饮用水、工业用水水质要求，将地下水质量划分为五类。

Ⅰ类：主要反映地下水化学组分的天然低背景含量，适用于各种用途。

Ⅱ类：主要反映地下水化学组分的天然背景含量，适用于各种用途。

Ⅲ类：以人体健康基准值为依据，主要适用于集中式生活饮用水水源及工农业用水。

Ⅳ类：以农业和工业用水要求为依据，除适用于农业和部分工业用水外，适当处理后可做生活饮用水。

Ⅴ类：不宜饮用，其他用水可根据使用目的选用。

2. 污水排放标准

为了控制水体污染，保护江河、湖泊、运河、渠道、水库和海洋等地面水以及地下水水质的良好状态，保障人体健康，维护生态环境平衡，国家颁布了《污水综合排放标准》（GB8978-1996）和《城镇污水处理厂污染物排放标准》（CB18918-2002）等，《污水综合排放标准》（GB8978-1996）根据受纳水体的不同划分为三级标准。排入 CB3838 中Ⅱ

类水域（划定的保护区和游泳区除外）和排入 GB3097 中的Ⅱ类海域执行一类标准；排入 CB3838 中Ⅳ、Ⅴ类水和排入 GB3097 中的Ⅱ类海域执行二级标准；排入设置二级污水处理厂的城镇排水系统的污水执行三级标准；排入未设置二级污水处理厂的城镇排水系统的污水，必须根据排水系统出水受纳水域的功能要求，执行上述相应的规定。CB3838 中Ⅰ、Ⅱ类水域和Ⅲ类水域中划定的保护区，CB3097 中Ⅰ类海域，禁止新建排污口，现有排污口应按水体功能要，实行污染物总量控制，以保证受纳水体水质符合规定用途的水质标准。同时该标准将污染物按照其性质及控制方式分为两类：第一类污染物不分行业和污水排放方式，也不分受纳水体的功能类别，一律在车间或车间处理设施排放口采样，最高允许浓度必须达到该标准要求；第二类污染物在排污单位排放口采样其最高允许排放浓度必须达到本标准要求。

《城镇污水处理厂污染物排放标准》（GB18918-2002）规定了城镇污水处理厂出水废气排放和污泥处置（控制）的污染物限值，适用于城镇污水处理厂出水、废气排放和污泥处置（控制）的管理。该标准根据污染物的来源及性质，将污染物控制项目分为基本控制项目和选择控制项目两类。根据城镇污水处理厂排入地表水域环境功能和保护目标，以及污水处理厂的处理工艺，将基本控制项目的常规污染物标准值分为一级标准、二级标准、三级标准。一级标准分为 A 标准和 B 标准。一类重金属污染物和选择控制项目不分级。

3. 生活饮用水水质标准

《生活饮用水卫生标准》（CB5749-2006）规定了生活饮用水水质卫生要求、生活饮用水水源水质卫生要求、集中式供水单位卫生要求、二次供水卫生要求，涉及生活饮用水卫生安全产品卫生要求，水质监测和水质检验方法。

该标准主要从以下几方面考虑保证饮用水的水质安全：生活饮用水中不得含有病原微生物；饮用水中化学物质不得危害人体健康；饮用水中放射性物质不得危害人体健康；饮用水的感官性状良好；饮用水应经消毒处理；水质应该符合生活饮用水水质常规指标及非常规指标的卫生要求。该标准项目共计 106 项，其中感官性状指标和一般化学指标 20 项，饮用水消毒剂 4 项，毒理学指标 74 项，微生物指标 6 项，放射性指标 2 项。

4. 农业用水与渔业用水

农业用水主要是灌溉用水，要求在农田灌溉后，水中各种盐类被植物吸收后，不会因食用中毒或引起其他影响，并且其含盐量不得过多，否则会导致土壤盐碱化。渔业用水除保证鱼类的正常生存、繁殖以外，还要防止有毒有害物质通过食物链在水体内积累、转化而导致食用者中毒。相应地，国家制定颁布了《农田灌溉水质标准》（GB5084-2005）和《渔业水质标准》（GB11607-1989）。

《农田灌溉水质标准》（GB5084-2005）适用于以地表水、地下水和处理后的养殖业废水以及农产品为原料加工的工业废水作为水源的农田灌溉用水。

《渔业水质标准》（GB11607-1989）适用于鱼虾类的产卵场、索饵场、越冬场和水产增养殖区等海、淡水的渔业水域。

三、水资源系统分析问题的提出

（一）水资源开发利用的历史

水资源是与人类的生产生活关系最为密切的自然资源，人类对于水资源的开发利用，经历了极为漫长的发展过程。

公元前 3000 年，埃及人在尼罗河首设水尺观察水位涨落，并筑堤开渠。上古时期，黄河泛滥、鲧被推荐来负责治理洪水泛滥工作，他采用堤工降水，做三仞之城，九年而不得成功，禹总结父亲鲧的治水经验，改鲧"围堵障"为"疏顺导滞"的方法，把洪水引入疏通的河道、洼地或湖泊，然后合通四海，从而平息了水患。公元前 256 年，战国时期秦国蜀郡太守李冰率众修建了都江堰水利工程，都江堰水利工程位于中国四川成都平原西部都江堰市西侧的岷江上，距成都 56km，是现存的最古老而且依旧在灌溉田畴、造福人民的伟大水利工程。

19 世纪末 20 世纪初，近代意义的大坝水库在世界许多河流上纷纷筑造胡佛水坝是美国综合开发科罗拉多河水资源的一项关键性工程，位于内华达州和亚利桑那州交界之处的黑峡，具有防洪、灌溉、发电、航运、供水等综合效益。大坝系混凝土重力拱坝，坝高 221.4 m，总库容 348.5 亿 m^3，水电站装机容量原为 134 万 kW，现已扩容到 245.2 万 kW，胡佛水坝于 1931 年 4 月开始由第三十一任总统赫伯特·胡佛为化解美国大萧条以来的困境及加速西南部地区的繁荣，动用 5000 人兴建，1936 年 3 月建成，1936 年 10 月第一台机组正式发电。

佛子岭水库位于中国安徽省霍山县西南 15 km，是一座具防洪、灌溉、供水、发电等功能的大型水利枢纽工程，坝址以上控制流域面积 1 840 km^2，水库总库容 4.91 亿 m^3，大坝全长 510m，最大坝高 76m，发电厂总装机 7 台共 3.1 万 kW，国际大坝委员会主席托兰称佛子岭大坝为"国际一流的防震连拱坝"。水库夹于两岸连绵起伏的群山之间，大坝修建在佛子岭打鱼冲口，佛子岭水库始建于 1952 年 1 月，1954 年 11 月竣工，是新中国乃至当时亚洲第一座钢筋混凝土连拱坝。

三峡水电站，又称三峡工程、三峡大坝。位于中国重庆市市区到湖北省宜昌市之间的长江干流上，是世界上规模最大的水电站，也是中国有史以来建设的最大规模的工程项目，三峡水电站具有防洪、发电、航运等多种功能。三峡水电站于 1994 年正式动工兴建。2003 年开始蓄水发电，2009 年全部完工水电站大坝高 185 m，蓄水高 175 m，水库长 600 余千米，安装 32 台单机容量为 70 万 kW 的水电机组，是全世界最大的（装机容量）水力发电站。

田纳西河是美国东南部俄亥俄河的第一大支流，源出阿巴拉契亚高地西坡，由霍尔斯顿河和弗伦奇布罗德河汇合而成，流经田纳西州和亚拉巴马州，于肯塔基州帕迪尤卡附近纳入俄亥俄河。田纳西河以霍尔斯顿河源头计，长约 1450 km，流域面积 10.6 万 km^2，成立于 1933 年 5 月的田纳西流域管理局，对流域进行综合治理，使其成为一个具有防洪、航运、发电、供水、养鱼、旅游等综合效益的水利网，田纳西河流域规划和治理开发的特点，在于具有广泛的综合性。它在综合利用河流水资源的基础上，结合本地区的优势和特点，强调以国土治理和以地区经济的综合发展为目标、规划的内容和重点也不断调整和充实，初期以解决航运和防洪为主，结合发展水电，以后又进一步发展火电、核电，并开办了化肥厂、炼铝厂、示范农场、良种场和渔场等，为流域农业和工业的迅速发展奠定了基础。

珠江水系干流西江上游的红水河，流域内山岭连绵，地形崎岖，水力资源十分丰富，它的梯级开发被中国政府列为国家重点开发项目。红水河梯级开发河段，从南盘江的天生桥到黔江的大藤峡，全长 1050km，总落差 756.6m，可开发利用水能约 13030MW，红水河共分 10 级开发，从上游到下游为天生桥一级、天生桥二级、平班、龙滩、岩滩、大化、百龙滩、恶滩、桥巩、大藤峡，其中装机 1000 MW 以上的有 5 座。红水河是中国十二大水电基地之一，被誉为水力资源的"富矿"，是水电开发、防洪及航运规划中的重点河流。

（二）整体—综合—优化思想的产生

早期（截至 20 世纪 30 年代）的水资源开发利用策略思想的特点是：单一水利工程的规划、设计和运行，功能上以单用途单目标开发为较多。例如，单纯的防洪滞洪水库或航运，以灌溉引水或发电为目的的水库、堰闸等。20 世纪 30 年代末，由于生产的需要及高坝技术和高压输电技术的发展，水库综合利用的思想已开始萌芽。

近代水资源开发利用策略思想的一个重要的发展，就是综合利用思想的发展、落实和整体观点的兴起。田纳西河流域综合开发，三峡水利枢纽的建设就是这一思想的体现。水资源本质上具有多功能、多用途的特点，因此一库多用、一水多效的策略思想迅速推广、扩大、水资源利用的趋势，是向多单元、多目标发展，规模和范围也在不断增大，但水资源的多用途、多目标开发和综合利用的同时，也带来了很多矛盾，需要协调多用途、多目标之间的冲突，因此需要整体地、综合地考虑水资源的综合利用，自然地带来了如何在规划管理中处理多个目标或多个优化准则的问题，而这些目标可能是各种各样，多半是不可公度的，有些甚至不能定量而只能定性，这就需要把多目标规划的理论和方法引入和应用于水资源规划和管理工作之中。流域或地区范围的水资源问题，往往是一个大的复杂的系统。例如，流域的干支流的梯级库群，兴利除害的各种水利水电开发管理目标、地面地下水各种水源的联合共用等，为了使这样的大系统能易干扰化求解，利用大系统分解协调优化技术是非常必要的。由此可见，近代水资源开发利用的思想经历了一个从局部到整体，从一般到综合，从追求单目标最优到多目标最佳协调的发展过程。水资源的研究对象越来越复杂，系统分析的方法在水资源的研究中起到了越来越重要的作用。

（三）水资源可持续开发利用的理念

现代意义的水资源开发利用还与可持续发展紧密相连，当代水资源开发利用已涉及社会和环境问题，其内容、意义、目标比以往的水利水电工程研究的范围更为广泛。走可持续发展道路必然要求对水资源进行统一的管理和可持续的开发利用。

水资源可持续利用的理念，就是为保证人类社会、经济和生存环境可持续发展对水资源实行永续利用的原则，可持续发展的观点是 20 世纪 80 年代在寻求解决环境与发展矛盾的出路中提出的，并在可再生的自然资源领域相应提出可持续利用问题，其基本思路是在自然资源的开发中，注意因开发所致的不利于环境的副作用和预期取得的社会效益相平衡，在水资源的开发与利用中，为保持这种平衡就应遵守供饮用的水源和土地生产力得到保护的原则，保护生物多样性不受干扰或生态系统平衡发展的原则，对可更新的淡水资源不可过量开发使用和污染的原则，因此，在水资源的开发利用中，绝对不能损害地球上的生命保障系统和生态系统，必须保证为社会和经济可持续发展合理供应所需的水资源，满足各行各业用水要求并持续供水。此外，水在自然界循环过程中会受到干扰，应注意研究对策，使这种干扰不致影响水资源可持续利用。

为适应水资源可持续利用的原则，在进行水资源规划和水工程设计时应使建立的工程系统体现如下特点：天然水源不因其被开发利用而造成水源逐渐衰竭；水工程系统能较持久地保持其设计功能，因自然老化导致的功能减退能有后续的补救措施；对某范围内水供需问题能随工程供水能力的增加及合理用水、需水管理、节水措施的配合，使其能较长期地保持相互协调的状态；因供水及相应水量的增加而致废污水排放量的增加，需相应增加处理废污水能力的工程措施，以维持水源的可持续利用效能。

水资源可持续利用的思想和战略是"整体—综合—优化"思想的进一步发展和提高，研究的系统更大、更复杂，牵涉的学科也更加广泛。

四、系统的概念

（一）系统的定义

所谓系统，就是由相互作用和相互联系的若干个组成部分结合而成的具有特定功能的整体。

例如，水资源系统是流域或地区范围内在水文、水力和水利上相互联系的水体（河流、湖泊、水库、地下水等）有关水工建筑物（大坝、堤防、泵站、输水渠道等）及用水部门（工农业生产、居民生活、生态环境、发电、航运等）所构成的综合体。

系统是普遍存在的，在宇宙间，从基本粒子到河外星系，从人类社会到人的思维，从无机界到有机界，从自然科学到社会科学，系统无所不在。

（二）系统的特征

我们可以从以下几个方面理解系统的概念：

1. 系统由相互联系、相互影响的部件所组成

系统的部件可能是一些个体、元件、零件也可能其本身就是一个系统（或称之为子系统），如水系、水库、大坝、溢洪道、水电机组、堤防、下游保护区。蓄滞洪区等组成了

流域防洪发电系统。而水电机组又是流域防洪发电系统的一个子系统。

2. 系统具有一定的结构

一个系统是其构成要素的集合，这些要素相互联系、相互制约，系统内部各要素之间相对稳定的联系方式、组织秩序及失控关系的内在表现形式，就是系统的结构。例如，水电机组是由压力钢管、水轮机、发电机、调速器等部件按一定的方式装配而成的，但压力钢管、水轮机、发电机、调速器等部件随意放在一起却不能构成水电机组；人体由各个器官组成，各单个器官简单拼凑在一起不能成为一个有行为能力的人。

3. 系统具有一定的功能，或者说系统要有一定的目的性

系统的功能是指系统在与外部环境相互联系和相互作用中表现出来的性质、能力和功能。例如，流域防洪发电系统的功能，一方面是对洪水进行调节和安排，使洪灾损失最小；另一方面是充分利用水能发电，使发电效益最佳。

4. 系统具有一定的界限

系统的界限把系统从所处的环境中分离出来，系统通过该界限可以与外界环境发生能量、信息和物质等的交流。

（三）构成系统的要素

任何一个存在的系统都必须具备三个要素，即系统的诸部件及其属性、系统的环境及其界限、系统的输入和输出。

1. 系统的部件及其属性

系统的部件可以分为结构部件、操作部件和流部件。结构部件是相对固定的部分。操作部件是执行过程处理的部分。流部件是作为物质流、能量流和信息流的交换用的，交换的能力受到结构部件和操作部件等条件的限制。

结构部件、操作部件和流部件都有不同的属性，同时又相互影响。它们的组合结构从整体上影响着系统的特征和行为。例如，电阻、电感、电容等电子元件以及电源、导线、开关等部件的连接或组合，就形成了电路系统的属性。

系统是由许多部件组成的，当系统中的某个部件本身也是一个系统时，就可以称此部件为该系统的子系统。子系统的定义与上述一般系统的定义类似。例如，水资源系统是由水体、有关水工建筑物及用水部门等部件组成的，而这些部件本身又可各自成为一个独立的系统。因此，可以把水体系统（河流、湖泊、水库、地下水等）、水工程系统（大坝、堤防、泵站、输水渠道等）、用水系统（工农业生产、居民生活、生态环境、发电、航运等）都称为水资源系统的子系统。

2. 系统的环境及其界限

所有系统都是在一定的外界条件下运行的系统既受环境的影响，同时也对环境施加影响。

对于物质系统来说，划分系统与环境的界限很自然地可以由基本系统结构及系统的目标来有形地确定，例如，水库防洪系统，对于防洪预案的决策者来说，主要的任务是针对

典型洪水或设计洪水分析水库的调洪方案,生成防洪预案,于是就圈定该决策分析系统(水库防洪预案分析系统)的系统界限为水库大坝至下游防洪控制断面,但是对于实时防洪调度的决策者来说,入库洪水和区间洪水过程是通过流域面上的实时降雨信息预报而得,在这种情况下,水库防洪决策分析系统的界限为水库上游流域,水库大坝至下游防洪控制断面及区间。

(四)系统的分类

1.按系统组成部分的属性分类:自然系统、人造系统、复合系统

按照系统的起源,自然系统是由自然过程产生的系统,例如生态链系统,河流上游天然子流域降雨径流系统等。

人造系统则是人们为了达到某个目的按属性和相互关系将有关部件(或元素)组合而成的系统,例如城市系统、灌排系统、水电站系统等。当然,所有的人造系统都存在于自然世界之中,同时人造系统与自然系统之间存在着重要的联系。

复合系统是由不同属性的子系统复合而成的大系统,如水资源系统是由水体系统(自然系统)、水工建筑物系统(人造系统)及用水系统(社会经济系统)等子系统复合而成,复合系统的协调性是体现复合系统中子系统间及各种要素间关系的一个重要特征。当前人类所面临的水环境污染、水生态破坏、水资源匮乏等多种问题都是由于水资源系统的严重不协调而导致的。

2.按系统组成部分的形态分类:实体系统、概念系统

一般的理解:实体系统是由一些实物和有形部件构成的系统;概念系统是用一些思想、规划、政策等的概念或符号来反映系统的部件及其属性的系统。

3.按系统与环境的关系分类:封闭系统、开放系统

封闭系统是指该系统与外部环境之间没有物质、能量和信息交换的系统,由系统的界限将环境与系统隔开,因而呈一种封闭状态。

开放系统是指该系统与外部环境之间存在物质、能量和信息交换的系统,开放系统往往具有自调节和自适应功能。

4.按系统所处的状态分类:静态系统、动态系统

静态系统一般是指存在一定的结构但没有活动性的系统,动态系统是指既有结构和部件又有活动性的系统。

5.按系统的规模分类:简单系统、复杂系统

凡是不能或不宜用还原论方法而要用或宜用新的科学方法去处理和解决的系统就属于复杂系统。

五、系统分析的概念和内容

1.系统分析的概念

系统分析是系统方法中的一个重要内容,指把要解决的问题作为一个系统,对系统要

素进行综合分析，对系统进行量化研究，找出解决问题的可行方案和咨询方法。系统分析与系统工程、系统管理一起，与有关的专业知识和技术相结合，综合应用于解决各个专业领域中的规划设计和管理问题。

2. 系统分析的内容

系统分析的内容包括系统研究作业、系统设计作业、系统量化作业、系统评价作业和系统协调作业。

（1）系统研究作业

系统研究作业的任务就是限定所研究的问题，明确问题的本质或特性、问题存在范围和影响程度、问题产生的时间和环境、问题的症状和原因等，通过广泛的资料处理，获得有关信息，进而使资料所代表的意义明确化，利用一些有效方法进行比较和分析，以确定和发现所提出问题的目标，找出系统环境与系统及目标之间的联系及其相互转换关系。

（2）系统设计作业

系统设计作业的任务就是对系统研究作业所界定的系统环境、决策系统和目标的特性进一步结构化，同时采用合理的、合乎逻辑的设计过程和方法反映系统的行为特征及其效果，并利用与信息源内容相关的各类专业知识充分和有效地扩展和掌握信息源可知部分，以达到使信息源的不可知部分减少到最低限度的目的，系统设计时，要考虑系统的准确性和可操作性两个原则。

（3）系统量化作业

系统设计作业完成后，便展示了系统目标覆盖范围内的各个系统部件以及部件之间的关系组合，描述了系统环境，决策系统与目标间的互相联系与影响，建立了系统的数据流图和系统结构图等，但是，系统的数据流图和系统结构图等只能描述系统的结构，而无法描述和展示系统的行为，因而使决策者难于了解系统的主要特性、功能和效果系统量化作业作为系统分析中的一项工作，就是运用运筹学、数理统计等工具，对系统结构进行属性的量化工作，例如系统结构关系式的表示及其参数辨识、系统优化求解、系统经济效果的计算等，再配合系统评价活动，从而把彼此间具有相互竞争性的方案呈现在决策者面前，建立系统模型是系统量化作业的基础工作。数学模型是经常应用的一类模型，不同类别的模型适用于不同系统。到目前为止，还不可能找到一个通用性的模型。模型化的目的是模拟真实的物理系统，把最优决策施加在真实系统上。

系统动力学和系统仿真是系统动态行为模拟的有效工具，能对系统未来行为起到预测作用。

回归分析是预测工作的主要手段。在因果关系分析中，要在专业理论指导下通过数据的回归分析得到回归模型，以确定因变量和自变量的关系。在时间序列分析中，预测的因变量通过对历时上的时间序列数据的回归分析得到各类时间系列模型，但是一般系统既有系统结构上的因果关系，同时又有系统时间序列上的统计规律，因此提出了由因果分析与时间序列分析相结合以及几种预测方法相结合的组合预测模型，目的是希望提高预测精度，各类预测方法和技术都有自己的应用范围和不足之处。对于复杂的社会系统，由于多方面因素的相互影响，往往需要综合应用各类预测方法的长处来弥补某些方法的不足。故而，以系统分析为基础的综合预测（或反馈性预测）必将不断发展和完善。人工神经网络模型和支持向量机模型对于一些很难发现周期性规律的非线性动态过程或者混沌时间序列的短期预测是一种较为有效的工具。

系统优化是系统工程中的经典方法，复杂的社会系统往往具有多方面需要和多个目标，而且经常是不可公度和相互矛盾的，所以多目标规划问题在系统分析中将占有不可低估的地位又由于系统分析工作中系统研究和设计作业很大程度上是一种创造性的工作，即要设计一个优化系统，交互式多目标规划可以作为系统量化作业活动中处理复杂系统的补充方法，它的根本点是系统分析人员与决策者可以进行信息交互和有助于设计一个优化的系统。对于一类组合优化问题，也可应用人工神经网络模型求解。

系统经济分析是系统量化所必需的方案的比较，结果的反映，最为具体和直观的将是经济指标。

第五节　水质监测与评价

水质是指水与其中所含杂质共同表现出来的物理、化学和生物学的综合特性。水质是水环境要素之一，其物理指标主要包括：温度、色度、浊度、透明度、悬浮物、电导率、嗅和味等；化学指标主要包括 pH 值、溶解氧、溶解性固体、灼烧残渣、化学耗氧量、生化需氧量、游离氯、酸度、碱度、硬度、钾、钠、钙、镁、二价和三价铁、锰、铝、氯化物、硫酸根、磷酸根、氟、碘、氨、硝酸根、亚硝酸根、游离二氧化碳、碳酸根、重碳酸根、侵蚀性二氧化碳、二氧化硅、表面活性物质、硫化氢、重金属离子（如铜、铅、锌、镉、汞、铬）等；生物指标主要指浮游生物、底栖生物和微生物（如大肠杆菌和细菌）等。根据水的用途及科学管理的要求，可将水质指标进行分类。例如，饮用水的水质指标可分为微生物指标、毒理指标、感观性状和一般化学指标、放射性指标；为了进行水污染防治，可将水质指标分为易降解有机污染物、难降解有机污染物、悬浮固体及漂浮固体物、可溶性盐类、重金属污染物、病原微生物、热污染、放射性污染等指标。分析研究各类水质指标在水体中的数量、比例、相互作用、迁移、转化、地理分布、历年变化以及同社会经济、生态平衡等的关系，是开发、利用和保护水资源的基础。

为了保护各类水体免受污染危害或治理已受污染的水体环境，首先必须了解需要研究的水体的各项物理、化学及生物特性，污染现状和污染来源。水体污染调查与监测就是采用一定的途径和方法，调查和量测水体中污染物的浓度和总量，研究其分布规律、研究对水体的污染过程及其变化规律。对各种来水（包括支流和排入水体的各类废水）进行监测，并调查各种污染物质的来源。及时、准确地掌握水体环境质量的现状和发展趋势，为开展水体环境的质量评价、预测预报、管理与规划等工作提供可靠的科学资料。这是我们进行水体污染调查与监测的基本目的。显然，这对于保障人民健康和促进我国现代化建设的发展具有重要意义。

一、水质监测

水质监测是为了掌握水体质量动态，对水质参数进行的测定和分析。作为水源保护的一项重要内容是对各种水体的水质情况进行监测，定期采样分析有毒物质含量和动态，包括水温、pH 值、COD、溶解氧、氨氮、酚、砷、汞、铬、总硬度、氟化物、氯化物、细菌、大肠菌群等。依监测目的可分为常规监测和专门监测两类。

常规监测是为了判别、评价水体环境质量，掌握水体质量变化规律，预测发展趋势和积累本底值资料等，需对水体水质进行定点、定时的监测。常规监测是水质监测的主体，具有长期性和连续性。专门监测是为某一特定研究服务的监测。通常，监测项目与影响水质因素同时观察，需要周密设计，合理安排，多学科协作。

水质监测的主要内容有水环境监测站网布设、水样的采集与保存、确定监测项目、选用分析方法及水质分析、数据处理与资料整理等。

建立水环境监测站网应具有代表性、完整性。站点密度要适宜，以能全面控制水系水质基本状况为原则，并应与投入的人力、财力相适应。

1. 水质监测站及分类

水质监测站是进行水环境监测采样和现场测定以及定期收集和提供水质、水量等水环境资料的基本单元，可由一个或者多个采样断面或采样点组成。

水质监测站根据设置的目的和作用分为基本站和专用站。基本站是为水资源开发利用与保护提供水质、水量基本资料，并与水文站、雨量站、地下水水位观测井等统一规划设置的站。基本站长期掌握水系水质的历年变化，搜集和积累水质基本资料而设立的，其测定项目和次数均较多。专用站是为某种专门用途而设置的，其监测项目和次数根据站的用途和要求而确定。

水质监测站根据运行方式可分为：固定监测站、流动监测站和自动监测站。固定监测站是利用桥、船、缆道或其他工具，在固定的位置上采样。流动监测站是利用装载检测仪器的车、船或飞行工具，进行移动式监测，搜集固定监测站以外的有关资料，以弥补固定监测站的不足。自动监测站主要设置在重要供水水源地或重要打破常规地点，依据管理标准，进行连续自动监测，以控制供水、用水或排污的水质。

水质监测站根据水体类型可分为地表水水质监测站、地下水水质监测站和大气降水水质监测站。地表水水质监测站是以地表水为监测对象的水质监测站。地表水水质监测站可分为河流水质监测站和湖泊（水库）水质监测站。地下水水质监测站是以地下水为监测对象的水质监测站。大气降水水质监测站是以大气降水为监测对象的水质监测站。

2. 水质监测站的布设

水质监测站的布设关系着水质监测工作的成败。水质在空间上和时间上的分布是不均匀的，具有时空性。水质监测站的布设是在区域的不同位置布设各种监测站，控制水质在区域的变化。在一定范围内布设的测站数量越多，则越能反映水体的质量状况，但需要较高的经济代价；测站数量越少，则经济上越节约，但不能正确地反映水体的质量状况。所以，布设的测站数量既要能正确地反映水体的质量状况，又要满足经济性。

在设置水质监测站前，应调查并收集本地区有关基本资料，如水质、水量、地质、地理、工业、城市规划布局，主要污染源与入河排污口以及水利工程和水产等资料，用作设置具有代表性水质监测站的依据。

（1）地表水水质监测站的布设

1）河流水质监测站的布设。河流水质监测站应该布设于河流的上游河段，受人类活动的影响较小。干支流的水质站一般设在下列水域、区域：干流控制河段，包括主要一、二级支流汇入处、重要水源地和主要退水区；大中城市河段或主要城市河段和工矿企业集中区；已建或即将兴建大型水利设施河段，大型灌区或引水工程渠首处；入海河口水域；不同水文地质或植被区、土壤盐碱化区、地方病发病区、地球化学异常区、总矿化度或总硬度变化率超过 50% 的地区。

2）湖泊（水库）水质监测站的布设。湖泊（水库）水质监测站应设在下列水域：面积大于 $100km^2$ 的湖泊；梯级水库和库容大于 1 亿 m^3 的水库；具有重要供水、水产养殖旅游等功能或污染严重的湖泊（水库）；重要国际河流、湖泊，流入、流出行政区界的主要河流、湖泊（水库），以及水环境敏感水域，应布设界河（湖、库）水质站。

（2）地下水水质监测到站的布设

地下水水质监测站的布设应根据本地区水文地质条件及污染源分布状况，与地下水水位观测井结合起来进行设置。

地下水类型不同的区域、地下水开采度不同的区域应分别设置水质监测站。

（3）降水水质监测站的布设

应根据水文气象、风向、地形、地貌及城市大气污染源分布状况等，与现有雨量观测站相结合设置。下列区域应设置降水水质监测站：不同水文气象条件、不同地形与地貌区；大型城市区与工业集中区；大型水库、湖泊区。

3. 水环境监测站网

水环境监测站网是按一定的目的与要求，由适量的各类水质监测站组成的水环境监测网络。水环境监测站网可分为地表水、地下水和大气降水三种基本类型。根据监测目的或服务对象的不同，各类水质监测站可成不同类型的专业监测网或专用监测网。水环境监测站网规划应遵循以下原则：以流域为单元进行统一规划，与水文站网、地下水水位观测井网、雨量观测站网相结合；各行政区站网规划应与流域站网规划相结合。各省、市、自治区环境站网规划应不断进行优化调整，力求做到多用途、多功能，具有较强的代表性。目前，我国地表水的监测主要由水利和环保部门承担。

二、水样的采集与保存

水样的代表性关系着水质监测结果的正确性。采样位置、时间、频率、方法及保存等都影响着水质监测的结果。我国水利部门规定:基本监测站至少每月采样一次;湖泊(水库)一般每两个月采样一次;污染严重的水体，每年应采样 8~12 次;底泥和水生生物，每年在枯水期采样一次。

水样采集后，由于环境的改变、微生物及化学作用，水样水质会受到不同程度的影响，所以，应尽快进行分析测定，以免在存放过程中引起较大的水质变化。有的监测项目要在采样现场采用相应方法立即测定，如水温、pH 值、溶解氧、电导率、透明度及感官性状等。有的监测项目不能很快测定，需要保存一段时间。水样保存的期限取决于水样的性质、测定要求和保存条件。未采取任何保存措施的水样，允许存放的时间分别为：清洁水样 72h ;轻度污染的水样 48h ;严重污染的水样 12h。为了最大限度地减少水样水质的变化，须采取正确有效的保存措施。

三、监测项目和分析方法

水质监测项目包括反映水质状况的各项物理指标、化学指标、微生物指标等。选测项目过多可造成人力、物力的浪费，过少则不能正确反映水体水质状况。所以，必须合理地确定监测项目，使之能正确地反映水质状况。确定监测项目时要根据被测水体和监测目的综合考虑。通常按以下原则确定监测项目。

1. 国家与行业水环境与水资源质量标准或评价标准中已列入的监测项目。

2. 国家及行业正式颁布的标准分析方法中列入的监测项目。

3. 反映本地区水体中主要污染物的监测项目。

4. 专用站应依据监测目的选择监测项目。

水质分析的基本方法有化学分析法（滴定分析、重量分析等）、仪器分析法（光学分析法、色谱分析法、电化学分析法等），分析方法的选用应根据样品类型、污染物含量以及方法适用范围等确定。分析方法的选择应符合以下原则：

1. 国家或行业标准分析方法。

2. 等效或者参照适用 ISO 分析方法或其他国际公认的分析方法。

3. 经过验证的新方法，其精密度、灵敏度和准确度不得低于常规方法。

四、数据处理与资料整理

水质监测所测得的化学、物理以及生物学的监测数据，是描述和评价水环境质量，进行环境管理的基本依据，必须进行科学的计算和处理，并按照要求在监测报告中表达出来。

水质资料的整编包括两个阶段：一是资料的初步整编；二是水质资料的复审汇编。习惯上称前者为整编，后者为汇编。

1. 水质资料整编

水质资料整编工作是以基层水环境监测中心为单位进行的，是对水质资料的初步整理，是全整编过程中最主要最基础的工作，它的工作内容有搜集原始资料（包括监测任务书、采样记录、送样单至最终监测报告及有关说明等一切原始记录资料）、审核原始资料编制有关整编图表（水质监测站监测情况说明表及位置图、监测成果表、监测成果特征值年统计表）。

2. 水质资料汇编

水质资料汇编工作一般以流域为单位，是流域水环境监测中心对所辖区内基层水环境监测中心已整编的水质资料的进一步复查审核。它的工作内容有抽样、资料合理性检查及审核、编制汇编图表。汇编成果一般包括的内容有资料索引表、编制说明、水质监测站及监测断面一览表、水质监测站及监测断面分布图、水质监测站监测情况说明表及位置图、监测成果表、监测成果特征值年统计表。

经过整编和汇编的水质资料可以用纸质、磁盘和光盘保存起来，如水质监测年鉴、水环境监测报告、水质监测数据库、水质检测档案库等。

五、水质评价

水质评价是水环境质量评价的简称，是根据水的不同用途，选定评价参数，按照一定的质量标准和评价方法，对水体质量定性或定量评定的过程。目的在于准确地反映水质的情况，指出发展趋势，为水资源的规划、管理、开发、利用和污染防治提供依据。

水质评价是环境质量评价的重要组成部分，其内容很广泛，因为其工作目的和研究角度的不同，分类的方法不同。

1. 水质评价分类

水质评价分类：水质评价按时间分，有回顾评价，预断评价；按水体用途分，有生活饮用水质评价、渔业水质评价、工业水质评价、农田灌溉水质评价、风景和游览水质评价；按水体类别分，有江河水质评价、湖泊（水库）水质评价、海洋水质评价、地下水水质评价；按评价参数分，有单要素评价和综合评价。

2. 水质评价步骤

水质评价一般步骤包括：提出问题、污染源调查及评价、收集资料与水质监测、参数选择和取值、选择评价标准、确定评价内容和方法、编制评价图表和报告书等。

（1）提出问题

这包括明确评价对象、评价目的、评价范围和评价精度等。

（2）污染源调查及评价

查明污染物排放地点、形式、数量、种类和排放规律，在此基础上结合污染物毒性，确定影响水体质量的主要污染物和主要污染源，并做出相应的评价。

（3）收集资料与水质监测

水质评价要收集和监测足以代表研究水域水体质量的各种数据。将数据整理验证后，用适当方法进行统计计算，以获得各种必要的参数统计特征值。监测数据的准确性和精确度以及统计方法的合理性，是决定评价结果可靠程度的重要因素。

（4）参数选择和取值

影响水体污染的物质很多，一般可根据评价目的和要求，选择对生物、人类及社会经济危害大的污染物作为主要评价参数。常选用的参数有水温、pH 值、化学耗氧量、生化需氧量、悬浮物、氨、氮、酚、氰、汞、砷、铬、铜、镉、铅、氟化物、硫化物、有机氯有机磷、油类、大肠杆菌等。参数一般取算术平均值或几何平均值。水质参数受水文条件和污染源条件影响，具有随机性，故从统计学角度看，参数按概率取值较为合理。

（5）选择评价标准

水质评价标准是进行水质评价的主要依据。根据水体用途和评价目的，选择相应的评价标准。一般地表水评价可选用地表水环境质量标准；海洋评价可选用海洋水质标准；专业用途水体评价可分别选用生活饮用水卫生标准、渔业水质标准、农田灌溉水质标准、工业用水水质标准以及有关流域或地区制定的各类地方水质标准等。地质目前还缺乏统一评价标准，通常可参照清洁区土壤自然含量调查资料或地球化学背景值来拟定。

（6）确定评价内容及方法

评价内容一般包括感观性、氧平衡、化学指标、生物学指标等。评价方法的种类繁多，常用的有：生物学评价法、以化学指标为主的水质指数评价法、模糊数学评价法等。

（7）编制评价图表及报告书

评价图表可以直观反映水体质量好坏。图表的内容可根据评价目的确定，一般包括评价范围图、水系图、污染源分布图、监测断面（或监测点）位置图、污染物含量等值线图、水质、底质、水生物质量评价图、水体质量综合评价图等。图表的绘制一般采用：符号法、定位图法、类型图法、等值线法、网格法等。评价报告书编制内容包括：评价对象、范围、目的和要求，评价程序，环境概况，污染源调查及评价，水体质量评价，评价结论及建议等。

第六节　水资源保护措施

根据美国《科学》杂志日前公布的一份研究结果称，中国近 2000 万人生活在水源遭到砷污染的高危地区。

早在 20 世纪 60 年代，中国一些省份的地下水就已知受到了砷污染。

自那以后，受影响人口的数量连年增长。即使长期接触少量的砷，也可能引发人体机能严重失调，包括色素沉着、皮肤角化症、肝肾疾病和多种癌症。

世界：卫生组织指出，每升低于 $10\mu g$ 的砷含量对人体是安全的，在中国某些地区例如内蒙古，水中的砷含量高达 $1500\mu g/L$。新疆内蒙古、甘肃、河南和山东等省都有高危地区。中国砷含量可能超过 10g/L 的地区总面积估计在 58 万 km² 左右，近 2000 万人生活在砷污染高危地区，砷中毒是国内一种"最严重的地方性疾病"，其慢性不良反应包括癌症、糖尿病和心血管病。中国一直在对水井进行耗时的检测，不过这个过程需要数十年时间才能完成。这也促使相关研究人员制作有效的电脑模型，以便能预测出哪些地区最有可能处于危险当中。

相关研究表明，1470 万人所生活的地区水污染水平超出了世界卫生组织建议的 $10\mu g/L$，还有大约 600 万人所生活的地区水污染是上述建议值的 5 倍以上。

根据《中华人民共和国水法》和《中华人民共和国水污染防治法》的相关规定，中国公民有义务按照以下措施对水资源进行保护。

一、加强节约用水管理

依据《中华人民共和国水法》和《中华人民共和国水污染防治法》有关节约用水的规定，从四个方面抓好落实。

1. 落实建设项目节水"三同时"制度

即新建、扩建、改建的建设项目，应当制订节水措施方案并配套建设节水设施：节水设施与主体工程同时设计、同时施工同时投产：今后新、改、扩建项目，先向水务部门报送节水措施方案，经审查同意后，项目主管部门才批准建设，项目完工后，对节水设施验收合格后才能投入使用，否则供水企业不予供水。

2. 大力推广节水工艺，节水设备和节水器具

新建、改建、扩建的工业项目，项目主管部门在批准建设和水行政主管部门批准取水许可时，以生产工艺达到省规定的取水定额要求为标准；对新建居民生活用水、机关事业及商业服务业等用水强制推广使用节水型用水器具，凡不符合要求的，不得投入使用。通过多种方式促进现有非节水型器具改造，对现有居民住宅供水计量设施全部实行户表外移改造，所需资金由地方财政、供水企业和用户承担，对新建居民住宅要严格按照"供水计量设施户外设置"的要求进行建设。

3. 调整农业结构，建设节水型高效农业

推广抗旱、优质农作物品种，推广工程措施、管理措施、农艺措施和生物措施相结合的高效节水农业配套技术，农业用水逐步实行计量管理、总量控制，实行节奖超罚的制度，适时开征农业水资源费，由工程节水向制度节水转变。

4. 启动节水型社会试点建设工作

突出抓好水权分配、定额制定、结构调整、计量监测和制度建设，通过用水制度改革，

建立与用水指标控制相适应的水资源管理体制,大力开展节水型社区和节水型企业创建活动。

二、合理开发利用水资源

1. 严格限制自备井的开采和使用

已被划定为深层地下水严重超采区的城市,今后除为解决农村饮水困难确需取水的,不再审批开凿新的自备井,市区供水管网覆盖范围内的自备井,限时全部关停;对于公共供水不能满足用户需求的自备井,安装监控设施,实行定额限量开采,适时关停。

2. 贯彻水资源论证制度

国民经济和社会发展规划以及城市总体规划的编制,重大建设项目的布局,应与当地水资源条件相适应,并进行科学论证。项目取水先期进行水资源论证,论证通过后方能由项目主管部门立项。调整产业结构、产品结构和空间布局,切实做到以水定产业,以水定规模,以水定发展,确保水资源保护与管理用水安全,以水资源可持续利用支撑经济可持续发展。

3. 做好水资源优化配置

鼓励使用再生水、微咸水、汛期雨水等非传统水资源;优先利用浅层地下水,控制开采深层地下水,综合采取行政和经济手段,实现水资源优化配置。

三、加大污水处理力度,改善水环境

1. 根据《入河排污口监督管理办法》的规定,对现有入河排污口进行登记,建立入河排污口管理档案。此后设置入河排污口的,应当在向环境保护行政主管部门报送建设项目环境影响报告书之前,向水行政主管部门提出入河排污口设置申请,水行政主管部门审查同意后,才能合理设置入河排污口。

2. 积极推进城镇居民区、机关事业及商业服务业等再生水设施建设。建筑面积在万平方米以上的居民住宅小区及新建大型文化、教育、宾馆、饭店设施,都必须配套建设再生水利用设施;没有再生水利用设施的在用大型公建工程,也要完善再生水配套设施。

3. 足额征收污水处理费。各省、市应当根据特定情况,制定并出台《污水处理费征收管理办法》。要加大污水处理费征收力度,为污水处理设施运行提供足够的资金支持。

4. 加快城市排水管网建设,要按照"先排水管网、后污水处理设施"的建设原则,加快城市排水管网建设。在新建设时,必须建设雨水管网和污水管网,推行雨污分流排水体系;要在城市道路建设改造的同时,对城市排水管网进行雨、污分流改造和完善,提高污水收水率。

四、深化水价改革,建立科学的水价体系

1. 利用价格杠杆促进节约用水、保护水资源。逐步提高城市供水价格,不仅包括供水合理成本和利润,还要包括户表改造费用、居住区供水管网改造等费用。

2. 合理确定非传统水源的供水价格。再生水价格以补偿成本和合理收益原则，结合水质、用途等情况，按城市供水价格的一定比例确定。要根据非传统水源的开发利用进展情况，及时制定合理的供水价格。

3. 积极推行"阶梯式水价（含水资源费）"。电力、钢铁、石油、纺织、造纸、啤酒、酒精七个高耗水行业，应当实施"定额用水"和"阶梯式水价（水资源费）"。水价分三级，级差为 1 : 2 : 10。工业用水的第一级含量，按《省用水定额》确定，第二、三级水量为超出基本水量 10（含）和 10 以上的水量。

五、加强水资源费征管和使用

1. 加大水资源费征收力度。征收水资源费是优化配置水资源、促进节约用水的重要措施。使用自备井（农村生活和农业用水除外）的单位和个人都应当按规定缴纳水资源费（含南水北调基金）。水资源费（含南水北调基金）主要用于水资源管理、节约、保护工作和南水北调工程建设，不得挪作他用。

2. 加强取水的科学管理工作，全面推动水资源远程监控系统建设、智能水表等科技含量高的计量设施安装工作，所有自备井都要安装计量设施，切实做到水资源计量，收费和管理科学化、现代化、规范化。

六、加强领导，落实责任，保障各项制度落实到位

水资源管理、水价改革和节约用水涉及面广、政策性强、实施难度大，各部门要进一步提高认识，确保责任到位、政策到位。落实建设项目节水措施"三同时"和建设项目水资源论证制度，取水许可和入河排污口审批、污水处理费和水资源费征收、节水工艺和节水器具的推广都需要有法律、法规做保障，对违法、违规行为要依法查处，确保各项制度措施落实到位。要大力做好宣传工作，使人民群众充分认识中国水资源短缺的严峻形势，增强水资源的忧患意识和节约意识，形成"节水光荣，浪费可耻"的良好社会风尚，形成共建节约型社会的合力。

第七章　水资源管理

第一节　水资源管理概述

一、水资源管理的内涵与原则

（一）水资源管理的内涵

同水资源概念一样，目前尽管我们经常提到水资源管理的概念，但学术界对其认识还没有统一。《中国大百科全书》在不同的卷中对水资源管理有不同的解释。在水利卷中水资源管理是：水资源开发利用的组织、协调、监督和调度。运用行政、法律、经济技术和教育等手段，组织各种社会力量开发水利和防治水害；协调社会经济发展与水资源开发利用之间的关系，处理各地区、各部门之间的用水矛盾；监督、限制不合理的开发水资源和危害水源的行为；制定供水系统和水库工程的优化调度方案，科学分配水量（陈家琦等，水利卷）。在环境科学卷中，水资源管理的定义为：为防止水资源危机，保证人类生活和经济发展的需要，运用行政、技术、立法等手段对淡水资源进行管理的措施。水资源管理工作的内容包括调查水量，分析水质，进行合理规划、开发和利用，保护水源，防止水资源衰竭和污染等；同时也涉及水资源密切相关的工作，如保护森林、草原、水生生物，植树造林，涵养水源，防止水土流失，防止土地盐渍化、沼泽化、沙化等（李宪法等，环境科学卷）。从目前的角度来看，这些定义有一定的合理性，但毋庸置疑，也存在明显的缺陷，主要表现在：从整体上来看，这些定义以水资源开发作为主线，保护的目的是为了更好地开发，保护为开发服务，"保护"处于被动的地位；视野相对狭窄，此概念大多只局限于水资源本身，缺乏复合系统下对水资源的综合认识，只是单纯的以水论水；生态环境的意识不足；资源高效利用问题；概念烦琐，在解释概念的同时将水资源管理所包含的内容也纳入进去，没有进行精确化。

1996年，联合国教科文组织国际水文计划工作组将可持续水资源管理定义为："支撑从现在到未来社会及其福利而不破坏他们赖以生存的水文循环及生态系统的稳定性的水的管理与使用"。

（二）水资源管理的原则

水资源管理是由国家行政主管部门组织实施的、带有一定行政行为的管理，对一个国家和地区的生存和发展有着极为重要的作用。加强水资源管理，必须遵循以下原则：

1. 坚持依法治水的原则

为了合理开发利用和有效保护水资源，防治水害，以充分发挥水资源的综合效益，必须遵守有关法律和规章制度，如《中华人民共和国水法》《中华人民共和国水污染防治法》《中华人民共和国水土保持法》《中华人民共和国环境保护法》等。这是水资源管理的法律依据。

2. 坚持水是国家资源的原则

水，是国家所有的一种自然资源。水资源虽然可以再生，但它毕竟是有限的。过去，人们习惯认为水是取之不尽、用之不竭的。实际上，这是不科学的、糊涂的认识，它可能会导致人们无计划、无节制的用水，从而造成水资源的浪费。加强水资源管理，首先应该从观念上认识到水是一种有限的宝贵资源，必须加以精心管理和保护。

3. 坚持整体考虑、系统管理的原则

如前所述，地球上的水大部分不能被人类所利用，人类所能利用的水资源仅仅占地球上水量的很小一部分。这很小一部分的水资源总是有限的。因此，某一地区、某一部门随便滥用水资源，可能会影响相邻地区或部门用水；某一地区、某一部门随便排放废水、污水，也可能会影响相邻地区或部门用水。必须从整体上来考虑水资源，系统管理水资源，避免各自为政、损人利己、强占滥用的水资源管理现象。

4. 坚持用水资源价格来进行经济管理的原则

长期以来，人们认为水是一种自然资源，是无价值的，可以无偿占有和使用，因此常导致水资源的滥用，浪费极大。从经济的手段来加强水资源管理是可行的。水本身是有价值的，可以通过合理制定水资源价格来宏观调控各行各业用水，达到水资源合理分配、合理利用的目标。

（三）现行水资源管理的准则

从一般的科学意义和社会实践的观点看，科学准则是一个范例，它浓缩了与科学基准有关的所有导则与规范。可以说，它是在共识的基础上，从理论到实践应遵循的行为准则。从科学的发展史可以看出，所发生的"科学革命"常会带动科学准则及范例的变化，有时也会引起重要概念的解释发生变化。比如，在物理学中，爱因斯坦相对论的提出和普朗克等一批科学家的量子力学的提出，打破了传统力学的科学理论与思维模式。又如，20世纪70年代，由普利高津提出的耗散结构理论，对传统牛顿体系产生了很大的冲击。就现行的水资源规划与管理的准则而言，主要考虑的是：

1. 经济效益

经济效益是目前水资源规划与管理所追求的首要目标之一，有时甚至是在满足约束条件下的唯一目标。通常的做法是将水资源分配量作为决策变量，以水资源带来的经济效益为目标函数，其他条件作为约束，建立优化模型，从而得到最优决策方案。因此，追求经济效益就成为现行水资源管理的准则之一。

2. 技术效率

技术上可行、效率较高是现行水资源管理的另一个准则。它要求选定的水资源管理方案，在技术上是可行的，并且使用效率较高。如果技术上不可行，再好的水资源管理方案也是不可取的。另外，如果技术上需要很大的代价才能实现，也就是说，使用效率不高时，这样的水资源管理方案也是很难实施的。

3. 实施的可靠性

由于水资源系统广泛存在着内在的、外在的影响因素，在制定水资源管理方案和实施水资源管理措施时，要分析实施的可靠性。尽可能抓住影响实施的主要因素，分析实施的可靠性，寻找有效的对策以保证具体方案的实施。这些行为准则尽管仍然被现行水资源管理所应用，但是，就现状而言，已经不能满足可持续发展目标下的水资源管理的要求，迫切需要逐步转变到新的行为准则上来。这就是后面章节将要介绍的可持续发展新的准则问题。

二、水资源管理目标

随着世界人口的不断增加，水资源开发规模日益扩大，地区、部门之间的用水矛盾更加尖锐，经济发展与生态环境保护冲突日益加剧。在这种形势下，人们不得不更加注重社会、经济、水资源、环境间的协调，地区、部门之间的用水协调，现代与未来的协调。这就向经典的水资源管理方法提出了挑战，具体表现在以下几方面：

1. 需要加强水资源统一规划和管理的研究，包括水质和水量统一管理、地表水和地下水统一管理、工业用水和农业用水统一管理、流域上游与下游统一管理等。

2. 需要把水资源管理与社会进步、经济发展、环境保护相结合进行研究。这是水资源管理的必然要求。

3. 在现代的水资源管理过程中，需要考虑长远的效益和影响，包括对后代人用水的考虑。为了适应目前的形势，必须站在可持续发展的高度来看待水资源管理问题。水资源管理应以可持续发展为基本指导思想。面向可持续发展的水资源管理的目标是：为社会经济的发展和生态环境的保护提供源源不断的水资源，实现水资源在当代人之间、当代人与后代人之间以及人类社会与生态环境之间公平合理的分配。因此，实现水资源可持续利用是水资源管理的中心目标。根据水资源管理目标，针对复杂的大系统，需要遵循可持续发展原则，在一定约束条件下，建立水资源管理优化模型，寻找合理的水资源管理方案。

三、水资源管理的技术与方法

（一）水资源管理的几个基本技术问题

水资源管理除精心管理有限资源，周密制定和实施正确的水政策、水管理体制和制度、法律等之外，还必须对管理技术、方法认真研究和对待，才能不断提高管理水平，发挥管理的最佳功能。现代的水资源系统是生态经济复合系统的专业子系统，涉及国计民生、生态环境等诸多自然、社会因素，错综复杂，蕴藏着优化管理的巨大潜力。根据现实的认识，有几个事关水管理的基本问题值得提出和研讨。

1. 国家或地区的水资源评价问题

它是一项摸清一个国家或地区水资源家底的工作，对全社会的可持续发展有重要的意义。这项评定工作主要包括水资源量、质量、时空分布等变化规律及开发、利用、保护、整治条件的分析与评定，以预示供持续发展需要的可能范围与规模。同时，它也是水资源持续利用和以下各项管理技术问题研究的依据与基础。

2. 国家或地区水资源承载能力问题

它是指在一定的地区条件（包括自然与社会条件）下，水资源能满足人口、资源、环境与经济协调发展的极限支撑能力。一个地区的水资源数量基本上是一个常数，但通过人的优化管理，对地区发展所起的作用是不同的。或者说，一定数量的水资源对不同地区、不同的管理，它的极限支撑能力是大不一样的。即使这种不可替代的水资源达到了极限，还可以调整人类活动，保持地区的一定发展，使水资源能够继续地利用下去。

3. 国家或地区的水资源优化配置问题

水资源优化配置的过程是人类对水资源及其环境进行重新布局和分配的过程，也是人类对自然进行干预的过程。它既可对生态环境产生良好的影响，促进经济、社会持续发展，也可导致生态环境恶化，影响经济、社会正常发展。因此，水资源的配置，事关生态经济系统的兴衰，更影响对可持续发展战略支撑能力的强弱，是优化管理的重要内容。水资源配置有宏观、微观之分，如跨流域的南水北调（分东、中、西三线），属宏观范畴；水资源经营、使用企业的水资源优化分配、水价管理等属于微观范畴。根据我国可持续发展战略要求，水资源的配置方式，将是宏观调控与市场配置相结合的协调配置方式，这是最科学、合理的资源配置方式。

4. 水资源价值、价格和国民经济核算体制的管理问题

没有凝聚劳动的天然水资源和投入劳动开发提供利用的水资源均具有价值的认识，已被学术界多数人所接受，但理论研究尚需深入。水资源价格与价值的背离，迄今仍是不珍惜水、不节约水、污染水、浪费水的根源之一。依靠市场机制调整水资源的价格是管理的一个方面。随着可持续发展的进程，主动研究预测水价格的变化动态，制定合理的水价，始终应是水管理的一项重要任务。现行国民经济增长指标既不反映经济增长导致的生态破

坏、环境恶化与资源代价，也不反映资源存量与质量下降和盈亏的程度，是实施可持续发展战略不能允许的。因此，研究如何将水资源纳入国民经济核算体系也是管理中的一项重要任务。

5. 水资源管理决策中可持续发展影响评价问题

水资源持续利用不仅要以可持续利用方式对其进行有效的使用与管理，而且还应建立一种政策分析机制，以便能长久地调整或评价现行和未来的政策动向，审查水资源管理政策如何有利于水资源管理总体可持续发展。因此，综合评价水资源开发和管理活动及其对可持续发展的影响是水资源管理中一项非常重要的工作。一般来说，任何一个复杂系统的决策问题，不论它是怎样生成的可行方案，都要通过技术、经济、环境（包括自然与社会的）诸多准则进行分析评价，从中选出满意方案，作为最终决策。因而，评价在任何决策中的作用是非常重要的。任何一项有意义的水事活动，如开发、治理、保护水资源和水环境工程，生态经济发展战略，自然资源管理政策等，均需进行可持续发展影响评价（SDIA）。它不仅对保持环境与经济协调、持续发展有重要意义，而且对制定自然资源价格（包括水价格）、推动水资源合理利用（开源与节流）、综合开发均有很大意义。

对于水资源可持续利用和发展的影响评价方法，目前还未见到，需进一步研究。但是，采用定性分析与定量分析相结合、系统分析与经验相结合、理论与实践相结合的方法论，结合不同类型的水资源、环境与经济问题，现在已有的一些方法与技术还是可以选用的。据此，我们认为下述几类方法：经济分析方法、系统分析及有关数学类的方法、智能综合评价的决策支持系统的近代方法与技术，都是可以尝试或搭配使用的。

（二）水资源管理的优化与模拟技术

在建立有关管理的数学模型及满足所有约束条件下，使目标函数最大或最小的过程，就是所谓的最优化或最优化程序。这种最优化技术有单目标和多目标优化方法，前者根据最优规则可求得最优解，后者则要依据满意规则求出非劣解集，从中选出满意解。模拟技术也是广义的优化技术，它们都是为制定正确决策提供依据的技术支撑，也是优化管理常用的技术。水资源系统开发与管理问题是一个十分复杂的系统分析问题。迄今应用于水资源规划与管理中的优化方法，至少可总结出下列一些类别：

1. 没有约束的优化方法
2. 有等式约束的优化方法
3. 线性规划方法
4. 非线性规划法

数学模型中的目标函数或约束条件中有非线性数存在的数学规划问题就称为非线性规划。现实世界中，许多实际问题，包括水资源规划、管理的决策问题，多属于非线性规划问题。就数学方法而言，它是其他数学规划和方法的基础，线性规划就是它的一个特例。就非线性规划求解方法而言，迄今并没有一个通用解法。因此，只能针对不同的非线性规划问题，采用不同的优化技术，以求节省存储量及计算时间。对非线性规划的解法很多，而且还在发展中，但大体可有两类解法，即解析法（也称间接法）和数值法（也称直接法）。按问题的性质，应用这两类解法的方法有：对无约束优化方法有梯度法、牛顿法、共轭梯度法等（属解析法）和坐标轮换法、模矢搜索法、单纯形法等（属数值法）；对有约束的优化方法有利用最优性条件的拉格朗日乘子法和库恩—塔克条件法，还有罚函数法、线性化方法等。在解决复杂问题时，这些方法还可联合运用。

5. 动态规划法

当资源规划与管理系统考虑时间变量影响时，即涉及发展、变化、演进过程时，就需要应用动态规划求解优化问题了。它是数学规划中用来求解多阶段决策过程最优策略的有力工具，而且应用范围广，不论连续与非连续系统、线性与非线性系统、确定性和随机性系统，只要构成多阶段决策问题，都可用动态规划求解其最优策略。任何一个多阶段决策过程都是由阶段、状态、决策、状态转移以及效益费用函数所组成的，其中对状态设置必须满足演化、预知和无后效性要求，构造动态规划模型及求解方法均可按照通用的程序进行。值得一提的是，当每阶段中的状态、决策变量超过两个多维变量时，维数障碍就发生了。为了降维而产生了不少的动态规划算法，如逐次渐近法（DPSO）、状态增量动态规划法（IDP）、微分动态规划法（DDP）、离散微分动态规划法（DDDP）、双状态动态规划法（BSDP）、渐近优化算法（POA）等。

6. 模拟技术

以上的优化技术，从系统工程或系统分析看，是解析技术；还有一种优化技术是数字模拟技术或计算机模拟技术。后者也是水管理广泛应用的一种优化技术。"模拟"一词应用范围非常广泛。这里所说的模拟指的是数字模拟或计算机模拟，即利用计算机模拟程序，进行仿造真实系统运动行为实验，通过有计划地改变模拟模型的参数或结构，便可选择较好的系统结构和性能，从而确定真实系统的最优运行策略。面向可持续发展的水资源开发与管理系统的优化，由于考虑人口、资源、环境与经济的协调发展，因素多，涉及面广，往往难以应用数学规划方法求解（受数学模型限制），而模拟技术无论数学模型如何复杂，通常都可对模型进行模拟试验，从而得到一般意义下的优化结果。有关模拟模型的类别、基本内容和方案选优等不再赘述。

7. 多目标优化方法

任何一个面向可持续发展的水资源开发与管理系统的目标至少有三个，即经济目标、社会目标和环境目标，要使这三个目标综合最佳，就是一个多目标优化问题。它不仅在水资源系统广泛使用，而且对客观现实的一些优化问题也是普遍适用的。多目标优化问题，从数学规划的角度看，是一个向量优化问题，其解区别于单目标的解，称为非劣解，不是唯一的。孰优孰劣，如何选择最终解？主要取决于决策者对某个解（方案）的偏好、价值观和对风险的态度。生成多目标非劣解的基础是向量优化理论，决定方案取舍的依据是效用理论，这两个理论，就是多目标优化问题的基础。

求解多目标优化问题的技术很多，大体上分为三类：一类是非劣解生成技术；第二类是结合偏好的决策技术；第三类是结合偏好的交互式决策技术。这种分类法不是唯一的，可参考有关多目标（多准则）的学术著作。以上列举的一些优化方法是水资源系统和解决其他一些实际问题最常用的、比较成熟的方法。近些年来蓬勃发展的人工神经网络、遗传算法等也可作为优化的方法。

第二节　国内外水资源管理概况

水资源是生态环境中不可缺少的最活跃的要素，是人民生活和经济社会建设发展的基础性自然资源和战略性经济资源，面对不断加剧的水资源危机，世界各国都必须不断加强水资源管理，构建适应可持续发展要求的水资源管理体系。

一、国外水资源管理概况

世界上不同国家的水资源管理都有自己的特点，其中美国、法国、澳大利亚和以色列的水资源管理概况如下：

1. 美国水资源管理

（1）水资源概况

美国水资源比较丰富，在 936.3 万 km² 的国土面积上，多年平均年降水量为 760mm，东部多雨，年降雨量为 800~2000mm，部分地区达到 2500mm；西部干旱少雨，年降雨量一般在 500mm 以下，部分地区仅 5-100mm。全国河川年径流总量为 29702 亿 m³，径流总量居世界第 4 位。

（2）水资源管理概况

美国水资源管理机构，分为联邦政府机构、州政府机构和地方（县、市）三级机构在州政府一级强调流域与区域相结合，突出流域机构对水土资源开发利用与保护的管理与协调职能。1965 年根据《水资源规划法》成立了直属总统领导、内政部长为首的水资源理事会，水资源理事会系部一级的权力机构，负责制定统一的水政策，全面协调联邦政府、州政府、地方政权、私人企业和组织的涉水工作，促进水资源和土地资源的保护管理及开发利用。

经过多年的发展，美国的水资源管理形成了如下特点：由重治理转为重预防，强调政府和企业及民众合作，研究开发对环境无害的新产品、新技术：重视水资源数据和情报的利用及分享；利用正规和非正规教育两种途径进行水资源教育。

2. 法国水资源管理

（1）水资源概况

法国境内有塞纳河、莱茵河、罗纳河和卢瓦尔河等 6 大河。法国每年可更新的淡水约为 1850 亿 m³，每人的可用水约为 31903/a。法国水资源时空分布具有一定差异，部分地区干旱现象时有出现，但是，即使在干旱年份，干旱地区的年降雨量也没有低于 600mm。

（2）水资源管理概况

法国水管理体制包括国家级、流域级、地区级和地方级四个层面。法国水资源管理具有四项原则：水的管理应是总体的（或统筹的），既要管理地表水，又要管理地下水，既管水量又管水质，并要着眼于开发利用水资源的长远利益，考虑生态系统的物理、化学及生物学等的平衡；管理水资源最适宜范围是以流域为区域；水政策的成功实施要求各个层次的用户共同协商和积极参与；作为管理水的规章和计划的补充，应积极采用经济手段，具体讲就是谁污染谁付费、谁用水谁付费的原则。

法国水资源管理总结起来，主要有以下六个特点：注重水资源的权属管理；注重以法治手段来规范水资源管理；注重以流域为单元的水质水量综合管理；通过市场调节手段优化水资源配置；水资源管理决策的民主化；公司企业进行水资源项目经营管理。

3. 澳大利亚水资源管理

（1）水资源概况

澳大利亚国土面积 768.23 万 km²，是一块最平坦、最干旱又是四面环水的大陆，年平均降雨量约 460mm，雨量分布在地理上，季节上和年份上都差别很大。澳大利亚水资源总量为 3430 亿 m³，目前已开发利用量为 15 亿 m³，人均水资源量为 18743m³。人均水资源量居世界各国前 50 名，属水资源相对丰富的国家，但从国土范围平均看，水资源又很不丰富。

（2）水资源管理概况

澳大利亚的水资源管理大体上分为联邦、州和地方三级，但基本上以州为主。澳大利亚各州对水资源管理都是自治的，各州都有自己的水法及水资源委员会或类似机构，负责水资源评价、规划、分配、监督、开发和利用；建设州内所有与水有关的工程，如供水灌溉、排水和河道整治等。

澳大利亚水资源管理具有如下三个特点：在联邦政府，水管理职能属于农林渔业部和环境部，联邦政府对于跨行政区域（州）的河流，实行流域综合管理；由各州负责自然资源的管理，州政府是所有水资源的拥有者，负责管理；州政府以下，各地设立水管理局，水管理局是水资源配额的授权管理者，包括城市和乡村水资源的管理。

4. 以色列水资源管理

（1）水资源概况

以色列位于干旱缺水的中东地区，全国多年平均年水资源总量约为 20 亿 m³，人均水资源量不足 340m/a，属于水资源严重缺乏的国家。

（2）水资源管理概况

以色列人均水资源占有量只有世界平均水平的 1/32，为了缓解水资源供需矛盾，以色列非常重视水资源管理。以色列对地表水和地下水实行联合调度、统一使用，地表水和地下水的开发利用均实行取水许可证制度，打井和开发地下水必须经过批准。以色列对农业、工业、生活用水的价格不同，水价由全国水利委员会统一制定，实行超量加价管理办法。以色列在全国范围开展对所有可利用废水的开发、处理和回用工作。以色列是世界上废水处理利用率最高的国家，城市的废水回收处理率在40%以上。以色列水利委员会签署了一系列法规以降低水的消耗，推进节水设备的开发和利用。

二、国外水资源管理的经验借鉴

不同国家的水资源管理各有自己的特色，不同国家的水资源管理经验能够为中国水资源管理提供以下几个方面的借鉴意义。

1. 实行水资源公有制，增强政府控制能力

水资源的特点之一是具有公共性。目前，国际上普遍重视水资源的这一特点，提倡所有的水资源都应为社会所公有，为社会公共所用，并强化国家对水资源的控制和管理。

2. 完善水资源统一管理体制

水资源管理的一个原则就是加强水资源统一管理，完善水资源统一管理体制。统一管理和调配水资源，有利于保护和节约水资源，大大提高水资源的利用效益与利用效率。

3. 实行以取水许可制度或水权登记制度为核心的水权管理制度

实行以取水许可制度或水权登记制度为核心的水权管理制度，改变了人们长期以来任意取水和用水的历史习惯，实现国家水管理机关统一管理水权，合理统筹资源配置。

4. 重视立法工作

水资源法律管理是水资源管理的基础在进行水资源管理的过程中，必须坚持依法治水的原则，重视立法工作，正确制定水资源相关法律法规，是有效实施水资源管理的根本手段。

5. 引导和改变大众用水观念

水资源短缺是许多国家和地区面临的水问题之一，造成水资源短缺的其中一个原因就是水资源利用效率不高，水资源浪费严重，因此，必须采取各种措施，实行高效节约用水，改变大众用水观念。

6. 强调水环境的保护

水资源的不合理开发利用会对水环境造成破坏，应借鉴其他国家水环境管理的先进经验，避免走"先污染、后治理"的道路，保护水环境不被破坏。

三、中国水资源管理概况

中国是世界上开发水利、防治水患最早的国家之一。中华人民共和国成立后，水利建设有了很大发展。中国水资源管理概况如下：

国家对水资源实行流域管理与行政区域管理相结合的体制。国务院水行政主管部门负

责全国水资源的统一管理和监督管理工作，水利部为国务院水行政主管部门。国务院水行政主管部门在国家确定的重要河流、湖泊设立的流域管理机构，在所管辖的范围内行使法律、行政法规规定的国务院水行政主管部门授予的水资源管理和监督管理职责。县级以上地方人民政府水行政主管部门按照规定的权限，负责本行政区域内水资源的统一管理和监督管理。国务院有关部门按照职责分工，负责水资源开发、利用、节约和保护的有关工作。县级以上地方人民政府有关部门按照职责进行分工，明确负责本行政区域内水资源开发、利用、节约和保护的有关工作。

全国水资源与水土保持工作领导小组负责审核大江大河的流域综合规划；审核全国水土保持工作的重要方针、政策和重点防治的重大问题；处理部门之间有关水资源综合利用方面的重大问题；处理协调省际的重大水事矛盾。

七大江河流域机构是水利部的派出机构，被授权对所在的流域行使《水法》赋予水行政主管部门的部分职责。按照统一管理和分级管理的原则，统一管理本流域的水资源和河道。负责流域的综合治理，开发管理具控制性的重要水利工程，搞好规划、管理、协调、监督、服务。促进江河治理和水资源的综合开发，利用和保护。

中国水资源管理主要实行以下九个基本制度：水资源优化配置制度；取水许可制度；水资源有偿使用制度；计划用水、超定额用水累进加价制度；节约用水制度；水质管理制度；水事纠纷调理制度；监督检查制度；水资源公报制度。

第三节　水资源法律管理

一、水资源法律管理的概念

水资源法律管理是水资源管理的基础，在进行水资源管理的过程中，必须通过依法治水才能实现水资源开发、利用和保护目的，满足社会经济和环境协调发展的需要。

水资源法律管理是以立法的形式，通过水资源法规体系的建立，为水资源的开发、利用、治理、配置、节约和保护提供制度安排，调整与水资源有关的人与人的关系，并间接调整人与自然的关系。

水法有广义和狭义之分，狭义的水法是《中华人民共和国水法》。广义的水法是指调整在水的管理、保护、开发、利用和防治水害过程中所发生的各种社会关系的法律规范的总称。

二、水资源法律管理的作用

水资源法律管理的作用是借助国家强制力，对水资源开发、利用、保护、管理等各种行为进行规范，解决与水资源有关的各种矛盾和问题，实现国家的管理目标。具体表现在以下几个方面：规范、引导用水部门的行为，促进水资源可持续利用；加强政府对水资源的管理和控制，同时对行政管理行为产生约束；明确的水事法律责任规定，为解决各种水事冲突提供了法律依据；有助于提高人们保护水资源和生态环境的意识。

三、中国水资源管理的法规体系构成

中国在水资源方面颁布了大量具有行政法规效力的规范性文件，如《中华人民共和国水法》《中华人民共和国水污染防治法》《中华人民共和国水土保持法》《中华人民共和国防洪法》《中华人民共和国环境保护法》《中华人民共和国河道管理条例》和《取水许可证制度实施办法》等一系列法律法规，初步形成了一个由中央到地方、由基本法到专项法再到法规条例的多层次的水资源管理的法规体系。按照立法体制、效力等级的不同，中国水资源管理的法规体系构成如下：

1. 宪法中有关水的规定

宪法是一个国家的根本大法，具有最高法律效力，是制定其他法律法规的依据。《中华人民共和国宪法》中有关水的规定也是制定水资源管理相关的法律法规的基础。《中华人民共和国宪法》第9条第1.2款分别规定，"水流属于国家所有，即全民所有"，"国家保障自然资源的合理利用"。这是关于水权的基本规定以及合理开发利用、有效保护水资源的基本准则。对于国家在环境保护方面的基本职责和总政策，第26条做了原则性的规定，"国家保护和改善生活环境和生态环境，防治污染和其他公害"。

2. 全国人大制定的有关水的法律

由全国人大制定的有关水的法律主要包括与（水）资源环境有关的综合性法律和有关水资源方面的单项法律。目前，中国还没有一部综合性资源环境法律，《中华人民共和国环境保护法》可以认为是中国在环境保护方面的综合性法律；《中华人民共和国水法》是中国第一部有关水的综合性法律，是水资源管理的基本大法。针对中国水资源洪涝灾害频繁、水资源短缺和水污染现象严重等问题，中国专门制定了《中华人民共和国水污染防治法》《中华人民共和国水土保持法》和《中华人民共和国防洪法》等有关水资源方面的单项法律，为中国水资源保护、水土保、洪水灾害防治等工作的顺利开展提供法律依据。

（1）《中华人民共和国水法》

《中华人民共和国水法》于1988年1月21日第六届全国人民代表大会常务委员会第24次会议审议通过，于2002年8月29日第九届全国人民代表大会常务委员会第二十九次会议修订通过，修订后的《中华人民共和国水法》自2002年10月1日起施行。

《中华人民共和国水法》包括八章：总则（第一章）、水资源规划（第二章）、水资源开发利用（第三章）、水资源、水域和水工程的保护（第四章）、水资源配置和节约使用（第五章）、水事纠纷处理与执法监督检查（第六章）、法律责任（第七章）、附则（第八章）。

（2）《中华人民共和国环境保护法》

《中华人民共和国环境保护法》于1989年12月26日第七届全国人民代表大会常务委员会第十一次会议通过，从1989年12月26日起施行。

《中华人民共和国环境保护法》包括六章：总则（第一章）、环境监督管理（第二章）、保护和改善环境（第三章）、防治环境污染和其他公害（第四章）、法律责任（第五章）、附则（第六章）。《中华人民共和国环境保护法》是为保护和改善生活环境与生态环境，防治污染和其他公害，保障人体健康，促进社会主义现代化建设的发展而制定的。《中华人民共和国环境保护法》中的环境，是指影响人类生存和发展的各种天然的和经过人工改造的自然因素的总体，包括大气、水、海洋、土地、矿藏、森林、草原、野生生物。自然遗迹、人文遗迹、自然保护区、风景名胜区、城市和乡村等。《中华人民共和国环境保护法》适用于中华人民共和国领域和中华人民共和国管辖的其他海域。

（3）《中华人民共和国水污染防治法》

《中华人民共和国水污染防治法》于1984年5月11日第六届全国人民代表大会常务委员会第五次会议通过，根据1996年5月15日第八届全国人民代表大会常务委员会第十九次会议（关于修改《中华人民共和国水污染防治法》的决定）修正，2008年2月28日第十届全国人民代表大会常务委员会第三十二次会议修订。

《中华人民共和国水污染防治法》包括八章：总则（第一章）、水污染防治的标准和规划（第二章）、水污染防治的监督管理（第三章）、水污染防治措施（第四章）、饮用水水源和其他特殊水体保护（第五章）、水污染事故处置（第六章）、法律责任（第七章）、附则（第八章）。《中华人民共和国水污染防治法》是为了防治水污染，保护和改善环境，保障饮用水安全，促进经济社会全面协调可持续发展而制定的；《中华人民共和国水污染防治法》适用于中华人民共和国领域内的江河、湖泊、运河、渠道、水库等地表水体以及地下水体的污染防治；水污染防治应当坚持预防为主、防治结合、综合治理的原则，优先保护饮用水水源，严格控制工业污染、城镇生活污染，防治农业面源污染，积极推进生态治理工程建设，预防、控制和减少水环境污染和生态破坏。

（4）《中华人民共和国水土保持法》

《中华人民共和国水土保持法》于1991年6月29日第七届全国人民代表大会常务委员会第二十次会议通过，2010年12月25日第十一届全国人民代表大会常务委员会第十八次会议修订，修订后的《中华人民共和国水土保持法》自2011年3月1日起施行。

《中华人民共和国水土保持法》包括七章：总则（第一章）、规划（第二章）、预防（第三章）、治理（第四章）、监测和监督（第五章）、法律责任（第六章）、附则（第七章）。《中华人民共和国水土保持法》是为了预防和治理水土流失，保护和合理利用水土资源，减轻水、旱、风沙灾害，改善生态环境，保障经济社会可持续发展而制定的；在中华人民共和国境内从事水土保持活动，应当遵守本法。《中华人民共和国水土保持法》中的水土保持，是指对自然因素和人为活动造成水土流失所采取的预防和治理措施。水土保持工作实行预防为主、保护优先、全面规划、综合治理、因地制宜、突出重点、科学管理、注重效益的方针。

（5）《中华人民共和国防洪法》

《中华人民共和国防洪法》于 1997 年 8 月 9 日第八届全国人民代表大会常务委员会第二十七次会议通过，自 1998 年 1 月 1 日起施行。

《中华人民共和国防洪法》包括八章：总则（第一章）、防洪规划（第二章）、治理与防护（第三章）、防洪区和防洪工程设施的管理（第四章）、防汛抗洪（第五章）、保障措施（第六章）、法律责任（第七章）、附则（第八章）。《中华人民共和国防洪法》是为了防治洪水，防御、减轻洪涝灾害，维护人民的生命和财产安全，保障社会主义现代化建设顺利进行而制定的。防洪工作实行全面规划、统筹兼顾、预防为主，综合治理、局部利益服从全局利益的原则。

3. 由国务院制定的行政法规和法规性文件

由国务院制定的与水相关的行政法规和法规性文件内容涉及水利工程的建设和管理水污染防治、水量调度分配、防汛、水利经济和流域规划等众多方面。如《中华人民共和国河道管理条例》和《取水许可证制度实施办法》等，与各种综合、单项法律相比，国务院制定的这些行政法规和法规性文件更为具体、详细，操作性更强。

（1）《中华人民共和国河道管理条例》

《中华人民共和国河道管理条例》于 1988 年 6 月 3 日国务院第七次常务会议通过，从 1988 年 6 月 10 日起施行。

《中华人民共和国河道管理条例》包括七章：总则（第一章）、河道整治与建设（第二章）、河道保护（第三章）、河道清障（第四章）、经费（第五章）、罚则（第六章）、附则（第七章）。《中华人民共和国河道管理条例》是为加强河道管理，保障防洪安全，发挥江河湖泊的综合效益，根据《中华人民共和国水法》而制定的。《中华人民共和国河道管理条例》适用于中华人民共和国领域内的河道（包括湖泊、人工水道、行洪区、蓄洪区、滞洪区）。

（2）《取水许可证制度实施办法》

《取水许可证制度实施办法》于 1993 年 6 月 11 日国务院第五次常务会议通过，自 1993 年 9 月 1 日施行。

《取水许可证制度实施办法》（15）分为 38 条条款。《取水许可证制度实施办法》是为加强水资源管理，节约用水，促进水资源合理开发利用，根据《中华人民共和国水法》而制定的：《取水许可证制度实施办法》中的取水，是指利用水工程或者机械提水设施直接从江河、湖泊或者地下取水。一切取水单位和个人，除本办法第三条、第四条规定的情形外，都应当依照本办法申请取水许可证，并依照规定取水。水工程包括闸（不含船闸）、坝、跨河流的引水式水电站、渠道、人工河道、虹吸管等取水、引水工程。取用自来水厂等的水，不适用本办法。

《取水许可证制度实施办法》第三条，下列少量取水免予申请取水许可证：

1）为家庭生活、畜禽饮用取水的；

2）为农业灌溉少量取水的；

3）用人力、畜力或者其他方法少量取水的：少量取水的限额由省级人民政府规定。

《取水许可证制度实施办法》第四条，下列取水免予申请取水许可证：

A. 为农业抗旱应急必须取水的；

B. 为保障矿井等地下工程施工安全和生产安全必须取水的；

C. 为防御和消除对公共安全或者公共利益的危害必须取水的。

4. 由国务院所属部委制定的相关部门行政规章

由于中国水资源管理在很长的一段时间内实行的是分散管理的模式，因此，不同部门从各自管理范围、职责出发，制定了很多与水有关的行政规章，以环境保护部门和水利部门分别形成的两套规章系统为代表。环境保护部门侧重水质、水污染防治，主要是针对排放系统的管理，制定的相关行政规章有《环境标准管理》和《全国环境监测管理条例》等；水利部门侧重水资源的开发、利用，制定的相关行政规章有《取水许可申请审批程序规定》、《取水许可水质管理办法》和《取水许可监督管理办法》等。

5. 地方性法规和行政规章

中国水资源的时空分布存在很大差异，不同地区的水资源条件、面临的主要水资源问题，以及地区经济实力等都各不相同，因此，水资源管理需因地制宜地展开，各地方可指定与区域特点相符合、能够切实有效解决区域问题的法律法规和行政规章。目前中国已经颁布很多与水有关的地方性法规、省级政府规章及规范性文件。

6. 其他部门中相关的法律规范

水资源问题涉及社会生活的各个方面，其他部门中相关的法律规范也适用于水资源法律管理，如《中华人民共和国农业法》和《中华人民共和国土地法》中的相关法律规范。

7. 立法机关、司法机关的相关法律解释

立法机关、司法机关对以上各种法律、法规、规章、规范性文件做出的说明性文字，或是对实际执行过程中出现的问题解释、答复，也是水资源管理法规体系的组成部分。

8. 依法制定的各种相关标准

由行政机关根据立法机关的授权而制定和颁布的各种相关标准，是水资源管理法规体系的重要组成部分，如《地表水环境质量标准》《地下水质量标准》和《生活饮用水卫生标准》等。

第四节 水资源水量及水质管理

一、水资源水量管理

（一）水资源总量

水资源总量是地表水资源量和地下水资源量两者之和，这个总量应是扣除地表水与地下水重复量之后的地表水资源和地下水资源天然补给量的总和。由于地表水和地下水相互联系和相互转化，故在计算水资源总量时，需将地表水与地下水相互转化的重复水量扣除。

用多年平均河川径流量表示的中国水资源总量27115亿 m³，居世界第六位，仅次于巴西、俄罗斯、美国、印度尼西亚、加拿大，水资源总量比较丰富。

水资源总量中可能被消耗利用的部分称为水资源可利用量，包括地表水资源可利用量和地下水资源可利用量，水资源可利用量是指在可预见的时期内，在统筹考虑生活、生产和生态环境用水的基础上，通过经济合理、技术可行的措施，在当地水资源中可一次性利用的最大水量。

（二）水资源供需平衡管理

水是基础性的自然资源和战略性地经济资源，是生态环境的控制性要素。水资源的可持续利用，是城市乃至国家经济社会可持续发展极为重要的保证，也是维护人类环境极为重要的保证。中国人均、亩均占有水资源量少，水资源时空分布极为不均匀。特别是西北干旱、半干旱区，水资源是制约当地社会经济发展和生态环境改善的主要因素。

1.水资源供需平衡分析的意义

城市水资源供需平衡分析是指在一定范围内（行政、经济区域或流域）不同时期的可供水量和需水量的供求关系分析。其目的：一是通过可供水量和需水量的分析，弄清楚水资源总量的供需现状和存在的问题；二是通过不同时期、不同部门的供需平衡分析，预测未来了解水资源余缺的时空分布；三是针对水资源供需矛盾，进行开源节流的总体规划，明确水资源综合开发利用保护的主要目标和方向，以实现水资源的长期供求计划。因此，水资源供需平衡分析是国家和地方政府制定社会经济发展计划和保护生态环境必须进行的行动，也是进行水资源工程和节水工程建设，加强水资源、水质和水生态系统保护的重要依据。开展此项工作，有助于使水资源的开发利用获得最大的经济、社会和环境效益，满足社会经济发展对水量和水质日益增长的要求，同时在维护资源的自然功能，以及维护和改善生态环境的前提下，实现社会经济的可持续发展，使水资源承载力、水环境承载力互相协调。

2.水资源供需平衡分析的原则

水资源供需平衡分析涉及社会、经济、环境生态等方面，不管是从可供水量还是需水量方面分析，牵涉面广且关系复杂。因此，水资源供需平衡分析必须遵循以下原则：

（1）长期与近期相结合原则

水资源供需平衡分析实质上就是对水的供给和需求进行平衡计算。水资源的供与需不仅受自然条件的影响，更重要的是受人类活动的影响。在社会不断发展的今天，人类活动对供需关系的影响已经成为基本的因素，而这种影响又随着经济条件的不断改善而发生阶段性的变化。因此，在做水资源供需平衡分析时，必须有中长期的规划，做到未雨绸缪，不能临渴掘井。

在对水资源供需平衡做具体分析时，根据长期与近期原则，可以分成几个分析阶段：

1）现状水资源供需分析，即对近几年来本地区水资源实际供水、需水的平衡情况，以及在现有水资源设施和各部门需水的情况下，对本地区水资源的供需平衡情况进行分析；

2）今后五年内水资源供需分析，它是在现状水资源供需分析的基础上结合国民经济五年计划对供水与需求的变化情况进行供需分析；

3）今后10年或20年内水资源供需分析，这项工作必须紧密结合本地区的长远规划来考虑，同样也是本地区国民经济远景规划的组成部分。

（2）宏观与微观相结合原则

即大区域与小区域相结合，单一水源与多个水源相结合，单一用水部门与多个用水部门相结合。水资源具有区域分布不均匀的特点，在进行全省或全市（县）的水资源供需平衡分析时，往往以整个区域内的平衡值来计算，这就势必造成全局与局部矛盾。大区域内水资源平衡了，各小区域内可能有亏有盈。因此，在进行大区域的水资源供需平衡分析后，还必须进行小区域的供需平衡分析，只有这样才能反映各小区域的真实情况，从而提出切实可行的解决措施。

在进行水资源供需平衡分析时，除了对单一水源地（如水库、河闸和机井群）的供需平衡加以分析外，更应重视对多个水源地联合起来的供需平衡进行分析，这样可以最大限度地发挥各水源地的调解能力和提高供水保证率。

由于各用水部门对水资源的量与质的要求不同，对供水时间的要求也相差较大。因此在实践中许多水源是可以重复交叉使用的。例如，内河航运与养鱼、环境用水相结合，城市河湖用水、环境用水和工业冷却水相结合等。一个地区水资源利用得是否科学，重复用水量是一个很重要的指标。

因此，在进行水资供需平衡分析时，除考虑单一用水部门的特殊需要外，本地区各用水部门应综合起来统一考虑，否则往往会造成很大的损失。这对一个地区的供水部门尚未确定安置地点的情况尤为重要。这项工作完成后可以提出哪些部门设在上游，哪些部门设在下游，或哪些部门可以放在一起等合理的建议，为将来水资源合理调度创造条件。

（3）科技、经济、社会三位一体统一考虑原则

对现状或未来水资源供需平衡的分析都涉及技术和经济方面的问题、行业间的矛盾，以及省市之间的矛盾等社会问题。在解决实际的水资源供需不平衡的许多措施中，被采用

的可能是技术上合理，而经济上并不一定合理的措施；也可能是矛盾最小，但技术与经济上都不合理的措施。因此，在进行水资源供需平衡分析时，应统一考虑以下三种因素，即社会矛盾最小、技术与经济都比较合理，并且综合起来最为合理（对某一因素而言并不一定是最合理的）。

（4）水循环系统综合考虑原则

水循环系统指的是人类利用天然的水资源时所形成的社会循环系统。人类开发利用水资源经历三个系统：供水系统、用水系统、排水系统。这三个系统彼此联系、相互制约。从水源地取水，经过城市供水系统净化，提升至用水系统；经过使用后，受到某种程度的污染流入城市排水系统；经过污水处理厂处理后，一部分退至下游，一部分达到再生水回用的标准重新返回到供水系统中，或回到用户再利用，从而形成了水的社会循环。

3.水资源供需平衡分析的方法

水资源供需平衡分析必须根据一定的雨情、水情来进行，主要有两种分析方法：一种为系列法，一种为典型年法（或称代表年法）。系列法是按雨情，水情的历史系列资料进行逐年的供需平衡分析计算；而典型年法仅是根据有代表性的几个不同年份的雨情、水情进行分析计算，而不必逐年计算。这里必须强调，不管采用何种分析方法，所采用的基础数据（如水文系列资料、水文地质的有关参数等）的质量至关重要的，其将直接影响到供需分析成果的合理性和实用性。下面介绍两种方法：一种叫典型年法，另一种叫水资源系统动态模拟法（系列法的一种）。在了解两种分析方法之前，首先介绍一下供水量和需水量的计算与预测。

（1）可供水量的计算与预测

可供水量是指不同水平年、不同保证率或不同频率条件下通过工程设施可提供的符合一定标准的水量，包括区域内的地表水、地下水外流域的调水，污水处理回用和海水利用等。它有别于工程实际的供水量，也有别于工程最大的供水能力，不同水平年意味着计算可供水量时，要考虑现状近期和远景的几种发展水平的情况，是一种假设的来水条件。不同保证率或不同频率条件表示计算可供水量时，要考虑丰、平、枯几种不同的来水情况，保证率是指工程供水的保证程度（或破坏程度），可以通过系列调算法进行计算习得。频率一般表示来水的情况，在计算可供水量时，既表示要按来水系列选择代表年，也表示应用代表年法来计算可供水量。

可供水量的影响因素：

1）来水条件：由于水文现象的随机性，将来的来水是不能预知的，因而将来的可供水量是随不同水平年的来水变化及其年内的时空变化而变化。

2）用水条件：由于可供水量有别于天然水资源量，例如只有农业用户的河流引水工程，虽然可以长年引水，但非农业用水季节所引水量则没有用户，不能算为可供水量；又例如河道的冲淤用水、河道的生态用水，都会直接影响到河道外的直接供水的可供水量；河道上游的用水要求也直接影响到下游的可供水量。因此，可供水量是随用水特性、合理用水和节约用水等条件的不同而变化的。

3）工程条件：工程条件决定了供水系统的供水能力。现有工程参数的变化，不同的调度运行条件以及不同发展时期新增工程设施，都将决定不同的供水能力。

4）水质条件：可供水量是指符合一定使用标准的水量，不同用户有不同的标准。在供需分析中计算可供水量时要考虑到水质条。例如从多沙河流引水，高含沙量河水就不宜引用水；高矿化度地下水不宜开采用于灌溉；对于城市的被污染水、废污水在未经处理和论证时也不能算作可供水量。

总之，可供水量不同于天然水资源量，也等于可利用水资源量。一般情况下，可供水量小于天然水资源量，也小于可利用水源量。对于可供水量，要分类、分工程、分区逐项逐时段计算，最后还要汇总成全区域的总供水量。

（2）需水量的计算与预测

1）需水量概述

需水量可分为河道内用水和河道外用水两大类。河道内用水包括水力发电、航运、放牧、冲淤、环境、旅游等，主要利用河水的势能和生态功能，基本上不消耗水量或污染水质，属于非耗损性清洁用水。河道外用水包括生活需水量、工业需水量、农业需水量、生态环境需水量四种。

生活需水量是指为满足居民高质量生活所需要的用水量。生活需水量分为城市生活需水量和农村生活需水量，城市生活需水量是供给城市居民生活的用水量，包括居民家庭生活用水和市政公共用水两部分。居民家庭生活用水是指维持日常生活的家庭和个人需水，主要指饮用和洗涤等室内用水；市政公共用水包括饭店、学校、医院、商店、浴池、洗车场、公路冲洗、消防、公用厕所、污水处理厂等用水。农村生活需水量可分为农村家庭需水量、家养禽畜需水量等。

工业需水量是指在一定的工业生产水平下，为实现一定的工业生产产品量所需要的用水量。工业需水量分为城市工业需水量和农村工业需水量。城市工业需水量是供给城市工业企业的工业生产用水，一般是指工业企业生产过程中，用于制造、加工、冷却、空调、制造、净化、洗涤和其他方面的用水，也包括工业企业内工作人员的生活用水。

农业需水量是指在一定的灌溉技术条件下供给农业灌溉、保证农业生产产量所需要的用水量，主要取决于农作物品种、耕作与灌溉方法。农业需水量分为种植业需水量、畜牧业需水量、林果业需水量和渔业需水量。生态环境需水量是指为达到某种生态水平，并维持这种生态系统平衡所需要的用水量。

生态环境需水量由生态需水量和环境需水量两部分构成。生态需水量是达到某种生态水平或者维持某种生态系统平衡所需要的水量，包括维持天然植被所需水量、水土保持及水保范围外的林草植被建设所需水量以及保护水生物所需水量；环境需水量是为保护和改善人类居住环境及其水环境所需要的水量，包括改善用水水质所需水量、协调生态环境所需水量、回补地下水量、美化环境所需水量及休闲旅游所需水量等。

2）用水定额

用水定额是用水核算单元规定或核定的使用新鲜水的水量限额，即单位时间内，单位产品、单位面积或人均生活所需要的用水量。用水定额一般可分为生活用水定额、工业用水定额和农业用水定额三部分。核算单元，对于城市生活用水可以是人、床位、面积等，对于城市工业用水可以是某种单位产品、单位产值等，对于农业用水可以是灌溉面积、单位产量等。用水定额随社会、科技进步和国民经济发展而变化，经济发展水平、地域、城市规模工业结构、水资源重复利用率、供水条件、水价、生活水平、给排水及卫生设施条件、生活方式等，都是影响用水定额的主要因素。如生活用水定额随社会的发展、文化水平提高而逐渐提高。通常住房条件较好、给水设备较完善、居民生活水平相对较高的大城市，生活用水定额也较高。而工业用水定额和农业用水定额因科技进步而逐渐降低。

用水定额是计算与预测需水量的基础，需水量计算与预测的结果正确与否，与用水定额的选择有极大的关系，应该根据节水水平和社会经济的发展，通过综合分析和比较，确定适应地区水资源状况和社会经济特点的合理用水定额。

二、水资源水质管理

水体的水质标志着水体的物理（如色度、浊度、臭味等）、化学（无机物和有机物的含量）和生物（细菌、微生物、浮游生物，底栖生物）的特性及其组成的状况。在水文循环过程中，天然水水质会发生一系列复杂的变化，自然界中完全纯净的水是不存在的，水体的水质一方面决定于水体的天然水质，而更加重要的是随着人口和工农业的发展而导致的人为水质水体污染。因此，要对水资源的水质进行管理，通过调查水资源的污染源实行水质监测，进行水质调查和评价，制定有关法规和标准，制定水质规划等。

水资源水质管理的目标是注意维持地表水和地下水的水质是否达到国家规定的不同要求标准，特别是保证对饮用水源地不受污染，以及风景游览区和生活区水体不致发生富营养化和变臭。

水资源用途的广泛，不同用途对水资源的水质要求也不一致，为适用于各种供水目的，中国制定颁布了许多水质标准和行业标准，如《地表水环境质量标准》（GB3838-2002）《地下水质量标准》（GB/T14848-93）《生活饮用水卫生标准》（CB5749-2006）、《农业灌溉水质标准》（CB5084-92）和《污水综合排放标准》（GB8978-1996）等。

据有关部门统计，中国地下水环境并不乐观，近年来地下水污染问题日趋严重，中国北方丘陵山区及山前平原地区的地下水水质较好，中部平原地区地下水水质较差，滨海地区地下水水质最差，南方大部分地区的地下水水质较好，可直接作为饮用水饮用。中国约有7000万人仍在饮用不符合饮用水水质标准的地下水。

为解决这一问题，我国应积极推进：

1. 理顺水资源水质管理体制，加强水质管理机构建设

水资源管理包括地表水、地下水的开发、利用、治理、保护。长期以来，我国水资源管理体制是多部门（水利、电力、交通、城建、地矿、农业等）的分散管理。这种多部门管水、治水，使水资源人为分割，往往造成部门利益与全局利益难以协调的矛盾，而缺乏权威的统一管理机构使得水资源管理实际上处于无序状态。水资源管理既包括水量又包括水质，但我国一直没有设立统一的水质管理机构。1984 年我国《水污染防治法》规定，国家和地方环保部门对水污染防治实施监督；1998 年我国《水法》规定国务院水行政主管部门（水利部）负责全国水资源的统一管理工作。这就出现了环保和水利两个部门同时管理水质的问题，而水利部门的重水量调剂、供给，轻水质变化、保护的思想认识，使得其难以协调它与环保部门在水资源水量与水质上的矛盾，水质管理虚化、弱化。同时，我国城市供水和排水机构分立，其间的矛盾越来越突出。为此，国家须尽快理顺管理体制，建立有效的水资源、水质管理机构。体制改革可以考虑：

（1）由于水资源具有系统性、可恢复性、调节性的特点，对水资源、水质的管理必须打破地区、部门分割管理的格局，可实行水资源分片的水系、流域管理模式，即在国家水资源管理机构中设立流域管理分支机构，各流域分支机构根据流域水资源特点和社会经济发展需要，负责水资源开发、利用与保护的统一规划和管理；国家则主要负责水资源管理的法规政策制定及监督指导，协调处理各流域在水资源开发、利用与保护过程中的矛盾。

（2）目前，国际上有国际水质协会（IAW Q），美国 70 年代即成立了国家水质委员会（Natio nal Commission on Wa ter Quali-ty）。鉴于我国水质问题的严峻性，为强化水质管理，保证用水安全，可成立国家水质管理机构。

（3）城市给水与排水是水的社会循环中不可分割的统一体。目前我国城市给水与排水分立管理的模式必须摒弃，应该将两者合一，统筹管理。

2. 补充、完善法制法规

我国 1984 年颁布了《水污染防治法》，1998 年颁布了《水法》，此后还颁布了"取水许可证制度实施办法"、"排污费征收制度"等法律法规。但由于这些法律法规存在的缺陷，它们还不足以为我国水资源管理提供有力的法律保障。如《水法》中规定的"统一管理与分级、分部门管理相结合的制度"含义不清晰、对水资源开发利用与保护的规划实施及监督管理没有明确规定。自然界中的各种资源都是相互关联的，但我国所有水资源管理的法律法规中也没有说明水资源与其他自然资源开发利用与保护的关系。地表水和地下水为一个统一的有机整体，但我国目前还没有关于地下水的专门性法律，导致地下水资源管理混乱。地下水的无序、过度的不合理开采，不仅引发了地面沉降、土地荒漠、生态退化等一系列环境问题，而且直接影响到地表水的水量与水质的变化。

因此，水资源法律法规建设方面，一是要对已有法律法规的不明确的条款或各自间有抵触的内容进行修改、补充完善；二是要制定能协调各种自然资源开发、利用与保护过程矛盾的综合性法律；三是制定地下水开采、利用与保护的专门性法规；四是要建立适合各

流域水资源开发、利用与保护的政策法规；五是可考虑在《水污染防治法》的基础上，对水质问题专门立法。同时，要建立、健全一支有效的水行政执法、司法组织体系，保证水资源各项法规的落实与监督。

3. 修订、提高生活饮用水水质标准

目前我国实施的《生活饮用水卫生标准》是 1985 年颁布的，迄今没有变化。无论从要求检测水质项目数量，还是一些项目的要求标准，均与国际规范标准有较大差距。建设部颁布并于 2000 年 3 月 1 日实施的行业标准《饮用净水水质标准》（C J94-1999）为分质供水提供了规范，但适用面有限。在水源中有毒有害微污染物种类不断增加、人们对身体健康越来越关注，以及加入 WTO 的情况下，国家有关部门应在加强水源水质监测的基础上，根据我国实际，参照国际标准，尽快修订供水水质标准，并提出我国未来提高水质的目标计划，尽快与国际标准接轨。

4. 建立体现水质的经济价值的水价格调控体系

长期以来，我国的水价格政策一直是以国家补偿为主，水价过低，加之管理不善，造成了城市人均综合日用水量大（1998 年为 556.1L，高出欧美发达国家的 1 倍），产品产值单位用水量高，全民节水意识淡薄，水资源浪费严重。水的商品性和经济价值得不到充分体现。1998 年国家计委和建设部颁发的《城市供水价格管理办法》，提出了水价制定应使供水企业的净资产利润率达到 8% ~ 10% 的"合理盈利水平"，但我国供水企业全面亏损的现状表明（我国城市供水企业亏损总额逐年增加，1991 ~ 1997 年政府给市政公共供水企业补贴总额达 28.124 亿元；若计政府补贴，1997 年全国城市供水企业总亏损 12.28 亿元。），目前我国水价问题多而复杂，涉及供水企业成本回收、使用者对水质的不同需求及承受能力、水资源的保护与利用等多个方面，亟待研究解决。这既有认识问题，更有管理问题。首先，我国现实有 80% 的城市缺水，而水价却很低廉。水费在人们的生活费用中、工业企业的成本中占的比重极小，违背了市场经济投入产出的经济规律。其次，用水包括了水的供给和水排放，但我国目前的水价中只考虑了水的供给因素，没有体现污废水排放或污废水处理的费用。最根本的问题是，水价的过低，使城市难以做到以水养水，影响给水与排水工程的自身发展和水资源的可持续利用，饮用水的安全性得不到保障，最终的受害者将是使用者。

作为重要经济制约制手段的水价标准制定的不合理、完善，影响了我国水资源的有效管理，给我国水资源开发、利用与保护的多个方面带来了灾难性的后果。尽快制定并实施合理的水价政策和体系，已是当务之急。

5. 加强废水排放监督管理，提高废水处理、利用率

目前，我国污水处理率 15% 左右，每天约有 1 亿 t 未经处理的污水挟带有毒有害污染物倾泻于江河湖泊水体中。城市污水排放量的逐年增大和污水处理率的低下，是造成我国水环境质量普遍恶化的主要原因。受重供水轻排水思想长期影响，我国城市排水事业发展缓慢。虽然近年来我国城市市政公用污水处理能力增长较快，但其增幅远低于城市供水

能力的增长幅度。资金的不足和高昂的运转费用，又制约了排水设施的建设与发展。我国虽然制定了有关排水、污水处理的政策和制度，但目前仅有部分城市征收"污水处理费"，且收费额度远低于污水处理成本。"谁污染谁治理"不能有效约束排污者，"谁污染谁付费"又达不到合理的贯彻落实。同时，对"污水资源化"的认识不足，也导致了污水处理利用率低下。国内外的经验表明，污水经处理和深度净化后可转化为可用的水资源，而污水转换后的水资源的有效利用，不但可缓解用水紧张，同时也会减轻对水环境的污染，形成良性的用水循环。

三、水资源水量与水质统一管理

联合国教科文组织和世界气象组织共同制定的《水资源评价活动—国家评价手册》将水资源定义为：可以利用或有可能被利用的水源，具有足够的数量和可用的质量，并能在某一地点为满足某种用途而可被利用。从水资源的定义看，水资源包含水量和水质两个方面的含义，是"水量"和"水质"的有机结合，互为依存，缺一不可。

造成水资源短缺的因素有很多，其中两个主要因素是资源性缺水和水质性缺水，资源性缺水是指当地水资源总量少，不能适应经济发展的需要，形成供水紧张；水质性缺水是大量排放的废污水造成淡水资源受污染而短缺的现象。很多时候，水资源短缺并不是由于资源性缺水造成的，而是由于水污染，使水资源的水质达不到用水要求。

水体本身具有自净能力，只要进入水体的污染物的量不超过水体自净能力的范围，便不会对水体造成明显的影响，而水体的自净能力与水体的水量具有密切的关系，同等条件下，水体的水量越大，允许容纳的污染物的量就越多。

地球上的水体受太阳能的作用，不断地进行相互转换和周期性的循环过程。在水循环过程中，水不断地与其周围的介质发生复杂的物理和化学作用，从而形成自己的物理性质和化学成分，自然界中完全纯净的水是不存在的。

因此，进行水资源水量和水质管理时，需将水资源水量与水质进行统一管理，只单一的考虑水资源水量或者水质，都是不可取的。

第五节　水价管理

水资源管理措施可分为制度性和市场性两种手段，对于水资源的保护，制度性手段可限制不必要的用水，市场性手段是用价格刺激自愿保护，市场性管理就是应用价格的杠杆作用，调节水资源的供需关系，达到资源管理的目的。一个完善合理的水价体系是中国现代水权制度和水资源管理体制建设的必要保障。价格是价值的货币表现，研究水资源价格需要首先研究水资源价值。

一、水资源价值

1. 水资源价值论

水资源有无价值，国内外学术界有不同的解释。研究水资源是否具有价值的理论学说有劳动价值论、效用价值论、生态价值论和哲学价值论等，下面简要介绍劳动价值论与效用价值论。

（1）劳动价值论

马克思在其政治经济学理论中，把价值定义为抽象劳动的凝结，即物化在商品中的抽象劳动。价值量的大小决定于商品所消耗的社会必要劳动时间的多少，即在社会平均的劳动熟练程度和劳动强度下，制造某种使用价值所需的劳动时间。运用马克思的劳动价值论来考察水资源的价值，关键在于水资源是否凝结着人类的劳动。

对于水资源是否凝结着人类的劳动，存在两种观点：一种观点认为，自然状态下的水资源是自然界赋予的天然产物，不是人类创造的劳动产品，没有凝结着人类的劳动，因此，水资源不具有价值；另一种观点认为，随着时代的变迁，当今社会早已不是马克思所处的年代，在过去，水资源的可利用量相对比较充裕，不需要人们再付出具体劳动就会自我更新和恢复，因而在这一特定的历史条件下，水资源似乎是没有价值的。随着社会经济的高速发展，水资源短缺等问题日益严重，这表明水资源仅仅依靠自然界的自然再生产已不能满足人们日益增长的经济需求，我们必须付出一定的劳动参与水资源的再生产，水资源具有价值又正好符合劳动价值论的观点。上述两种观点都是从水资源是否物化人类的劳动为出发点展开论证，但得出的结论截然相反，究其原因，主要是劳动价值论是否适用于现代的水资源。随着时代的变迁和社会的发展与进步，仅仅单纯利用劳动价值论来解释水资源是否具有价值是有一定困难的。

（2）效用价值论

效用价值论是从物品满足人的欲望能力或人对物品效用的主观评价角度来解释价值及其形成过程的经济理论。物品的效用是物品能够满足人的欲望程度。价值则是人对物品满足人的欲望的主观估价。

效用价值论认为，一切生产活动都是创造效用的过程，然而人们获得效用却不一定非要通过生产来实现，效用不但可以通过大自然的赐予获得，而且人们的主观感觉也是效用的一个源泉。只要人们的某种欲望或需要得到了满足，人们就获得了某种效用。

边际效用论是效用价值论后期发展的产物，边际效用是指在不断增加某一消费品所取得一系列递减的效用中，最后一个单位所带来的效用。边际效用论主要包括四个观点：价值起源于效用，效用是形成价值的必要条件。又以物品的稀缺性为条件，效用和稀缺性是价值得以出现的充分条件；价值取决于边际效用量，即满足人的最后的即最小欲望的那一单位商品的效用；边际效用递减和边际效用均等规律，边际效用递减规律是指人们对某种物品的欲望程度随着享用的该物品数量的不断增加而递减，边际效用均等规律（也称边际效用均衡定律）是指不管几种欲望的最初绝对量如何，最终满足这些欲望的程度相同，才能使人们从中获得的总效用达到最大；效用量是由供给和需求之间的状况决定的，其大小与需求强度成正比例关系，物品价值最终由效用性和稀缺性共同决定。

根据效用价值理论，凡是有效用的物品都具有价值，很容易得出水资源具有价值。因为水资源是生命之源、文明的摇篮、社会发展的重要支撑和构成生态环境的基本要素，对人类具有巨大的效用。此外，水资源短缺已成为全球性问题，水资源满足既短缺又有用的条件。

根据效用价值理论，能够很容易得出水资源具有价值，但效用价值论也存在几个问题，如效用价值论与劳动价值论相对抗，将商品的价值混同于使用价值或物品的效用，效用价值论决定价值的尺度是效用。

2. 水资源价值的内涵

水资源价值可以利用劳动价值论、效用价值论、生态价值论和哲学价值论等进行研究和解释，但不管用哪种价值论来解释水资源价值，水资源价值的内涵主要表现在以下三个方面。

（1）稀缺性

稀缺性是资源价值的基础，也是市场形成的根本条件，只有稀缺的东西才会具有经济学意义上的价值，才会在市场上有价格。对水资源价值的认识，是随着人类社会的发展和水资源稀缺性的逐步提高（水资源供需关系的变化）而逐渐发展和形成的，水资源价值也存在从无到有、由低向高的演变过程。

资源价值首要体现的是其稀缺性，水资源具有时空分布不均匀的特点，水资源价值的大小也是其在不同地区不同时段稀缺性的体现。

（2）资源产权

产权是与物品或劳务相关的一系列权利和一组权利。产权是经济运行的基础，商品和劳务买卖的核心是产权的转让，产权是交易的基本先决条件。资源配置、经济效率和外部性问题都和产权密切相关。

从资源配置角度看，产权主要包括所有权、使用权、收益权和转让权。要实现资源的最优配置，转让权是关键。要体现水资源的价值，一个很重要的方面就是对其产权的体现。产权体现了所有者对其拥有的资源的一种权利，是规定使用权的一种法律手段。

中国宪法第一章第九条明确规定，水流等自然资源属于国家所有，禁止任何组织或者个人用任何手段侵占或者破坏自然资源。《中华人民共和国水法》第一章第三条明确规定，水资源属于国家所有，水资源的所有权由国务院代表国家行使；国家鼓励单位和个人依法开发、利用水资源，并保护其合法权益，开发、利用水资源的单位和个人有依法保护水资源的义务。

上述规定表明，国家对水资源拥有产权，任何单位和个人开发利用水资源，即是水资源使用权的转让，需要支付一定的费用，这是国家对水资源所有权的体现，这些费用也正是水资源开发利用过程中所有权及其所包含的其他一些权力（使用权等）的转让的体现。

（3）劳动价值

水资源价值中的劳动价值主要是指水资源所有者为了在水资源开发利用和交易中处于有利地位，需要通过水文监测、水资源规划和水资源保护等手段，对其拥有的水资源的数量和质量进行调查和管理，这些投入的劳动和资金，必然使得水资源拥有一部分劳动价值。

水资源价值中的劳动价值是区分天然水资源价值和已开发水资源价值的重要标志，如果水资源价值中含有劳动价值，则称其为已开发的水资源，反之，称其为尚未开发的水资源。尚未开发的水资源同样有稀缺性和资源产权形成的价值。

水资源价值的内涵包括稀缺性、资源产权和劳动价值三个方面。对于不同水资源类型来讲，水资源的价值所包含的内容会有所差异，比如对水资源丰富程度不同的地区来说，水资源稀缺性体现的价值就会不同。

3.水资源价值定价方法

水资源价值的定价方法包括影子价格法、市场定价法、补偿价格法、机会成本法、供求定价法、级差收益法和生产价格法等，下面简要介绍影子价格法、市场定价法、补偿价格法，机会成本法。

（1）影子价格法

影子价格法是通过自然资源对生产和劳务所带来收益的边际贡献来确定其影子价格，然后参照影子价格将其乘以某个价格系数来确定自然资源的实际价格。

（2）市场定价法

市场定价法是用自然资源产品的市场价格减去自然资源产品的单位成本，从而得到自然资源的价值。市场定价法适用于市场发育完全的条件。

（3）补偿价格法

补偿价格法是把人工投入增强自然资源再生、恢复和更新能力的耗费作为补偿费用来确定自然资源价值定价的方法。

（4）机会成本法

机会成本法是按自然资源使用过程中的社会效益及其关系，将失去的使用机会所创造的最大收益作为该资源被选用的机会成本。

二、水价

1.水价的概念与构成

水价是指水资源使用者使用单位水资源所付出的价格。

水价应该包括商品水的全部机会成本，水价的构成概括起来应该包括资源水价、工程水价和环境水价。目前多数发达国家都在实行这种机制。

资源水价、工程水价和环境水价的内涵如下：

（1）资源水价

资源水价即水资源价值或水资源费，资源水价是水资源的稀缺性、产权在经济上的实现形式。资源水价包括对水资源耗费的补偿；对水生态（如取水或调水引起的水生态变化）影响的补偿；为加强对短缺水资源的保护，促进技术开发，还应包括促进节水、保护水资源和海水淡化技术进步的投入。

（2）工程水价

工程水价是指通过具体的或抽象的物化劳动把资源水变成产品水，进入市场成为商品水所花费的代价，包括工程费（勘测、设计和施工等）、服务费（包括运行、经营、管理维护和修理等）和资本费（利息和折旧等）的代价。

（3）环境水价

环境水价是指经过使用的水体排出用户范围后污染了他人或公共的水环境，为污染治理和水环境保护所需要的代价。

资源水价作为取得水权的机会成本，受到蓄水结构和数量、供水结构和数量、用水效率和效益等因素的影响，在时间和空间上不断变化。工程水价和环境水价主要受取水工程和治污工程的成本影响，一般变化不大。

2. 水价制定原则

制定科学合理的水价，对加强水资源管理，促进节约用水和保障水资源可持续利用等具有重要意义。制定水价时应遵循以下四个原则：

（1）公平性和平等性原则

水资源是人类生存和社会发展的物质基础，而且水资源具有公共性的特点，任何人都享有用水的权利，水价的制定必须保证所有人都能公平和平等地享受用水的权利，此外，水价的制定还要考虑行业、地区以及城乡之间的差别。

（2）高效配置原则

水资源是稀缺资源，水价的制定必须重视水资源的高效配置，以充分发挥水资源的最大效益。

（3）成本回收原则

成本回收原则是指水资源的供给价格不应小于水资源的成本价格。成本回收原则是保证水经营单位正常运行，促进水投资单位投资积极性的一个重要举措。

（4）可持续发展原则

水资源的可持续利用是人类社会可持发展的基础，水价的制定，必须有利于水资源的可持续利用，因此，合理的水价应包含水资源开发利用的外部成本（如排污费或污水处理费等）。

3.水价实施种类

水价实施种类有单一计量水价、固定收费、二部制水价、季节水价、基本生活水价、阶梯式水价、水质水价、用途分类水价、峰谷水价、地下水保护价和浮动水价等。

第六节　水资源管理信息系统

一、信息化与信息化技术

1.信息化

信息化是指培养、发展以计算机为主的智能化工具为代表的新生产力，并使之造福于社会的历史过程（百度百科）。

2.信息化技术

信息化技术是以计算机为核心，包括网络、通信、3S技术。遥测、数据库、多媒体等技术的综合。

二、水资源管理信息化的必要性

水资源管理是一项涉及面广、信息量大和内容复杂的系统工程，水资源管理决策要科学、合理、及时和准确。水资源管理信息化的必要性包括以下几个方面：

1.水资源管理是一项复杂的水事行为，需要收集、储存和处理大量的水资源系统信息，传统的水资源管理方法难于济事，信息化技术在水资源管理中的应用，能够实现水资源信息系统管理的目标。

2.远距离水信息的快速传输，以及水资源管理各个业务数据的共享也需要现代网络或无线传输技术。

3.复杂的系统分析也离不开信息化技术的支撑，它需要对大量的信息进行及时和可靠的分析，特别是对于一些突发事件的实时处理，如洪水问题，就需要现代信息技术做出及时的决策。

4.对水资源管理进行实时的远程控制管理等也需要信息化技术的支撑。

三、水资源管理信息系统

1.水资源管理信息系统的概念

水资源管理信息系统是传统水资源管理方法与系统论、信息论、控制论和计算机技术的完美结合，它具有规范化、实时化和最优化管理的特点，是水资源管理水平的一个飞跃。

2.水资源管理信息系统的结构

水资源管理信息系统一般由数据库、模型库和人机交互系统三部分组成。

3.水资源管理信息系统的建设

（1）建设目标

水资源管理信息系统建设的具体目标：实时、准确地完成各类信息的收集、处理和存储；建立和开发水资源管理系统所需的各类数据库；建立适用于可持续发展目标下的水资源管理模型库；建立自动分析模块和人机交互系统；具有水资源管理方案提取及分析功能；能够实现远距离信息传输功能。

（2）建设原则

水资源管理信息系统是一项规模强大、结构复杂、功能强，涉及面广建设周期长的系统工程。为实现水资源管理信息系统的建设目标，水资源管理信息系统建设过程中应遵循以下八个原则：

实用性原则：系统各项功能的设计和开发必须紧密结合实际，能够运用于生产过程中，最大限度地满足水资源管理部门的业务需求。

先进性原则：系统在技术上要具有先进性（包括软硬件和网络环境等的先进性），确保系统具有较强的生命力，高效的数据处理与分析等能力。

简洁性原则：系统使用对象并非全都是计算机专业人员，故系统表现形式要简单直观、操作简便、界面友好、窗口清晰。

标准化原则：系统要强调结构化、模块化、标准化，特别是借口要标准统一，保证连接通畅，可以实现系统各模块之间、各系统之间的资源共享，保证系统的推广和应用。

灵活性原则：系统各功能模块之间能灵活实现相互转换；系统能随时为使用者提供所需的信息和动态管理决策。

开放性原则：系统采用开放式设计，不断补充和更新系统信息；具备与其他系统的数据和功能的兼容能力。

经济性原则：在保持实用性和先进性的基础上，以最小的投入获得最大的产出，如尽量选择性价比高的软硬件配置，降低数据维护成本，缩短开发周期，降低开发成本。

安全性原则：应当建立完善的系统安全防护机制，阻止非法用户的操作，保障合法用户能方便地访问数据和使用系统；系统要有足够的容错能力，保证数据的逻辑准确性和系统的可靠性。

第八章 水资源综合利用

第一节 水资源综合利用含义

水资源是一种特殊的资源，它对人类的生存和发展来讲是不可替代的。所以，对于水资源的利用，一定要注意水资源的综合性和永续性，也就是人们常说的水资源的综合利用和水资源的可持续利用。

1. 发展过程

人类从几千年以前就开始灌溉，但在历史上用水增长缓慢。20世纪以来，由于工农业迅速发展及人口急剧增长，用水量增加很快。人类开发利用水资源可分为两个阶段：

（1）单一目标开发，以需定供的自取阶段；

（2）多目标开发，以供定需、综合利用、强化管理的阶段。随着人类社会经济的发展和人口数量的增加，人们对各类用水的要求日益增长，1900年全世界人均年用水量约240m，至1980年已达850m。对有限水资源的供需矛盾日趋尖锐；而水资源开发的难度却越来越大，需求和代价越来越高。

因此，对水资源综合开发利用，须根据国民经济和社会发展的需要，参照国土整治和环境规划，在预测各类用水需求增长的基础上，制定水资源综合开发利用和保护规划，制订水的综合性长期供求计划，及与此相适应的水资源战略。

2. 基本原则

水是大气循环过程中可再生和动态的自然资源。应该对水资源进行多功能的综合利用和重复利用，以更好地取得社会、经济和环境的综合效益。

综合利用的基本原则是：

（1）开发利用水资源要兼顾防洪、除涝、供水、灌溉、水力发电、水运、竹木流放、水产、水上娱乐及生态环境等方面的需要，但要根据具体情况，对其中一种或数种有所侧重。

（2）兼顾上下游、地区和部门之间的利益，综合协调，合理分配水资源。

（3）生活用水优先于其他一切目的的用水，水质较好的地下水、地表水优先用于饮用水。合理安排工业用水，安排必要的农业用水，兼顾环境用水，以适应社会经济稳步增长。

（4）合理引用地表水和开采地下水，以保护水资源的持续利用，防止水源枯竭和地下水超采，防止灌水过量引起土壤盐渍化，防止对生态环境产生不利影响。

（5）有效保护和节约使用水资源，厉行计划用水，实行节约用水。

3. 全球背景

水资源具有随机性和时空分布的不均匀性。水资源丰富地区，会出现干旱；水资源贫乏地区，也可能发生洪涝。全世界年径流量中约三分之二为洪水，其余三分之一加上少量地下水约 $1.4 \times 10m$（平均每人 $3000m$）是可再生利用的淡水资源量。

全世界灌溉用水占总用水量约 70%，约有 17% 的粮田进行灌溉，所生产的粮食占全球总产量的 40%；工业用水为第二主要用户，主要用于电力、金属冶炼、化工、石油精炼、纸浆造纸及食品加工等。不少工业发达国家工业用水占总用水量 60% ~ 80%。

大多数发展中国家的工业用水比重小于 10%。全世界生活及城市用水占总用水量约 7%。有自来水供应的城市人均日用水量为 100 ~ 300L，最高可达 600L 以上。20 世纪以来，世界用水量迅速增长，供需矛盾日益突出，有不少国家和地区缺水。加上使用不合理，大量废水、污水排入水体，使许多淡水资源失去利用价值。

更多国家和地区，面临不同程度的缺水和其他水问题。为此，促进综合开发、利用与保护水资源，成为各国普遍重视的问题。

中国水资源利用是自中华人民共和国成立后，随着人口的增长和经济的发展，水资源的开发利用和防治水害经历了若干发展阶段。

至 80 年代初，已有水利工程设施的最大供水能力为 $4.7 \times 10m$，约占水资源总量的 16.8%。其中河川径流开发利用量 $4.1 \times 10m$，占河川径流量的 15.3%；地下水开采量为 $4.8 \times 10m$，浅层地下水利用率达 24.3%。全国总用水量约 $4.4 \times 10m$，其中城市生活用水占 1.5%，农业用水占 88%，工业用水占 10.5%。平均每人每年用水量为 $460m$，比世界人口平均年用水量的一半稍多。

进入 20 世纪 70 年代，在中国北方，水的供需矛盾日益突出，各种水问题日益暴露。主要表现在：水资源短缺的华北地区经济发展的用水增长超过当地水资源承受能力；废污水排放量增加，河流、湖泊水质急剧恶化，水环境质量明显下降；流域开发和治理中，对水资源综合利用注意不够，对航道、渔业和生态环境出现不利影响；已建水利工程老化，效能逐渐衰减。

水成为中国社会经济发展的制约因素。随着工农业的发展、人民生活水平提高和城镇发展，对水的需求从量和质方面仍要进一步增长。

4. 规划措施

为此，应当注意采取的措施是：

（1）制定流域水资源综合利用规划，作为开发利用水资源与防治水害活动的基本依据。综合规划应充分反映流域内水资源和其他自然资源，如土地、森林、矿产、野生动物等资源的开发与保护间的关系。

（2）节水或更有效地利用现有水源，通过综合科学技术、经济政策、行政立法、组织管理等措施予以实现。

建设一个稳定、可靠的城乡供水系统，扩大可靠水源，除筑坝蓄水、跨流域引水或开采地下水外，并考虑其他非常规扩大水源措施，如直接利用海水或海水淡化利用，污水处理再生利用，人工降雨等。

（3）控制污染、加强防治，努力保护和提高水环境质量。

（4）采取工程措施和非工程措施，运用社会、经济、技术和行政手段，加强调度、保障防洪安全。

提高水资源管理水平，加强法制建设，从法律上保证水资源的科学、合理开发和综合利用。

第二节　水力发电

水力发电，研究将水能转换为电能的工程建设和生产运行等技术经济问题的科学技术。水力发电利用的水能主要是蕴藏于水体中的位能。为实现将水能转换为电能，需要兴建不同类型的水电站。

1. 原理

水力发电的基本原理是利用水位落差，配合水轮发电机产生电力，也就是利用水的位能转为水轮的机械能，再以机械能推动发电机，而得到电力。科学家们以此水位落差的天然条件，有效的利用流力工程及机械物理等，精心搭配以达到最高的发电量，供人们使用廉价又无污染的电力。

而低位水通过吸收阳光进行水循环分布在地球各处，从而恢复高位水源。

1882 年，首先记载应用水力发电的地方是美国威斯康辛州。到如今，水力发电的规模从第三世界乡间所用几十瓦的微小型，到大城市供电用几百万瓦的都有。

2. 环境影响

水利发电所带来的环境影响

（1）地理方面：巨大的水库可能引起地表的活动，甚至诱发地震。此外，还会引起流域水文上的改变，如下游水位降低或来自上游的泥沙减少等。水库建成后，由于蒸发量大，气候凉爽且较稳定，降雨量减少。

（2）生物方面：对陆生动物而言，水库建成后，可能会造成大量的野生动植物被淹没死亡，甚至全部灭绝。对水生动物而言，水库建成后，由于上游生态环境的改变，会使鱼类受到影响，导致灭绝或种群数量减少。

同时，由于上游水域面积的扩大，使某些生物（如钉螺）的栖息地点增加，为一些地区性疾病（如血吸虫病）的蔓延创造了条件。

（3）物理化学性质方面：流入和流出水库的水在颜色和气味等物理化学性质方面发生改变，而且水库中各层水的密度、温度、甚至溶解度等有所不同。深层水的水温低，而且沉积库底的有机物不能充分氧化，水体的二氧化碳含量明显增加。

世界上已建的绝大多数水电站都属于利用河川天然落差和流量而修建的常规水电站。这种水电站按对天然水流的利用方式和调节能力分为径流式和蓄水式两种；按开发方式又可分为坝式水电站、引水式水电站和坝—引水混合式水电站。抽水蓄能电站是20世纪60年代以来发展较快的一种水电站。而潮汐电站由于造价昂贵，尚未能大规模开发利用。其他形式的水力发电，如利用波浪能发电尚处于试验研究阶段。

为实现不同类型的水电开发，需要使用水文、地质、水工建筑物、水力机械、电器装置、水利勘测、水利规划、水利工程施工、水利管理、水利经济学和电网运行等方面的知识，对下列方面进行研究。

3. 规划

水力发电是水资源综合开发、治理、利用系统的一个组成部分。因此，在进行水电工程规划时要从水资源的充分利用和河流的全面规划综合考虑发电、防洪、灌溉、通航、漂木、供水、水产养殖、旅游等各方面的需要，统筹兼顾，尽可能充分满足各有关方面的要求，取得最大的国民经济效益。水力资源又属于电力能源之一，进行电力规划时，也要根据能源条件统一规划。在水力资源比较充沛的地区，宜优先开发水电，充分利用再生性能源，以节约宝贵的煤炭、石油等资源。水力发电与火力发电为当今两种主要发电方式，在同时具备此两种方式的电力系统中，应发挥各自的特性，以取得系统最佳经济效益。一般火力发电宜承担电力系统负荷平稳部分（或称基荷部分），使其尽量在高效工况下运行，可节省系统燃料消耗，有利安全、经济运行；水力发电由于开机、停机比较灵活，宜于承担电力系统的负荷变动部分，包括尖峰负荷及事故备用等。水力发电亦适宜为电力系统担任调频和调相等任务。

4. 建筑物

水电站建筑物包括：为形成水库需要的挡水建筑物，如坝、水闸等；排泄多余水量的泄水建筑物，如溢洪道、溢流坝、泄水孔等；为发电取水的进水口；由进水口至水轮机的水电站引水建筑物；为平稳引水建筑物的流量和压力变化而设置的水平建筑物（见调压室、前池）以及水电站厂房、尾水道、水电站升压开关站等。对这些建筑物的性能、适用条件、结构和构造的形式、设计、计算和施工技术等都要进行细致研究。

水轮机和水轮发电机是基本设备。为保证安全经济运行，在厂房内还配置有相应的机械、电气设备，如水轮机调速器、油压装置、励磁设备、低压开关、自动化操作和保护系统等。在水电站升压开关站内主要设升压变压器、高压配电开关装置、互感器、避雷器等以接受和分配电能。通过输电线路及降压变电站将电能最终送至用户。这些设备要求安全可靠，经济适用，效率高。为此，对设计和施工、安装都要精心研究。

运行管理，水电站运行除自身条件如水道参数、水库特性外，与电网调度有密切联系，应尽量使水电站水库保持较高水位，减少弃水，使水电站的发电量最大或电力系统燃料消耗最少，以求得电网经济效益最高为目标。对有防洪或其他用水任务的水电站水库，还应进行防洪调度及按时供水等，合理安排防洪和兴利库容，综合满足有关部门的基本要求，建立水库最优运行方式。当电网中有一群水库时，要充分考虑水库群的相互补偿效益。（见水电站运行调度）

5. 效益评价

水力发电向电网及用户供电所取得的财务收入为其直接经济效益，但还有非财务收入的间接效益和社会效益。欧美一些国家实行多种电价制，如按照一天不同时间、一年不同季节计算电能电价，在事故情况下紧急供电的不同电价，按千瓦容量收取费用的电价等。长期以来中国实行按电量计费的单一电价，但水力发电除发出电能外还能承担电网的调峰、调频、调相、事故（旋转）备用，带来整个电网运行的经济效益；水电站水库除提供发电用水外，并发挥综合利用效益。因此在进行水力发电建设时，须从国民经济全局考虑，阐明经济效益，进行国民经济评价。

6. 特点编辑

（1）能源的再生性。由于水流按照一定的水文周期不断循环，从不间断，因此水力资源是一种再生能源。所以水力发电的能源供应只有丰水年份和枯水年份的差别，而不会出现能源枯竭问题。但当遇到特别的枯水年份，水电站的正常供电可能会因能源供应不足而遭到破坏，水力供电量大为降低。

（2）发电成本低。水力发电只是利用水流所携带的能量，无须再消耗其他动力资源。而且上一级电站使用过的水流仍可为下一级电站利用。另外，由于水电站的设备比较简单，其检修、维护费用也较同容量的火电厂低得多。如计及燃料消耗在内，火电厂的年运行费用约为同容量水电站的 10 倍至 15 倍。因此水力发电的成本较低，可以提供廉价的电能。

（3）高效而灵活。水力发电主要动力设备的水轮发电机组，不仅效率较高，而且启动、操作灵活。它可以在几分钟内从静止状态迅速启动投入运行；在几秒钟内完成增减负荷的任务，适应电力负荷变化的需要，而且不会造成能源损失。因此，利用水电承担电力系统的调峰、调频、负荷备用和事故备用等任务，可以提高整个系统的经济效益。

（4）工程效益的综合性。由于筑坝拦水形成了水面辽阔的人工湖泊，控制了水流，因此兴建水电站一般都兼有防洪、灌溉、航运、给水以及旅游等多种效益。另一方面，建设水电站后，也可能出现泥沙淤积，淹没良田、森林和古迹等，库区附近可能造成疾病传染，建设大坝还可能影响鱼类的生活和繁衍，库区周围地下水位大大提高会对其边缘的果树、作物生长产生不良影响。大型水电站建设还可能影响流域的气候，导致干旱或洪水。特别是大型水库有诱发地震的可能。因此在地震活动地区兴建大型水电站必须对坝体、坝肩及两岸岩石的抗震能力进行研究和模拟试验，予以充分论证。这些都是水电开发所要研究的问题。

（5）一次性投资大。兴建水电站土石方和混凝土工程巨大；而且会造成相当大的淹没损失，须支付巨额移民安置费用；工期也较火电厂建设为长，影响建设资金周转。即使由各受益部门分摊水利工程的部分投资，水电的单位千瓦投资也比火电高出很多。但在以后运行中，年运行费的节省逐年抵偿。最大允许抵偿年限与国家的发展水平和能源政策有关。抵偿年限小于允许值，则认为增加水电站的装机容量是合理的。

7. 分类

按照水源的性质，可分为：常规水电站，即利用天然河流、湖泊等水源发电。

抽水蓄能电站，利用电网负荷低谷时多余的电力，将低处下水库的水抽到高处上存蓄，待电网负荷高峰时放水发电，尾水收集于下水库。

按水电站的开发水头手段，可分为：

坝式水电站、引水式水电站和混合式水电站三种基本类型。

按水电站利用水头的大小，可分为：

高水头（70 米以上）、中水头（15-70 米）和低水头（低于 15 米）水电站。

按水电站装机容量的大小，可分为：

大型、中型和小型水电站。一般装机容量 5 000kW 以下的为小水电站，5 000 至 10 万 kW 为中型水电站，10 万 kW 或以上为大型水电站，或巨型水电站。

第三节　防洪与治涝

一、防洪

（一）洪水与洪水灾害

洪水是一种峰高量大、水位急剧上涨的自然现象。洪水一般包括江河洪水、城市暴雨洪水海滨河口的风暴潮洪水、山洪、凌汛等。就发生的范围、强度、频次、对人类的威胁性而言，中国大部分地区以暴雨洪水为主。天气系统的变化是造成暴雨进而引发洪水的直接原因，而流域下垫面特征和兴修水利工程可间接或直接地影响洪水特征。洪水的变化具有周期性和随机性。洪水对环境系统产生了有利或不利影响，即洪水与其存在的环境系统相互作用着。河道适时行洪可以延缓某些地区植被过快地侵占河槽，抑制某些水生植物过度有害生长，并为鱼类提供很好的产卵基地；洪水周期性地淹没河流两岸的岸边地带和洪泛区，为陆生植物群落生长提供水源和养料；为动物群落提供很好的觅食、隐蔽和繁衍栖息场所和生活环境；洪水携带泥沙淤积在下游河滩地，可造就富饶的冲积平原。

洪水所产生的不利后果是对自然环境系统和社会经济系统产生严重冲击，破坏自然生态系统的完整性和稳定性。洪水淹没河滩，突破堤防，淹没农田、房屋，毁坏社会基础设施，造成财产损失和人畜伤亡，对人群健康、文化环境造成破坏性影响，甚至干扰社会的正常运行。由于社会经济的发展，洪水的不利作用或危害已远远超过其有益的一面，洪水灾害成为社会关注的焦点之一。

洪水给人类正常生活、生产活动和发展带来的损失和祸患称为洪灾。

（二）洪水防治

洪水是否成灾，取决于河床及堤防的状况。如果河床泄洪能力强，堤防坚固，即使洪水较大，也不会泛滥成灾；反之，若河床浅窄、曲折，泥沙淤塞，堤防残破等，使安全泄量（即在河水不发生漫溢或堤防不发生溃决的前提下，河床所能安全通过的最大流量）变得较小，则遇到一般洪水也有可能漫溢或决堤。所以，洪水成灾是由于洪峰流量超过河床的安全泄量，因而泛滥（或决堤）成灾。由此可见，防洪的主要任务是按照规定的防洪标准，因地制宜地采用恰当的工程措施，以削减洪峰流量，或者加大河床的过水能力，保证安全度汛。防洪措施主要可分为工程措施和非工程措施两大类。

1. 工程措施

防洪工程措施或工程防洪系统，一般包括以下几个方面：

（1）增大河道泄洪能力。包括沿河筑堤、整治河道、加宽河床断面、人工截弯取直和消除河滩障碍等措施。当防御的洪水标准不高时，这些措施是历史上迄今仍常用的防洪措施，也是流域防洪措施中常常不可缺少的组成部分。这些措施旨在增大河道排泄能力（如加大泄洪流量），但无法控制洪量并加以利用。

（2）拦蓄洪水控制泄量。主要是依靠在防护区上游筑坝建库而形成的多水库防洪工程系统，也是当前流域防洪系统的重要组成部分。水库拦洪蓄水，一可削减下游洪峰洪量，免受洪水威胁；二可蓄洪补枯，提高水资源综合利用水平，是将防洪和兴利相结合的有效工程措施。

（3）分洪、滞洪与蓄洪。分洪、滞洪与蓄洪三种措施的目的都是为了减少某一河段的洪峰流量，使其控制在河床安全泄量以下。分洪是在过水能力不足的河段上游适当修建分洪闸，开挖分洪水道（又称减河），将超过本河段安全泄量的那部分洪水引走。分洪水道有时可兼做航运或灌溉的渠道。滞洪是利用水库、湖泊、洼地等，暂时滞留一部分洪水，以削减洪峰流量。等洪峰过去后，再腾空滞洪容积迎接下次洪峰。蓄洪则是蓄留一部分或全部洪水水量。待枯水期供给兴利部门使用。

2. 非工程措施

（1）蓄滞洪（行洪）区的土地合理利用。根据自然地理条件，对蓄滞洪（行洪）区土地、生产、产业结构、人民生活居住条件进行全面规划，合理布局，不仅可以直接减轻当地的洪灾损失，而且可取得行洪通畅，减缓下游洪水灾害之利。

（2）建立洪水预报和报警系统。洪水预报是根据前期和现时的水文，气象等信息，揭示和预测洪水的发生及其变化过程的应用科学技术。它是防洪非工程措施的重要内容之一，直接为防汛抢险、水资源合理利用与保护、水利工程建设和调度运用管理及工农业的安全生产服务。

设立预报和报警系统，是防御洪水、减少洪灾造成损失的前哨工作。根据预报可在洪水来临前疏散人口、财物，做好抗洪抢险准备，以避免或减少重大的洪灾损失。

（3）洪水保险。洪水保险不能减少洪水泛滥而造成的洪灾损失，但可将一次性大洪水损失转化为平时缴纳保险金，从而减缓因洪灾引起的经济波动和社会不安等现象。

（4）抗洪抢险。抗洪抢险也是为了减轻洪泛区灾害损失的一种防洪措施。其中包括洪水来临前采取的紧急措施，洪水期中险工抢修和堤防监护，洪水后的清理和救灾（如发生时）善后工作。这项措施要与预报、报警和抢险材料的准备工作等联系在一起。

（5）修建村台、躲水楼、安全台等设施。在低洼的居民区修建村台、躲水楼、安全台等设施，作为居民临时躲水的安全场所，从而保证居民人身安全和减少财物损失。

（6）水土保持。在河流流域内，开展水土保持工作，增强浅层土壤的蓄水能力，可以延缓地面径流，减轻水土流失，削减河道洪峰洪量和含沙量。这种措施减缓中等雨洪型洪水的作用非常显著；对于高强度的暴雨洪水，虽作用减弱，但仍有减缓洪峰过分集中之效。

（三）现代防洪保障体系

工程措施和非工程措施是人们减少洪水灾害的两类不同途径。过去，人们将消除洪水灾害寄托于防洪工程，但实践证明，仅仅依靠工程手段不能完全解决洪水灾害问题。非工程措施是工程措施不可缺少的辅助措施。防洪工程措施、非工程措施、生态措施、社会保障措施相协调的防洪体系即现代防洪保障体系，具有明显的综合效果。因此，需要建立现代防洪减灾保障体系，以减少洪灾损失、降低洪水风险。具体地说，必须做好以下几方面的工作：

（1）做好全流域的防洪规划，加强防洪工程建设。流域的防洪应从整体出发，做好全流域的防洪规划，正确处理流域干支流上下游，中心城市以及防洪的局部利益与整体利益的关系；正确处理需要与可能、近期与远景、防洪与兴利等各方面的关系。在整体规划的基础上，加强防洪工程建设，根据国力分期实施，逐步提高防洪标准。

（2）做好防洪预报调度，充分发挥现有防洪措施的作用，加强防洪调度指挥系统建设。

（3）重视水土保持等生态措施，加强生态环境治理。

（4）重视洪灾保险及社会保障体系的建设。

（5）加强防洪法规建设。

（6）加强宣传教育，提高全民的环境意识及防洪减灾意识。

二、治涝

形成涝灾的因素有以下两点：

第一，因降水集中，地面径流集聚在盆地，平原或沿江沿湖洼地，积水过多或地下水位过高。

第二，积水区排水系统不健全，或因外河外湖洪水顶托倒灌，使积水不能及时排出，或者地下水位不能及时降低。

上述两方面合并起来就会妨碍农作物的正常生长，以致农作物减产或失收，或者使工矿区、城市淹水而妨碍正常生产和人民正常生活，这就成为涝灾。因此必须治涝。治涝的任务是尽量阻止易涝地区以外的山洪、坡水等向本区汇集，并防御外河。外湖洪水倒灌；健全排水系统，使能及时排除暴雨范围内的雨水，并尽快降低地下水位；治涝的工程措施主要有修筑围堤和堵支联圩，开渠撇洪和整修排水系统。

1. 修筑围提和堵支联圩

修围堤用于防护洼地，以免外水入侵，所圈围的低洼田地称为圩或垸。有些地区圩、垸划分过小，港汊交错，不利于防汛，排涝能力也分散、薄弱。最好并小圩为大圩堵塞小沟支汊，整修和加固外围大堤，并整理排水渠系，以加强防汛排涝能力，称为"堵支联圩"。必须指出，有些河湖滩地在枯水季节或干旱年份，可以耕种一季农作物，不宜筑围堤防护。若筑围堤，必然妨碍防洪，有可能导致大范围的洪灾损失，因小失大。若已筑有围堤，应按统一规划，从大局出发，"拆堤还滩""废田还湖"。2. 开渠撇洪

开渠即沿山麓开渠，拦截地面径流，引入外河、外湖或水库，不使向圩区汇集。若修筑围堤配合，常可收良效。并且，撇洪入水库可以扩大水库水源，有利于提高兴利效益。当条件合适时，还可以和灌溉措施中的长藤结瓜水利系统以及水力发电的集水网道开发方式进行结合。

3. 整修排水系统

整修排水系统包括整修排水沟渠栅和水闸，必要时还包括排涝泵站。排水干渠可兼航运水道，排涝泵站有时也可兼作灌溉泵站使用。

治涝标准由国家统一规定，通常表示为不大于某一频率的暴雨时不成涝灾。

第四节　灌溉

水资源开发利用中，人类首先是用水灌溉农田。灌溉是耗水大户，也是浪费水及可节约水的大户。我国历来将灌溉农业的发展看成是一项安邦治国的基本国策。随着可利用水资源的日趋紧张，重视灌水新技术的研究，探索节水、节能。节劳力的灌水方法，制订经济用水的灌溉制度，加强灌溉水资源的合理利用，已成为水资源综合开发中的重要环节。

一、作物需水量

农作物的生长需要保持适宜的农田水分。农田水分消耗主要有植株蒸腾，株间蒸发和深层渗漏。植株蒸腾是指作物根系从土壤中吸入体内的水分，通过叶面气孔蒸散到大气中的现象；株间蒸发是指植株间土壤或田面的水分蒸发；深层渗漏是指土壤水分超过田间持水量，向根系吸水层以下土层的渗漏，水稻田的渗漏也称田间渗漏。通常把植株蒸腾和株

间蒸发的水量合称为作物需水量。作物各阶段需水量的总和,即为作物全生育期的需水量。水稻田常将田间渗漏量计入需水量之内,并称为田间耗水量。

作物需水量可由试验观测数据提供。在缺乏试验资料时,一般通过经验公式估算作物需水量。作物需水量受气象、土壤作物特性等因素的影响,其中以气象因素和土壤含水率的影响最为显著。

二、作物的灌溉制度

灌溉是人工补充土壤水分,以改善作物生长条件的技术措施。作物灌溉制度,是指在一定的气候、土壤、地下水位、农业技术、灌水技术等条件下,对作物播种(或插秧)前至全生育期内所制订的一整套田间灌水方案。它是使作物生育期保持最好的生长状态,达到高产、稳产及节约用水的保证条件,是进行灌区规划、设计、管理、编制和执行灌区用水计划的重要依据及基本资料。灌溉制度包括灌水次数、每次灌水时间、灌水定额、灌溉定额等内容。灌水定额是指作物在生长发育期间单位面积上的一次灌水量。作物全生育期,需要多次灌水,单位面积上各次灌水定额的总和为灌溉定额。两者单位皆用 m²/m³ 或用灌溉水深 mm 表示。灌水时间指每次灌水比较合适的起讫日期。

不同作物有不同的灌溉制度。例如:水稻一般采用淹灌,田面持有一定的水层,水不断向深层渗漏,蒸发蒸腾量大,需要灌水的次数多,灌溉定额大;旱作物只需在土壤中有适宜的水分,土壤含水量低,一般不产生深层渗漏,蒸发耗水少,灌水次数也少,灌溉定额小。同一作物在不同地区和不同的自然条件下,有不同的灌溉制度,如稻田在土质黏重、地势低洼地区,渗漏量小,耗水少;在土质轻、地势高的地区,渗漏量和耗水量都较大。对于某一灌区来说,气候是灌溉制度差异的决定因素。因此,不同年份,灌溉制度也不同。干旱年份,降水少,耗水大,需要灌溉次数也多,灌溉定额大;湿润年份相反,甚至不需要人工灌溉。为满足作物不同年份的用水需要,一般根据群众丰产经验及灌溉试验资料,分析总结制订出几个典型年(特殊干旱年、干旱年、一般年、湿润年等)的灌溉制度,用以指导淮区的计划用水工作。灌溉方法不同,灌溉制度也不同。如喷灌、滴灌的水量损失小,渗漏小,灌溉定额小。

制订灌溉制度时,必须从当地、当年的具体情况出发进行分析研究,统筹考虑。因此,灌水定额、灌水时间并不能完全由事先拟定的灌溉制度决定。如雨期前缺水,可取用小定额灌水;霜冻或干热危害时应提前灌水;大风时可推迟灌水,避免引起作物倒伏等。作物生长需水关键时期要及时灌水,其他时期可据水源等情况灵活执行灌溉制度。我国制订灌溉制度的途径和方法有以下几种:第一种是根据当地群众丰产灌溉实践经验进行分析总结制订,群众的宝贵经验对确定灌水时间、灌水次数、稻田的灌水深度等都有很大参考价值,但对确定旱作物的灌水定额,尤其是在考虑水文年份对灌溉的影响等方面,只能提供大致的范围;第二种是根据灌溉试验资料制订灌溉制度,灌溉试验成果虽然具有一定的局限性,但在地下水利用量、稻田渗漏量，作物日需水量、降雨有效利用系数等方面，可以提供准确的资料；第三种是通过农田水量平衡原理分析计算制订灌溉制度，这种方法有一定的理论依据和比较清楚的概念，但必须在前两种方法提供资料的基础上，才能得到比较可靠的成果。生产实践中，通常将三种方法同时并用，相互参照，最后确定出切实可行的灌溉制度，作为灌区规划设计用水管理工作的依据。

三、灌溉用水量

灌溉用水按其目的可分为播前灌溉、生育期灌溉、储水灌溉（提前储存水量）、培肥灌溉，调温灌溉、冲淋灌溉等。灌溉目的不同，灌溉用水的特点也不同。一般情况下，灌溉用水应满足水量、水质、水温、水位等方面的要求。水量方面，应满足各种作物、各生育阶段对灌溉用水量的要求。水质方面，水流中的含沙量与含盐量，应低于作物正常生长的允许值（粒径大于 0.1~0.15mm 的泥沙，不得入田；含盐量超过 2g/L 的水以及其他不合格的水，不得作灌溉用水）。水温方面，应不低于作物正常生长的允许值。水位方面，应尽量保证灌溉时需要的控制高程。

灌溉用水量是指灌溉农田从水源获取的水量，以 m³ 计，分净灌溉用水量（作物正常生长所需灌溉的水量）和毛灌溉用水量（从渠首取用的灌溉用水量，包括净灌溉用水量及沿程渠系到田间的各种损失水量），分别用符号 $M_净$ 及 $M_毛$ 表示。两者的比值 $M_净/M_毛$ 为灌溉水有效利用系数水。一种作物某次灌水的净灌溉用水量 $M_{净i}$ 可用下式估算：

$$M_{净i}=M_iA_i$$

式中，M_i——作物 i 某次灌水定额，m³/m²；

A_i——作物 i 灌水面积，m²；

$M_{净i}$——作物 i 某次灌水的净灌溉用水量，m³。

灌区某次灌水的净灌溉用水量，应为灌区某次灌水的各种作物的净灌溉用水量之和。

灌区灌水的净灌溉用水量，应为灌区各种作物在一年内各次灌水的净灌溉用水量之和。净灌溉用水量，计入水量损失后，即为毛灌溉用水量。

四、灌溉技术及灌溉措施

灌溉技术是在一定的灌溉措施条件下，能适时、适量，均匀灌水，并能省水、省工、节能，使农作物达到增产目的而采取的一系列技术措施。灌溉技术的内容很多，除各种灌溉措施有各种相应的灌溉技术外，还可分为节水节能技术、增产技术。在节水节能技术中，有工程方面和非工程方面的技术，其中非工程技术又包括灌溉管理技术和作物改良方面的技术等。灌溉措施是指向田间灌水的方式，即灌水方法，有地面灌溉、地下灌溉、喷灌、滴灌等。

1. 地面灌溉

地面灌溉是指水由高向低沿着田面流动，借水的重力及土壤毛细管作用，湿润土壤的灌水方法，是世界上最早最普通的灌水方法。按田间工程及湿润土壤方式的不同，地面灌溉又分畦灌、沟灌、淹灌、漫灌等。漫灌即田面不修畦、沟、埂，任水漫流，是一种不科学的灌水方法。主要缺点是灌地不匀，严重破坏土壤结构，浪费水量，抬高地下水位，易使土壤盐碱化、沼泽化。非特殊情况应尽量少用。地面灌溉具有投资少、技术简单、节省能源等优点，目前世界上许多国家仍然很重视地面灌溉技术的研究。我国98%以上的灌溉面积采用地面灌溉。

2. 地下灌溉

地下灌溉又叫渗灌、浸润灌溉，是将灌溉水引入埋设在田间地下耕作层下的暗管，通过管壁孔隙渗入土壤，借毛细管作用由下而上湿润耕作层。

如 t 地下灌溉具有以下优点：能使土壤基本处于非饱和状态，使土壤湿润均匀，湿度适宜，因此土壤结构疏松、通气良好，不产生土壤板结，并且能经常保持良好的水、肥气热状态，使作物处于良好的生育环境；能减少地面蒸发，节约用水；便于灌水与田间作业同时进行，灌水工作简单等。其缺点是：表层土壤湿润较差，造价较高，易淤塞，检修维护工作不便。因此，此法适用于灌溉干旱缺水地区的作物。

3. 喷灌

喷灌是利用专门设备，把水流喷射到空中，散成水滴洒落到地面，如降雨般地湿润土壤的灌水方法。一般由水源工程、动力机械、水泵、管道系统喷头等组成，统称喷灌系统。喷灌具有以下优点：可灵活控制喷洒水量；不会破坏土壤结构，还能冲洗作物茎叶上的尘土，利于光合作用；能节水、增产、省劳力、省土地，还可防霜冻、降温；可结合化肥、农药等同时使用。其主要缺点是：设备投资较高，需要消耗动力；喷灌时受风力影响，喷洒不均。喷灌适用于各种地形、各种作物。

4. 滴灌

滴灌是利用低压管道系统将水或含有化肥的水溶液一滴一滴地均匀地、缓慢地滴入作物根部土壤，是维持作物主要根系分布区最适宜的土壤水分状况的灌水方法。滴灌系统一般由水源工程、动力机、水泵、管道、滴头及过滤器、肥料等组成。

滴灌的主要优点是节水性能很好。灌溉时用管道输水，洒水时只湿润作物根部附近土壤，既避免了输水损失，又减少了深层渗漏，还消除了喷灌中水流的漂移损失，蒸发损失也很小。据统计，滴灌的用水量为地面灌溉用水量的1/6-1/8，为喷灌用水量的2/3。因此，滴灌是现代各种灌溉方法中最省水的一种，在缺水干旱地区、炎热的季节、透水性强的土壤、丘陵山区、沙漠绿洲尤为适用。其主要缺点是滴头易堵塞，对水质要求较高。其他优缺点与喷灌相同。

第五节　各水利部门间的矛盾及其协调

除了防洪、治涝、灌溉和水力发电之外，尚有内河航运、城市和工业供水水利环境保护、淡水水产养殖等水利部门。

一、内河航运

内河航运是指利用天然河湖。水库或运河等陆地内的水城进行船、筏浮运，它既是交通运输事业的一个重要组成部分，又是水利事业的一个重要部门。作为交通运输来说，内河航运由内河水道，河港与码头、船舶三部分组成一个内河航运系统，在规划、设计、经营管理等方面，三者紧密联系、互相制约。特别是在决定其主要参数的方案经济比较中，常常将三者作为一个整体来进行分析评价。但是，将它作为一项水利部门来看时，我们的着眼点主要在于内河水道，因为它在水资源综合利用中是一个不可分割的组成部分。至于船舶，通常只将其最大船队的主要尺寸作为设计内河水道的重要依据之一，而对于河港和码头，则只将它们看作是一项重要的配套工程，因为它们与水资源利用和水利计算并没有直接关系。因此，这里我们只简要介绍有关内河水道的概念及其主要工程措施。

一般来说，内河航运只利用内河水道中水体的浮载能力，并不消耗水量。利用河、湖航运，需要一条连续而通畅的航道，它一般只是河流整个过水断面中较深的一部分。它应具有必需的基本尺寸，即在枯水期的最小深度和最小宽度、洪水期的桥孔水上最小净高和最小净宽等；并且，还要具有必需的转弯半径，以及允许的最大流速。这些数据取决于计划通航的最大船筏的类型尺寸及设计通航水位，可查阅内河水道工程方面的资料。天然航道除了必领具备上述尺寸和流速外，还要求河床相对稳定和尽可能全年通航。有些河流只能季节性通航，例如，有些多沙河流以及平原河流，常存在不断的冲淤交替变化，因而河床不稳定，造成枯水期航行困难；有些山区河流在枯水期河水可能过浅，甚至于洞，而在洪水期又可能因山洪暴发而流速过大；还有些北方河流冬季封冻，春季漂凌流冰。这些都可能造成季节性的断航。

如果必须利用为航道的天然河流不具备上述基本条件，就需要采取工程措施加以改善，这就是水道工程的任务。

二、疏浚与整治工程

对航运来说，疏浚与整治工程是为了修改天然河道枯水河槽的平面轮廓，疏浚险滩，清除障碍物，以保证枯水航道的必需尺寸，并维持航道相对稳定。但这主要适用于平原河流。整治建筑物有多种，用途各不相同。疏浚与整治工程的布置最好通过模型试验决定。

1. 渠化工程与径流调节

这是两个性质不同但又密切相关的措施。渠化工程是沿河分段筑闸坝，以逐段升高河水水位，保证闸坝上游枯水期航道必需的基本尺寸，使天然河流运河化（渠化）。渠化工程主要适用于山丘区河流。平原河流，由于防洪淹没等原因，常不适于渠化。径流调节是利用湖泊、水库等蓄洪，以补充枯水期河水水量不足，因而可提高湖泊、水库下游河流的枯水期水位，改善通航条件。

2. 运河工程

这是人工开凿的航道，用于沟通相邻河湖或海洋。我国主要河流多半横贯东西，因此开凿南北方向的大运河具有重要意义。并且，运河可兼作灌溉、发电等的渠道。运河跨越高地时，需要修建船闸，并要拥有补给水源，以经常保持必要的航深。运河所需补给水量，主要靠河湖和水库等来补给。

在渠化工程和运河工程中，船筏通过船闸时，要耗用一定的水量。尽管这些水量仍可供下游水利部门使用，但对于取水处的河段、水库、湖泊来说，属于一种水量支出。船闸耗水量的计算方法可参阅内河水道工程方面的书籍。由于各月船筏过闸次数有变化，所以船闸月耗水量及月平均流量也有一定变化。通常在调查统计的基础上，求出船闸月平均耗水流量过程线，或近似地取一固定流量，供水利计算作依据。此外，用径流调节措施来保证下游枯水期通航水位时，可根据下游河段的水文资料进行分析计算，求出通航需水流量过程线，或枯水期最小保证流量，作为调节计算的依据。

三、水利环境保护

水利环境保护是自然环境保护的重要组成部分，大体上包括：防治水域污染、生态保护及与水利有关的自然资源合理利用和保护等。

地球上的天然水中，经常含有各种溶解的或悬浮的物质，其中有些物质对人或生物有害。尽管人和生物对有害物质有一定的耐受能力，天然水体本身又具有一定的自净能力（即通过物理化学和生物作用，使有害物质稀释、转化），但水体自净能力有一定限度。防治水域污染的关键在于废水，污水的净化处理和生产技术的改进，使有害物质尽量不侵入天然水城。为此，必须对污染源进行调查，对水域污染情况进行监测，并采取各种有效措施制止污染源继续污染水域。经过净化处理的废水、污水中，可能仍含有低浓度的有害物质，为防止其积累富集，应使排水口尽可能分散在较大范围中，以利于稀释、分解、转化。对于已经污染的水域，为促进和强化水体的自净作用，要采取一定人工措施。例如：保证被污染的河段有足够的清水流量和流速，以促进污染物质的稀释、氧化；引取经过处理的污水灌溉，促使污水氧化、分解并转化为肥料（但不能使有毒元素进入农田）等。在采取某种措施前，应进行周密的研究与试验，以免导致相反效果或产生更大的危害。目前，比较困难的是水库和湖泊污染的治理，因为其流速很小，污染物质容易积累，而水体自净能力很弱。特别是库底、湖底沉积的淤泥中，积累的无机毒物较难清除。

四、城市和工业供水

城市和工业供水的水源大体上有：水库、河湖、井泉等。例如，密云水库的主要任务之一，即是保证北京市的供水。在综合利用水资源时，对供水要求，必须优先考虑，即使水资源量不足，也一定要保证优先满足居民供水。这是因为居民生活用水绝不允许长时间中断，而工业用水若匮缺超过一定限度，也将使国民经济遭到严重损失。一般说来，供水所需流量不大，只要不是极度干旱年份，往往可以满足。通常，在编制河流综合利用规划时，可将供水流量取为常数，或通过调查做出需水流量过程线备用。

供水对水质要求较高，尤其是生活用水及某些工业用水（如食品、医药、纺织印染及产品纯度较高的化学工业等）。在选择水源时，应对水质进行仔细的检验。供水虽属耗水部门，但很大一部分用过的水成为生活污水和工业废水排出。废水与污水必须净化处理后，才允许排入天然水域，以免污染环境引起公害。

五、淡水水产养殖（或称渔业）

这是指在水利建设中如何发展水产养殖。修建水库可以形成良好的深水养鱼场所，但是拦河筑坝妨碍洄游性的鱼类繁殖。所以，在开发利用水资源时，一定要考虑渔业的特殊要求。为了使水库渔场便于捕捞，在蓄水前应做好对库底的清理工作，特别要清除树木、墙垣等障碍物。还要防止水库的污染，并保证在枯水期水库里留有必需的最小水深和水库面积，以利鱼类生长。也应特别注意河湖的水质和最小水深。

特别要重视的是洄游性野生鱼类的繁殖问题。有些鱼类需要在河湖淡水中甚至山溪浅水急流中产卵孵化，却在河口或浅海育肥成长；另一些鱼类则要在河口或近海产卵孵化，却上溯到河湖中育肥成长。这些鱼类称为洄游性鱼类，其中有不少名贵品种，例如鲥鱼、刀鱼等。水利建设中常需拦河筑坝、闸，以致截断了洄游性鱼类的通路，使它们有绝迹的危险。

因鱼类洄游往往有季节性，故采取的必要措施大体如下：

（1）在闸、坝旁修筑永久性的鱼梯（鱼道），供鱼类自行过坝，其形式、尺寸及布置，常需通过试验确定，否则难以收效。

（2）在洄游季节，间断地开闸，让鱼类通行，此法效果尚好，但只适用于上下游水位差较小的情况。

（3）利用机械或人工方法，捞取孕卵活亲鱼或活鱼苗，运送过坝，此法效果较好，但工作利用鱼梯过鱼或开闸放鱼等措施，需耗用一定水量，在水利水能规划中应涉及。

综上所述，在许多水利工程中，常有可能实现水资源的综合利用。然而，各水利部门之间，也还存在一些矛盾。例如，当上中游灌溉和工业供水等大量耗水，则下游灌溉和发电用水就可能不够。许多水库常是良好航道，但多沙河流上的水库，上游末端（亦称尾端）常可能淤积大量泥沙，形成新的浅滩，不利于上游正常的航运。疏浚河道有利于防洪、航运等，但降低了河水位，可能不利于自流灌溉引水；若筑堰抬高水位引水灌溉，又可能不利于泄洪、排涝。不利用水电站的水库滞洪。有时汛期要求腾空水库，以备拦洪，削减下泄流量，但却降低了水电站的水头，使所发电能减少。为了发电、灌溉等的需要而拦河筑坝，常会阻碍船、筏、鱼通行等。可见，不但兴利、除害之间存在矛盾，在各兴利部门之间也常存在矛盾，若不能妥善解决，常会造成巨大的损失。例如，埃及阿斯旺水库虽有许多水利效益，但却使上游造成大片次生盐碱化田地，下游两岸农田因缺少富含泥沙的河水淤灌而渐趋瘠薄。在我国，也不乏这类例子，其结果是：有的工程建成后不能正常运用，不得不改建，或另建其他工程来补救，事倍功半；有的工程虽然正常运用，但未能满足综合利用要求而存在缺陷，带来长期的损失。所以，在研究水资源综合利用的方案和效益时，要重视各水利部门之间可能存在的矛盾，并妥善解决。

上述矛盾，有些是可以协调的，应统筹兼顾、"先用后耗"，力争"一水多用、一库多利"。例如，水库上游末端新生的浅滩妨碍航运，有时可以通过疏浚航道或者洪水期降低水库水位，借水力冲沙等方法解决；又如，发电与灌溉争水，有时（灌区位置较低时）可以先取水发电，发过电的尾水再用来灌溉；再如，拦河闸坝妨碍船、筏、鱼通行的矛盾，可以建船闸、筏道、鱼梯来解决，等等。但也有不少矛盾无法完全协调，这时就不得不分清主次，合理安排，保证主要部门、适当兼顾次要部门。例如，若水电站水库不足以负担防洪任务就只好采取其他防洪措施去满足防洪要求；反之，若当地防洪比发电更重要，而又没有更好代替办法，则也可以在汛期降低库水位，以备蓄洪或滞洪，宁愿汛期少发电。再如，蓄水式水电站虽然能提高水能利用率，并使出力更好地符合用电户要求，但若淹没损失太大，只好采用径流式等。总之，要根据当时当地的具体情况，拟订几种可能方案，然后从国民经济总利益最大的角度来考虑，选择合理的解决办法。

第九章 水资源评价

第一节 水资源评价的要求和内容

一、水资源评价的一般要求

1. 水资源评价是水资源规划的一项基础工作。首先应该调查、搜集、整理、分析利用已有资料，在必要时再辅以观测和试验工作。水资源评价使用的各项基础资料应具有可靠性、合理性与一致性。

2. 水资源评价应分区进行。各单项评价工作在统一分区的基础上，可以根据该项评价的特点与具体要求，再划分计算区或评价单元。首先，水资源评价应按江河水系的地域分布进行流域分区。全国性水资源评价要求进行一级流域分区和二级流域分区；区域性水资源评价可在二级流域分区的基础上，进一步分出三级流域分区和四级流域分区。另外，水资源评价还应按行政区划进行行政分区。全国性水资源评价的行政分区要求按省（自治区、直辖市）和地区（市，自治州，盟）两级划分；区域性水资源评价的行政分区可按省（自治区、直辖市）、地区（市、自治州、盟）和县（市、自治县旗、区）三级划分。

3. 全国及区域水资源评价应采用日历年，专项工作中的水资源评价可根据需要采用水文年。计算时段应根据评价目的和要求选取。

4. 水资源评价应根据经济社会发展需要及环境变化情况，每隔一定时期对前次水资源评价成果进行全面补充修订或再评价。

二、水资源评价的内容及分区

根据《中国水利百科全书》对水资源评价的定义和《水资源评价导则》的要求，水资源评价应包括以下主要内容：

1. 水资源评价的背景与基础。主要是指评价区的自然概况、社会经济现状、水利工程及水资源利用现状等。

2. 水资源数量评价。主要是对评价区域地表水、地下水的数量及其水资源总量进行估算和评价，属基础水资源评价。

3. 水资源品质评价。根据用水要求和水的物理、化学和生物性质对水体质量做出评价，我国水资源评价主要应对河流泥沙、天然水化学特征及水资源污染状况等进行调查和评价。

4. 水资源开发利用及其影响评价。通过对社会经济、供水基础设施和供用水现状的调查，对供用水效率存在问题和水资源开发利用现状对环境的影响进行分析。

5. 水资源综合评价。在上述四部分内容的基础上，采用全面综合和类比的方法，从定性和定量两个角度对水资源时空分布特征利用状况，以及与社会经济发展的协调程度做出综合评价。主要内容包括水资源供需发展趋势分析、水资源条件综合分析和水资源与社会经济协调程度分析等。

为准确掌握不同区域水资源的数量和质量以及水量转换关系，区分水资源要素在地区间的差异，揭示各区域水资源供需特点和矛盾，水资源评价应分区进行。其目的是把区内错综复杂的自然条件和社会经济条件，根据不同的分析要求，选用相应的特征指标进行分区概化，使分区单元的自然地理、气候、水文和社会经济水利设施等各方面条件基本一致，便于因地制宜有针对性地进行开发利用。水资源评价分区的主要原则如下：

1. 尽可能按流域水系划分，保持大江大河干支流的完整性，对自然条件差异显著的干流和较大支流可分段划区。山区和平原区要根据地下水补给和排泄特点加以区分。

2. 分区基本上能反映水资源条件在地区上的差别，自然地理条件和水资源开发利用条件基本相同或相似的区域划归同一分区，同一供水系统划归同一分区。

3. 边界条件清楚，区域基本封闭，尽量照顾行政区划的完整性，以便于资料收集和整理，且可以与水资源开发利用与管理相结合。

4. 各级别的水资源评价分区应统一，上下级别的分区相一致，下一级别的分区应参考上一级别的分区结果。

第二节　水资源数量评价

水资源数量评价是指对评价区内的地表水资源、地下水资源及水资源总量进行估算和评价，是水资源评价的基础部分，因此也称为基础水资源评价。

一、地表水资源数量评价的内容和要求

按照中华人民共和国行业标准 SL/T 238-1999《水资源评价导则》的要求，地表水资源数量评价应包括下列内容：

1. 单站径流资料统计分析。

2. 主要河流（一般指流域面积大于 5000km² 的大河）年径流量计算。

3. 分区地表水资源数量计算。

4. 地表水资源时空分布特征分析。

5. 入海、出境入境水量计算。

6. 地表水资源可利用量估算。

7. 人类活动对河川径流的影响分析。

单站径流资料的统计分析应符合下列要求：

1. 凡资料质量较好、观测系列较长的水文站均可作为选用站，包括国家基本站、专用站和委托观测站。各河流控制性观测站为必须选用站。

2. 受水利工程、用水消耗、分洪决口影响而改变径流情势的观测站，应进行还原计算，将实测径流系列修正为天然径流系列。

3. 统计大河控制站、区域代表站历年逐月的天然径流量，分别计算长系列和同步系列年径流量的统计参数；统计其他选用站的同步期天然年径流量系列，并计算其统计参数。

4. 主要河流年径流量计算。选择河流出山口控制站的长系列径流量资料，分别计算长系列和同步系列的平均值及不同频率的年径流量。

分区地表水资源量计算应符合下列要求：

1. 针对各分区的不同情况，采用不同方法计算分区年径流量系列；当区内河流有水文站控制时，根据控制站天然年径流量系列，按面积比修正为该地区年径流系列；在没有测站控制的地区，可利用水文模型或自然地理特征相似地区的降雨径流关系，由降水系列推求径流系列；还可通过绘制年径流深等值线图，从图上量算分区年径流量系列，经合理性分析后采用。

2. 计算各分区和全评价区同步系列的统计参数和不同频率（P=20%、50%、75%、95%）的年径流量。

3. 应在求得年径流系列的基础上进行分区地表水资源量的计算。人海出境、入境水量的计算应选取河流入海口或评价区边界附近的水文站，根据实测径流资料，采用不同方法换算为入海断面或出入境断面的逐年水量，并分析其年际变化趋势。

地表水资源时空分布特征分析应符合下列要求：

1. 选择集水面积为 300~5000km 的水文站（在测站稀少地区可适当放宽要求），根据还原后的天然年径流系列，绘制同步期平均年径流深等值线图，以此反映地表水资源的地区分布特征。

2. 按不同类型自然地理区选取受人类活动影响较小的代表站，分析天然径流量的年内分配情况。

3. 选择具有长系列年径流资料的大河控制站和区域代表站，分析天然径流的多年变化。

二、地表水资源量的计算

地表水资源量一般通过河川径流量的分析计算来表示。河川径流量是指一段时间内河流某一过水断面的过水量，它包括地表产水量和部分或全部地下产水量，是水资源总量的主体。在无实测径流资料的地区，降水量和蒸发量是间接估算水资源的依据。在多年平均情况下，一个封闭流域的河川年径流量是区域年降水量扣除区域年总蒸散发量后的产水量，因此河川径流量的分析计算，必然涉及降水量和蒸发量。水资源的时空分布特点也可通过降水、蒸发等水量平衡要素的时空分布来反映。因此要计算地表水资源数量，需要了解降水、蒸发以及河川径流量的计算方法，下面对其进行简要说明。

1. 降水量计算

降水量计算应以雨量观测站的观测资料为依据，且观测站和资料的选用应符合下列要求：

（1）选用的雨量观测站，其资料质量较好、系列较长、面上分布较均匀。在降水量变化梯度大的地区，选用的雨量观测站要适当加密，同时应满足分区计算的要求。

（2）采用的降水资料应为经过整编和审查的成果。

（3）计算分区降水量和分析其空间分布特征时，应采用同步资料系列；而分析降水的时间变化规律时，应采用尽可能长的资料系列。

（4）资料系列长度的选定，既要考虑评价区大多数观测站的观测年数，避免过多地插补延长，又要兼顾系列的代表性和一致性，并做到降水系列与径流系列同步。

（5）选定的资料系列如有缺测和不足的年、月降水量，应根据具体情况采用多种方法插补延长，经合理性分析后确定采用值。

降水量用降落到不透水平面上的雨水（或融化后的雪水）的深度来表示，该深度以mm计，观测降水量的仪器有雨量器和自记雨量计两种。其基本点是用一定的仪器观测记录一定时间段内的降水深度作为降水量的观测值。

降水量计算应包括下列内容：

（1）计算各分区及全评价区同步期的年降水量系列、统计参数和不同频率的年降水量。

（2）选取各分区月、年资料齐全且系列较长的代表站，分析计算多年平均连续最大4个月降水量占全年降水量的百分比及其发生月份，并统计不同频率典型年的降水月分配。

（3）选择长系列观测站，分析年降水量的年际变化，包括丰枯周期、连枯连丰、变差系数、极值比等。

（4）根据需要，选择一定数量的有代表性测站的同步资料，分析各流域或地区之间的年降水量丰枯遭遇情况，并可用少数长系列测站资料进行补充分析。

根据实际观测，一次降水在其笼罩范围内各地点的大小并不一样，表现了降水量分布的不均匀性，这是复杂的气候因素和地理因素在各方面互相影响所致。因此，工程设计所需要的降水量资料都有一个空间和时间上的分布问题。流域平均降水量的常用计算方法有算术平均法、等值线法和泰森多边形法。当流域内雨量站实测降水量资料充分时，可以根据各雨量站实测年降水量资料，用算术平均法或者泰森多边形法算出逐年的流域平均降水量和多年评价年降水量，对降水量系列进行频率分析，可求得不同频率的年降水量。当流域实测降水量资料较少时，可用降水量等值线图法计算。对于年降水量的年内分配通常采用典型年法，按实测年降水量与某一频率的年降水量相近的原则选择典型年，按同倍比或者同频率法将典型年的降雨量年内分配过程乘以缩放系数得到。

2. 蒸发量计算

蒸发是影响水资源数量的重要水文要素，其评价内容应包括水面蒸发、陆面蒸发和干旱指数。

（1）水面蒸发是反映蒸发能力的一个指标，它的分析计算对于探讨水量平衡要素分析和水资源总量计算都有重要作用。水量蒸发量的计算常用水面蒸发器折算法。选取资料质量较好、面上分布均匀且观测年数较长的蒸发站作为统计分析的依据，选取的测站应尽量与降水选用站相同，不同型号蒸发器观测的水面蒸发量，应统一换算为 E-601 型蒸发器的蒸发量。其折算关系为

$$E = öE'$$

式中，E——水面实际蒸发量；

E'——蒸发器观测值；

φ——折算系数。

水面蒸发器折算系数随时间而变，年际和年内折算系数不同，一般秋高春低，晴雨天、昼夜间也有差别。折算系数在地区分布上也有差异，在我国，有从东南沿海向内陆逐渐递减的趋势。

（2）陆面蒸发指特定区域天然情况下的实际总蒸散发量，又称流域蒸发。陆面蒸发量常采用闭合流域同步期的平均年降水量与年径流量的差值来计算。亦即水量平衡法，对任意时段的区域水量平衡方程有如下基本形式：

$$E_i = P_i - R_i \pm \Delta W$$

式中，E_i——时段内陆面蒸发量；

P_i——时段内平均降水量；

R_i——时段内平均径流量；

ΔW——时段内蓄水变化量。

3. 水文模型法

在研究区域上，选择具有实测降水径流资料的代表站，建立降雨径流模型，用于研究区域的水资源评价。常用的水文模型有萨克拉门托模型、水箱模型、新安江水文模型等。其中、新安江水文模型是河海大学赵仁俊 1973 年研制的一个分散参数的概念性降雨径流模型，是国内第一个完整的流域水文模型，在我国湿润与半湿润地区广泛应用。近几十年来，新安江水文模型不断改进，已成为我国特色应用较广泛的一个流域水文模型。新安江

水文模型按一定方法把全流域进行分块，每一块为单元流域，对每个单元流域做产汇流计算，得出单元流域的出口流量过程，再进行出口以下的河道洪水演算，求得流域出口的流量过程，把每个单元流域的出流过程相加，求出流域出口的总出流过程。

第三节　水资源品质评价

一、评价的内容和要求

水资源质量的评价，应根据评价的目的、水体用途、水质特性，选用相关的参数和相应的国家行业或地方水质标准进行评价。内容包括：河流泥沙分析、天然水化学特征分析、水资源污染状况评价。

河流泥沙是反映河川径流质量的重要指标，主要评价河川径流中的悬移质泥沙。天然水化学特征是指未受人类活动影响的各类水体在自然界水循环过程中形成的水质特征，是水资源质量的本底值。水资源污染状况评价是指地表水、地下水资源质量的现状及预测，其内容包括污染源调查与评价、地表水资源质量现状评价、地表水污染负荷总量控制分析、地下水资源质量现状评价、水资源质量变化趋势分析及预测、水资源污染危害及经济损失分析，不同质量的可供水量估算及适用性分析。

对水质评价，可按时间分为回顾评价、预断评价；按用途分为生活饮用水评价、渔业水质评价、工业水质评价、农田灌溉水质评价、风景和游览水质评价；按水体类别分为江河水质评价、湖泊水库水质评价、海洋水质评价、地下水水质评价；按评价参数分为单要素评价和综合评价；对同一水体可以分别对水、水生物和底质评价。

地表水资源质量评价应符合下列要求：

1.在评价区内，应根据河道地理特征、污染源分布、水质监测站网，划分成不同河段（湖、库区）作为评价单元。

2.在评价大江大河水资源质量时，应划分成中泓水域与岸边水域，分别进行评价。

3.应描述地表水资源质量的时空变化及地区分布特征。

4.在人口稠密、工业集中、污染物排放量大的水域，应进行水体污染负荷总量控制分析。

地下水资源质量评价应符合下列要求：

1.选用的监测井（孔）应具有代表性。

2.应将地表水、地下水作为一个整体，分析地表水污染、纳污水库、污水灌溉和固体废弃物的堆放、填埋等对地下水资源质量的影响。

3.应描述地下水资源质量的时空变化及地区分布特征。

二、评价方法介绍

水资源品质评价是水资源评价的一个重要方面，是对水资源质量等级的一种客观评价。无论是地表水还是地下水，水资源品质评价都是以水质调查分析资料为基础，可以分为单项组分评价和综合评价。单项组分评价是将水质指标直接与水质标准比较，判断水质属于哪一等级。综合评价是根据一定评价方法和评价标准综合考虑多因素进行的评价。水资源品质评价因子的选择是评价的基础，一般应按国家标准和当地的实际情况来确定评价因子。

评价标准的选择，一般应依据国家标准和行业或地方标准来确定，同时还应参照该地区污染起始值或背景值。

水资源质量单项组分评价就是按照水质标准（如 CB/T14848-93《地下水质量标准》、CB 3838-2002《地面水环境质量标准》）所列分类指标划分类别，代号与类别代号相同。不同类别的标准值相同时从优不从劣。例如，地下水挥发性酚类工、II 类标准值均为 0.001mg/L，若水质分析结果为 0.001mg/L 时，应定为 1 类，不定为 1 类。

对于水资源质量综合评价有多种方法，大体可以分为：评分法、污染综合指数法、一般统计法、数理统计法、模糊数学综合评判法、多级关联评价方法、Hamming 贴近法等，不同的方法各有优缺点。现介绍几种常用的方法。

1. 评分法

这是水资源质量综合评价的常用方法。其具体要求与步骤如下：

（1）首先进行各单项组分评价，划分组分所属质量类别。

（2）对各类别分别确定单项组分评价分值 F，见表 9-1。

表 9-1　各类别分值 Fi 表

类别	I	II	III	IV	V
Fi	0	1	3	5	10

（3）按式计算综合评价分值 F：

$$F = \sqrt{\frac{\overline{F}^2 + F_{\min}^2}{2}}$$

$$\overline{F} = \frac{1}{n}\sum_{i=1}^{n} F_i$$

式中，$\overline{F}$——各单项组分评分值 F 的平均值；

$F_{\min}$——单项组分评分值 F 中的最大值；

n——项数。

（4）根据 F 值，按表 9-2 的规定划分水资源质量级别，如"优良（Ⅰ类）""较好（Ⅲ类）"等。

表 9-2　F 值与水质级别的划分

级别	优良	良好	较好	较差	极差
F	< 0.80	0.80~2.50	2.50~4.25	4.25~7.20	≥ 7.20

2. 一般统计法

这种方法是以检测点的检出值与背景值或饮用水卫生标准做比较，统计其检出数、检出率、超标率等。一般以表格法来反映，最后根据统计结果来评价水资源质量。其中，检出率是指污染组成占全部检测数的百分数。超标率是指检出污染浓度超过水质标准的数量占全部检测数的百分数。对于受污染的水体，可以根据检出率确定其污染程度，比如单项检出率超过 50%，即为严重污染。

3. 多级关联评价方法

多级关联评价是一种复杂系统的综合评价方法。它是依据监测样本与质量标准序列间的几何相似分析与关联测度，来度量监测样本中多个序列相对某一级别质量序列的关联性。关联度越高，就说明该样本序列越贴近参照级别，这就是多级关联综合评价的信息和依据。它的特点是：

（1）评价的对象可以是一个多层结构的动态系统，即同时包括多个子系统；

（2）评价标准的级别可以用连续函数表达，也可以在标准区间内做更细致的分级；

（3）方法简单可行，易与现行方法对比。

第四节　水资源综合评价

一、水资源综合评价的内容

水资源综合评价是在水资源数量、质量和开发利用现状评价以及环境影响评价的基础上，遵循生态良性循环、资源永续利用、经济可持续发展的原则，对水资源时空分布特征、利用状况与社会经济发展的协调程度所做的综合评价，主要包括水资源供需发展趋势分析、评价区水资源条件综合分析和分区水资源与社会经济协调程度分析三方面的内容。

水资源供需发展趋势分析，是指在将评价区划分为若干计算分区，摸清水资源利用现状和存在问题的基础上，进行不同水平年、不同保证率或水资源调节计算期的需水和可供水量的预测以及水资源供需平衡计算，分析水资源的余缺程度，进而研究分析评价区社会和经济发展中水的供需关系。

水资源条件综合分析是对评价区水资源状况及开发利用程度的总括性评价，应从不同方面、不同角度进行全面综合和类比，并进行定性和定量的整体描述。

分区水资源与社会经济协调程度分析包括建立评价指标体系、进行分区分类排序等内容。评价指标应能反映分区水资源对社会经济可持续发展的影响程度、水资源问题的类型及解决水资源问题的难易程度。另外，应对所选指标进行筛选和关联分析，确定重要程度，并在确定评价指标体系后，采用适当的理论和方法，建立数学模型对评价分区水资源与社会经济协调发展情况进行综合评判。

水资源不足在我国普遍存在，只是严重程度有所不同，不少地区水资源已成为经济和社会发展的重要制约因素。在水资源综合评价的基础上，应提出解决当地水资源问题的对策或决策，包括可行的开源节流措施或方案，对开源的可能性和规模、节流的措施和潜力应予以科学的分析和评价；同时，对评价区内因水资源开发利用可能发生的负效应特别是对生态环境的影响进行分析和预测。进行正负效应的比较分析，从而提出避免和减少负效应的对策供决策者参考。

二、水资源综合评价的评价体系

水资源评价结果，以一系列的定量指标加以表示，称为评价指标体系，由此可对评价区的水资源及水资源供需的特点进行分析、评估和比较。

1. 综合评价指标

《中国水资源利用》中对全国 302 个三级分区计算下列 10 项指标，从不同方面评价各地区水资源供需情况，研究解决措施和对策。

（1）耕地率。

（2）耕地灌溉率。

（3）人口密度。

（4）工业产值模数，工业总产值与土地面积之比。

（5）需水量模数，现状计算需水量与土地面积之比。

（6）供水量模数，现状 P=75% 供水量与土地面积之比。

（7）人均供水量，现状 P=75% 供水量与总人数之比。

（8）水资源利用率，现状 P=75% 供水量与水资源总量之比。

（9）现状缺水率，现状水平年 P=75% 的缺水量与需水量之比。

（10）远景缺水率，远景水平年 P=75% 的缺水量与需水量之比。

2. 分类分析

（1）缺水率及其变化

缺水率大于 10% 的地区，可认为是缺水地区。从现状到远景的缺水率变化趋势分析，缺水率增加的地区，缺水矛盾趋于严重，而缺水率减少地区，缺水矛盾有所缓和，在一定程度上可认为不缺水。如果现状需水指标水平定得过高，或未考虑新建水源工程已开始兴建即将生效，虽然现状缺水率高，也不列为缺水区。

（2）人均供需水量对比

首先根据自然及社会经济条件，拟订出各地区人均需求量范围。如全国山地高原及北方丘陵，一般在 200~400m²/人；北方平原、盆地及南方丘陵区一般在 300~600m²/人；南方平原及东北三江平原在 500~800m²/人；而西北干旱地区，没有水就没有绿洲，人均需水量最大，达 2000m³/人以上。如果实际人均供水量小于人均需水量的下限，则认为该地区缺水。

（3）水资源利用率程度

一般说来，当水资源利用率已超过 50%，用水比较紧张，水资源继续开发利用比较困难的地区绝大部分应属于缺水类型。某些开发条件较差的地区，其水资源利用率已大于 25% 的，也可能存在缺水现象。

第五节　水资源开发利用评价

水资源开发利用评价主要是对水资源开发利用现状及其影响的评价，是对过去水利建设成就与经验的总结，是对如何合理进行水资源的综合开发利用和保护规划的基础性前期工作，其目的是增强流域或区域水资源规划时的全局观念和宏观指导思想，是水资源评价工作中的重要组成部分。

一、水资源开发利用现状分析的任务

水资源开发利用现状分析主要包括两方面任务：一是开发现状分析；二是利用现状分析。

水资源开发现状分析，是分析现状水平年情况下，水利工程在流域开发中的作用。这一工作需要调查分析这些工程的建设发展过程、使用情况和存在的问题；分析其供水能力、供水对象和工程之间的相互影响，并主要分析流域水资源的开发程度和进一步开发的潜力。水资源利用现状分析，是分析现状水平年情况下，流域用水结构、用水部门的发展过程和目前的需水水平存在问题及今后的发展变化趋势。重点分析现状情况下的水资源利用效率。

水资源开发现状分析和水资源利用现状分析二者既有联系又有区别，水资源开发现状分析侧重于对流域开发工程的分析，主要研究流域水资源的开发程度和进一步开发的潜力；水资源利用现状分析，侧重于对流域内用水效率的分析，主要研究流域水资源的利用率。水资源开发现状分析与水资源利用现状分析是相辅相成的，因而有时难以对二者内容严格区分。

二、水资源开发利用现状分析的内容

水资源开发利用现状分析是评价一个地区水资源利用的合理程度,找出所存在的问题,并有针对性地采取措施促进水资源合理利用的有效手段。下面按照水资源开发利用现状分析的主要内容进行叙述。

1.供水基础设施及供水能力调查统计分析

供水基础设施及供水能力调查统计分析以现状水平年为基准年,分别调查统计研究区地表水源、地下水源和其他水源供水工程的数量和供水能力,以反映当地供水基础设施的现状情况。在统计工作的基础上,通常还应分类分析它们的现状情况、主要作用及存在的主要问题。

2.供水量调查统计分析

供水量是指各种水源工程为用水户提供的包括输水损失在内的毛供水水量。对跨流域、跨省区的长距离地表水调水工程,以省(自治区、直辖市)收水口作为毛供水量的计算点。在受水区内,可按取水水源分为地表水源供水量、地下水源供水量进行统计。地表水源供水量以实测引水量或提水量作为统计依据,无实测水量资料时,可根据灌溉面积、工业产值、实际毛用水定额等资料进行估算。地下水源供水量是指水井工程的开采量,按浅层淡水、深层承压水和微咸水分别统计。供水量统计工作,是分析水资源开发利用的关键环节,也是水资源供需平衡分析计算的基础。

3.供水水质调查统计分析

供水水量评价计算仅仅是其中的一方面,还应该对供水的水质进行评价。原则上应依照供水水质标准进行评价。例如,地表水供水水质按《地面水环境质量标准》(CB3838-2002)评价,地下水水质按《地下水质量标准》(GB/T 14848-93)评价。

4.用水量调查统计及用水效率分析

用水量是指分配给用水户、包括输水损失在内的毛用水量。用水量调查统计分析可按照农业、工业、生活三大类进行统计,并把城(镇)乡分开。在用水调查统计的基础上,计算农业用水指标、工业用水指标生活用水指标以及综合用水指标,以评价用水效率。

5.实际消耗水量计算

实际消耗水量是指毛用水量在输水、用水过程中,通过蒸散发、土壤吸收、产品带走居民和牲畜饮用等多种途径消耗掉而不能回归到地表水体或地下水体的水量。

农业灌溉耗水量包括作物蒸腾、棵间蒸散发、渠系水面蒸发和浸润损失等水量。可以通过灌区水量平衡分析方法进行推求,也可以采用耗水机理建立水量模型进行计算。工业耗水量包括输水和生产过程中的蒸发损失量、产品带走水量、厂区生活耗水量等。可以用工业取水量减去废污水排放量来计算,也可以用万元产值耗水量来估算。生活耗水量包括城镇、农村生活用水消耗量、牲畜饮水量以及输水过程中的消耗量。其计算可以采用引水量减去污水排放量来计算，也可以采用人均或牲畜标准头日用水量来推求。

6. 水资源开发利用引起不良后果的调查与分析

天然状态的水资源系统是未经污染和人类破坏影响的天然系统。人类活动或多或少对水资源系统产生一定影响，这种影响可能是负面的，也可能是正面的，影响的程度也有大有小。如果人类对水资源的开发不当或过度开发，必然导致一定的不良后果。比如，废污水的排放导致水体污染；地下水过度开发导致水位下降、地面沉降海水入侵；生产生活用水挤占生态用水导致生态破坏等。因此，在水资源开发利用现状分析过程中，要对水资源开发利用导致的不良后果进行全面的调查与分析。

7. 水资源开发利用程度综合评价

在上述调查分析的基础上，需要对区域水资源的开发利用程度做一个综合评价。具体计算指标包括：地表水资源开发率、平原区浅层地下水开采率、水资源利用消耗率。其中，地表水资源开发率是指地表水源供水量占地表水资源量的百分比；平原区浅层地下水开采率是指地下水开采量占地下水资源量的百分比；水资源利用消耗率是指用水消耗量占水资源总量的百分比。在这些指标计算的基础上，综合水资源利用现状，分析评价水资源开发利用程度，说明水资源开发利用程度是高等、中等还是低等。

第十章 水资源可持续利用与保护

第一节 水资源可持续利用含义

水资源可持续利用（Sustainable Water Resources Utilization），即一定空间范围内，水资源既能满足当代人的需要，对后代人满足其需求又不构成威胁的资源利用方式。水资源可持续利用为保证人类社会、经济和生存环境可持续发展，对水资源实行永续利用的原则。可持续发展的观点是 20 世纪 80 年代在寻求解决环境与发展矛盾的思路中提出的，并在可再生的自然资源领域提出可持续利用问题，其基本思路是在自然资源的开发中，注意因开发所导致的不利于环境的副作用和预期取得的社会效益相平衡。在水资源的开发与利用中，为保持这种平衡就应遵守可供饮用的水源和土地生产力得到保护的原则，保护生物多样性不受干扰或生态系统平衡发展的原则，对可更新的淡水资源不可过量开发使用和污染的原则。因此，在水资源的开发利用活动中，绝对不能损害地球上的生命保障系统和生态系统，必须保证为社会和经济可持续发展合理供应所需的水资源，满足各行各业用水要求并持续供水。此外，水在自然界循环过程中会受到干扰，应注意研究对策，使这种干扰不影响水资源可持续利用。

为适应水资源可持续利用的原则，在进行水资源规划和水利工程设计时应使建立的工程系统体现如下特点：天然水源不因其被开发利用而造成水源逐渐衰竭；水工程系统能较持久地保持其设计功能，因自然老化导致的功能减退能有后续的补救措施；对某范围内水供需问题能随工程供水能力的增加及合理用水、需水管理、节水措施的配合，使其能较长期保持相互协调的状态；因供水及相应水量的增加而致废污水排放量的增加，而需相应增加处理废污水能力的工程措施，以维持水源的可持续利用效能。

第二节 水资源可持续利用评价

水资源可持续利用指标体系及评价方法是目前水资源可持续利用研究的核心，是进行区域水资源宏观调控的主要依据。目前，还尚未形成水资源可持续利用指标体系及评价方法的统一观点。因此，本节针对现行国内外水资源可持续利用指标体系建立评价中存在的主要问题，对区域水资源可持续利用指标体系及评价方法做简单的介绍。

一、水资源可持续利用指标体系

1. 水资源可持续利用指标体系研究的基本思路

根据可持续发展与水资源可持续利用的思想，水资源可持续利用指标体系的研究思路应包括以下方面：

（1）基本原则

区域水资源可持续利用指标体系的建立，应该根据区域水资源特点，考虑到区域社会经济发展的不平衡、水资源开发利用程度及当地科技文化水平的差异等，在借鉴国际上对资源可持续利用的基础上，以科学、实用、简明的选取原则，具体考虑以下 5 个方面：

1）全面性和概括性相结合。区域水资源可持续利用系统是一个复杂的复合系统，它具有深刻而丰富的内涵，要求建立的指标体系具有足够的涵盖面，全面反映区域水资源可持续利用内涵，但同时又要求指标简洁、精练，因为要实现指标体系的全面性就极容易造成指标体系之间的信息重叠，从而影响评价结果的精度。为此，应尽可能地选择综合性强、覆盖面广的指标，而避免选择过于具体详细的指标，同时应考虑地区特点，抓住主要的、关键性指标。

2）系统性和层次性相结合。区域以水为主导因素的水资源 - 社会 - 经济 - 环境这一复合系统的内部结构非常复杂，各个系统之间相互影响、相互制约。因此，要求建立的指标体系层次分明，具有系统化和条理化，将复杂的问题用简洁明朗的、层次感较强的指标体系表达出来，充分展示区域水资源可持续利用复合系统可持续发展状况。

3）可行性与可操作性相结合。建立的指标体系往往在理论上反映较好，但实践性却不强。因此，在选择指标时，不能脱离指标相关资料信息实际的条件，要考虑指标的数据资料来源，也即选择的每一项指标不但要有代表性，而且应尽可能选用目前统计制度中所包含或通过努力可能达到、对于那些未纳入现行统计制度、数据获得不是很直接的指标，只要它是进行可持续利用评价所必需的，也可将其选择作为建议指标，或者可以选择与其代表意义相近的指标作为代替。

4）可比性与灵活性相结合。为了便于区域自己在纵向上或者区域与其他区域在横向上比较，要求指标的选取和计算采用国内外通行口径，同时，指标的选取应具备灵活性，水资源、社会、经济、环境具有明显的时空属性，不同的自然条件，不同的社会经济发展水平，不同的种族和文化背景，导致各个区域对水资源的开发利用和管理都具有不同的侧重点和出发点。指标因地区不同而存在差异，因此，指标体系应具有灵活性，可根据各地区的具体情况进行相应调整。

5）问题的导向性。指标体系的设置和评价的实施，目的在于引导被评估对象走向可持续发展的目标，因而水资源可持续利用指标应能够体现人、水、自然环境相互作用的各种重要原因和后果，从而为决策者有针对性地适时调整水资源管理政策提供支持。

（2）理论与方法

借助系统理论、系统协调原理，以水资源、社会、经济、生态、环境、非线性理论、系统分析与评价、现代管理理论与技术等领域的知识为基础，以计算机仿真模拟为工具，采用定性与定量相结合的综合集成方法，研究水资源可持续利用指标体系。

（3）评价与标准

水资源可持续利用指标的评价标准可采用 Bossel 分级制与标准进行评价，将指标分为 4 个级别，并按相对值 0~4 划分。其中，0~1 为不可接受级，即指标中任何一个指标值小于 1 时，表示该指标所代表的水资源状况十分不利于可持续利用，为不可接受级；1~2 为危险级，即指标中任何一个值在 1~2 时，表示它对可持续利用构成威胁；2~3 为良好级，表示有利于可持续利用；3~4 为优秀级，表示十分有利于可持续利用。

1）水资源可持续利用的现状指标体系

现状指标体系分为两大类：基本定向指标和可测指标。

基本定向指标是一组用于确定可持续利用方向的指标，是反映可持续性最基本而又不能直接获得的指标。基本定向指标可选择生存、能效、自由、安全、适应和共存 6 个指标。生存表示系统与正常环境状况相协调并能在其中生存与发展。能效表示系统能在长期平衡基础上通过有效的努力使稀缺的水资源供给安全可靠，并能消除其对环境的不利影响。自由表示系统具有在一定范围内灵活地应付环境变化引起的各种挑战，以保障社会经济的可持续发展能力。安全表示系统必须能够使自己免受环境易变性的影响，使其可持续发展。适应表示系统应能通过自适应和自组织更好地适应环境改变的挑战，使系统在改变了的环境中持续发展。共存是指系统必须有能力调整其自身行为，考虑其他子系统和周围环境的行为、利益，并与之和谐发展。

可测指标即可持续利用的量化指标，按社会、经济、环境 3 个子系统划分，各子系统中的可测指标由系统本身有关指标及其可持续利用涉及的主要水资源指标构成，这些指标又进一步分为驱动力状态指标和响应指标。

2）水资源可持续利用指标趋势的动态模型

应用预测技术分析水资源可持续利用指标的动态变化特点，建立适宜的水资源可持续利用指标动态模拟模型和动态指标体系，通过计算机仿真进行预测。根据动态数据的特点，模型主要包括统计模型、时间序列（随机）模型、人工神经网络模型（主要是模糊人工神经网络模型）和混沌模型。

3）水资源可持续利用指标的稳定性分析

由于水资源可持续利用系统是一个复杂的非线性系统，在不同区域内，应用非线性理论研究水资源可持续利用系统的作用、机理和外界扰动对系统的敏感性。

4）水资源可持续的综合评价

根据上述水资源可持续利用的现状指标体系评价、水资源可持续利用指标趋势的动态模型和水资源可持续利用指标的稳定性分析，应用不确定性分析理论，进行水资源可持续的综合评价。

2. 水资源可持续利用指标体系研究进展

（1）水资源可持续利用指标体系的建立方法

现有指标体系建立的方法基本上是基于可持续利用的研究思路，归纳起来包括几点：

1）系统发展协调度模型指标体系由系统指标和协调度指标构成。系统可概括为社会、经济、资源、环境组成的复合系统。协调度指标则是建立区域人一地相互作用和潜力三维指标体系，通过这一潜力空间来综合测度可持续发展水平和水资源可持续利用评价。

2）资源价值论应用经济学价值观点，选用资源实物变化率、资源价值（或人均资源价值）变化率和资源价值消耗率变化等指标进行评价。

3）系统层次法基于系统分析法，指标体系由目标层和准则层构成。目标层即水资源可持续利用的目标，目标层下可建立 1 个或数个较为具体的分目标，即准则层。准则层则由更为具体的指标组成，应用系统综合评判方法进行评价。

4）压力 - 状态 - 反应（PSR）结构模型由压力、状态和反应指标组成。压力指标用以表征造成发展不可持续的人类活动和消费模式或经济系统的一些因素，状态指标用以表征可持续发展过程中的系统状态，响应指标用以表征人类为促进可持续发展进程所采取的对策。

5）生态足迹分析法是一组基于土地面积的量化指标对可持续发展的度量方法，它采用生态生产性土地为各类自然资本统一度量基础。

6）归纳法首先把众多指标进行归类，再从不同类别中抽取若干指标构建指标体系。

7）不确定性指标模型认为水资源可持续利用概念具有模糊、灰色特性。应用模糊、灰色识别理论、模型和方法进行系统评价。

8）区间可拓评价方法将待评指标的量值、评价标准均用区间表示，应用区间与区间之距概念和方法进行评价。

9）状态空间度量方法以水资源系统中人类活动、资源、环境为三维向量表示承载状态点，状态空间中不同资源、环境、人类活动组合则可形成区域承载力，构成区域承载力曲面。

10）系统预警方法中的预警是水资源可持续利用过程中偏离状态的警告，它既是一种分析评价方法，又是一种对水资源可持续利用过程进行监测的手段。预警模型由社会经济子系统和水资源环境子系统组成。

11）属性细分理论系统就是将系统首先进行分解，并进行系统的属性划分，根据系统的细分化指导寻找指标来反映系统的基本属性，最后确定各子系统属性对系统属性的贡献。

（2）水资源可持续利用评价的基本程序

基本程序包括：1）建立水资源可持续利用的评价指标体系；2）确定指标的评价标准；3）确定性评价；4）收集资料；5）指标值计算与规格化处理；6）评价计算；7）根据评价结果，

提出评价分析意见。

3. 水资源可持续利用指标研究存在的问题

水资源可持续利用是在可持续发展概念下产生的一种全新发展模式，其内涵十分丰富，具有复杂性、广泛性、动态性和地域特殊性等特点。不同国家、不同地区、不同人、不同发展水平和条件对其理解有所差异，水资源可持续利用实施的内容和途径必然存在一定的差异。因此，水资源可持续利用研究的难度非常大。目前，水资源可持续利用指标体系的研究尚处于起步阶段，主要存在以下问题：

（1）水资源可持续利用体系的理论框架不够完善

水资源可持续利用体系建立的理论框架仍处在探索阶段，其理论基本上是可持续利用理论框架演化而来的，而可持续利用的理论框架目前处在研究探索阶段，因而水资源可持续利用指标体系建立的原则、方法和评价尚不统一。从目前的研究来看，关于水资源可持续利用的探讨，政府行为和媒体宣传多于学术研究，现有研究工作大多停留于概念探讨、理论分析阶段，定性研究多于量化研究。

（2）尚未形成公认的水资源可持续利用指标体系

建立一套有效的水资源可持续利用评价指标体系是一项复杂的系统工程，目前仍未形成一套公认的应用效果很好的指标体系，其研究存在以下问题：

1）指标尺度：水资源可持续利用体系始于宏观尺度内的国际或国家水资源可持续利用研究，从研究内容来看，宏观尺度内的流域、地区的水资源可持续利用指标体系研究则相对较少。

2）指标特性：目前，应用较多的指标体系为综合指标体系、层次结构体系和矩阵结构指标体系。综合性指标体系依赖于国民经济核算体系的发展和完善，只能反映区域水资源可持续利用的总体水平，无法判断区域水资源可持续利用的差异，如联合国最新指标体系中与 21 世纪议程第 18 章关于水的指标。这些指标只适用于大范围的研究区域（如国家乃至全球），对区域水资源可持续利用评价并无多大的实用价值。层次结构指标体系在持续性、协调性研究上具有较大的难度，要求基础数据较多，缺乏统一的设计原则。矩阵结构指标体系包含的指标数目十分庞大、分散，所使用的"压力"、"状态"指标较难界定。

3）指标的可操作性：现有水资源可持续利用在反映不同地区、不同水资源条件、不同社会经济发展水平、不同种族和文化背景等方面具有一定的局限性。

4）评价的主要内容：现有指标基本上限于水资源可持续利用的现状评价，缺乏指标体系的趋势、稳定性和综合评价。因此，与反映水资源可持续利用的时间和空间特征仍有一定的距离。

5）权值：确定水资源可持续利用评价的许多方法，如综合评价法、模糊评价法等含有权值确定问题。权值确定可分为主观赋权法和客观赋权法。主观赋权法更多地依赖于专家知识、经验。客观赋权法则通过调查数据计算指标的统计性质确定。权值确定往往决定评价结果，但是目前还没有一个很好的方法。

6）定性指标的量化：在实际应用中，定性指标常常结合多种方法进行量化，但由于水资源可持续利用本身的复杂性，其量化仍是目前一个难度较大的问题，因此，定性指标的量化方法有待于深入研究。

7）指标评价标准和评价方法：现有的水资源可持续利用指标评价标准和评价方法各具特色，在实际水资源可持续评价中有时会出现较大差异，其原因是水资源可持续利用是一个复杂的系统，现有指标评价标准和评价方法基于的观点和研究的重点有所差异。如何选取理想的指标评价标准和评价方法，目前没有公认的标准和方法。

综合评分法能否恰当地体现各子系统之间的本质联系和水资源可持续利用思想的内涵还值得商榷，运用主观评价法确定指标权重，其科学性也值得怀疑，目前最大的难点在于难以解决指标体系中指标的重复问题。多元统计法中的主成分分析、因子分析为解决指标的重复提供了可能。主成分分析在第一个主成分分量的贡献率小于 85% 时，需要将几个分量合起来使贡献率大于 85%，对于这种情况，虽然处理方法很多，但目前仍存在一些争论，因子分析由于求解不具有唯一性，在选择评价问题的适合解时，采用选择的适合标准目前还有各种不同的看法。模糊评判与灰色法较评价主观、定性指标提供了可能，但其受到指标量化和计算选择方法的限制。协调度是使用一组微分方程来表示系统的演化过程，虽然协同的支配原理表明，系统的状态变量按其临界行为可分为慢变量和快变量。根据非平衡

相变的最大信息熵原理，可以简化模型的维数，但是快变量和慢变量的数目没有理论上的证明，因而仅停留在利用协同原理解释和研究大量复杂系统的演化过程。另外，对于发展度、资源环境承载力、环境容量以及可持续利用的结构函数尚需进一步探讨。多维标度方法则在多目标综合评价的方法和众多指标整合为一个量纲统一的评价性指标仍需进一步研究。

二、水资源可持续利用评价方法

水资源开发利用保护是一项十分复杂的活动，至今未有一套相对完整、简单而又为大多数人所接受的评价指标体系和评价方法。一般认为指标体系要能体现所评价对象在时间尺度的可持续性、空间尺度上的相对平衡性、对社会分配方面的公平性、对水资源的控制能力，对与水有关的生态环境质量的特异性具有预测和综合能力，并相对易于采集数据、相对易于应用。

水资源可持续利用评价包括水资源基础评价、水资源开发利用评价、与水相关的生态环境质量评价、水资源合理配置评价、水资源承载能力评价以及水资源管理评价 6 个方面。水资源基础评价突出资源本身的状况及其对开发利用保护而言所具有的特点；开发利用评价则侧重于开发利用程度、供水水源结构、用水结构、开发利用工程状况和缺水状况等方面；与水有关的生态环境质量评价要能反映天然生态与人工生态的相对变化、河湖水体的

变化趋势、土地沙化与水土流失状况、用水不当导致的耕地盐渍化状况以及水体污染状况等；水资源合理配置评价不是侧重于开发利用活动本身，而是侧重于开发利用对可持续发展目标的影响，主要包括水资源配置方案的经济合理性、生态环境合理性、社会分配合理性以及三方面的协调程度，同时还要反映开发利用活动对水文循环的影响程度，开发利用本身的经济代价及生态代价以及所开发利用水资源的总体使用效率；水资源承载能力评价要反映极限性、被承载发展模式的多样性和动态性以及从现状到极限的潜力等；水资源管理评价包括需水、供水、水质、法规、机构等五方面的管理状态。

水资源可持续利用评价指标体系是区域与国家可持续发展指标体系的重要组成部分，也是综合国力中资源部分的重要环节，"走可持续发展之路，是中国在未来发展的自身需要和必然选择"。为此，对水资源可持续利用进行评价具有重要意义。

这里主要介绍葛吉琦（1998）提出的关于水资源可持续利用评价方法。

1. 水资源可持续利用评价的含义

水资源可持续利用评价是按照现行的水资源利用方式、水平、管理与政策对其能否满足社会经济持续发展所要求的水资源可持续利用做出的评估。

进行水资源可持续利用评价的目的在于认清水资源利用现状和存在问题，调整其利用方式与水平，实施有利于可持续利用的水资源管理政策，有助于国家和地区社会经济可持续发展战略目标的实现。

2. 水资源可持续利用指标体系的评价方法

综合许多文献，目前，水资源可持续利用指标体系的评价方法主要有以下几种：

综合评分法其基本方法是通过建立若干层次的指标体系，采用聚类分析、判别分析和主观权重确定的方法，最后给出评判结果。它的特点是方法直观、计算简单。

不确定性评判法主要包括模糊与灰色评判。模糊评判采用模糊联系合成原理进行综合评价，多以多级模糊综合评价方法为主。该方法的特点是能够将定性、定量指标进行量化。

多元统计法主要包括主成分分析和因子分析法。该方法的优点是把涉及经济、社会、资源和环境等方面的众多因素组合为量纲统一的指标，解决了不同量纲的指标之间可综合性问题，把难以用货币术语描述的现象引入了环境和社会的总体结构中，信息丰富，资料易懂，针对性强。

协调度法利用系统协调理论，以发展度、资源环境承载力和环境容量为综合指标来反映社会、经济、资源（包括水资源）与环境的协调关系，能够从深层次上反映水资源可持续利用所涉及的因果关系。

多维标度方法主要包括 Torgerson 法、K-L 方法、Shepard 法、Kruskal 法和最小维数法。与主成分分析方法不同，其能够将不同量纲指标整合，进行综合分析。

第三节　水资源承载能力

一、水资源承载能力的概念及内涵

1. 水资源承载能力的概念

目前，关于水资源承载能力的定义并无统一明确的界定，国内有两种不大相同的说法：一种是水资源开发规模论；另一种是水资源支持持续发展能力论。

前者认为，"在一定社会技术经济阶段，在水资源总量的基础上，通过合理分配和有效利用所获得的最合理的社会、经济与环境协调发展的水资源开发利用的最大规模"或"在一定技术经济水平和社会生产条件下，水资源可供给工农业生产、人民生活和生态环境保护等用水的最大能力，即水资源开发容量"。后者认为，水资源的最大开发规模或容量比起水资源作为一种社会发展的"支撑能力"而言，范围要小得多，含义也不尽相同。因此，将水资源承载能力定义为："经济和环境的支撑能力。"前者的观点适于缺水地区，而后者的观点更有普遍的意义。考虑到水资源承载能力研究的现实与长远意义，对它的理解和界定要遵循下列原则：

第一，必须把它置于可持续发展战略构架下进行讨论，离开或偏离社会持续发展模式是没有意义的；第二，要把它作为生态经济系统的一员，综合考虑水资源对地区人口、资源、环境和经济协调发展的支撑力；第三，要识别水资源与其他资源不同的特点，它既是生命、环境系统不可缺少的要素，又是经济、社会发展的物质基础。既是可再生、流动的、不可浓缩的资源，又是可耗竭、可污染、利害并存和不确定性的资源。水资源承载能力除受自然因素影响外，还受许多社会因素影响和制约。如受社会经济状况、国家方针政策（包括水政策）、管理水平和社会协调发展机制等影响。因此，水资源承载能力的大小是随空间、时间和条件变化而变化的，且具有一定的动态性、可调性和伸缩性。

根据上述认识，水资源承载能力的定义为：某一流域或地区的水资源在某一具体历史发展阶段下，以可预见的技术、经济和社会发展水平为依据，以可持续发展为原则，以维护生态环境良性循环发展为条件，经过合理优化配置，对该流域或地区社会经济发展的最大支撑能力。

可以看出，有关水资源承载能力研究的是包括社会、经济，环境、生态、资源在内的错综复杂的大系统。在这个系统内，既有自然因素的影响，又有社会、经济、文化等因素的影响。为此，开展有关水资源承载能力研究工作的学术指导思想，应是建立在社会经济、生态环境、水资源系统的基础上，在资源—资源生态—资源经济科学原理指导下，立足于资源可能性，以系统工程方法为依据进行的综合动态平衡研究。着重从资源可能性出发，回答一个地区的水资源数量多少，质量如何，在不同时期的可利用水量、可供水量是多少，用这些可利用的水量能够生产出多少工农业产品，人均占有工农业产品的数量是多少，生活水平可以达到什么程度，合理的人口承载量是多少。

2. 水资源承载能力的内涵

从水资源承载能力的含义来分析，至少具有如下几点内涵。

在水资源承载能力的概念中，主体是水资源，客体是人类及其生存的社会经济系统和环境系统，或更广泛的生物群体及其生存需求。水资源承载能力就是要满足客体对主体的需求或压力，也就是水资源对社会经济发展的支撑规模，水资源承载能力具有空间属性。它是针对某一区域来说的，因为不同区域的水资源量、水资源可利用量、需水量以及社会发展水平、经济结构与条件、生态环境问题等方面可能不同，水资源承载能力也可能不同。因此，在定义或计算水资源承载能力时，首先要圈定研究区域范围。

水资源承载能力具有时间属性。在众多定义中均强调"在某一阶段"，这是因为在不同时段内，社会发展水平、科技水平、水资源利用率、污水处理率、用水定额以及人均对水资源的需求量等均有可能不同。因此，在水资源承载能力定义或计算时，也要指明研究时段，并注意不同阶段的水资源承载能力可能有变化。

水资源承载能力对社会经济发展的支撑标准应该以"可承载"为准则。在水资源承载能力概念和计算中，必须要回答水资源对社会经济发展支撑到什么标准时才算是最大限度的支撑。也只有在定义了这个标准后，才能进一步计算水资源承载能力。一般把"维系生态系统良性循环"作为水资源、承载能力的基本准则。

必须承认水资源系统与社会经济系统、生态环境系统之间是相互依赖、相互影响的复杂关系。不能孤立地计算水资源系统对某一方面的支撑作用，而是要把水资源系统与社会经济系统、生态环境系统联合起来进行研究，在水资源—社会经济—生态环境复合大系统中，寻求满足水资源可承载条件的最大发展规模，这才是水资源承载能力。

"满足水资源承载能力"仅仅是可持续发展量化研究可承载准则（可承载准则包括资源可承载、环境可承载。资源可承载又包括水资源可承载、土地资源可承载等）的一部分，它还必须配合其他准则（有效益、可持续），才能保证区域可持续发展。因此，在研究水资源合理配置时，要以水资源承载能力为基础。以可持续发展为准则（包括可承载、有效益、可持续），建立水资源优化配置模型。

3. 水资源承载能力衡量指标

根据水资源承载能力的概念及内涵的认识，对水资源承载能力可以用3个指标来衡量：

（1）可供水量的数量

地区（或流域）水资源的天然生产力有最大、最小界限，一般以多年平均产出量（水量）表示，其量基本上是个常数，也是区域水资源承载能力的理论极限值，可用总水量、单位水量表示。可供水量是指地区天然的和人工可控的地表与地下径流的一次性可利用的水量，其中包括人民生活用水、工农业生产用水、保护生态环境用水和其他用水等。可供水量的最大值将是供水增长率为零时的相应水量。一些专家认为，经济合理的水资源可利用量约为水资源量的60%~70%。

（2）区域人口数量限度

在一定生活水平和生态环境质量下，合理分配给人口生活用水、环卫用水所能供养的人口数量的限度；或计划生育政策下，人口增长率为零时的水资源供给能力，也就是水资源能够养活人口数量的限度。

（3）经济增长的限度

在合理分配给国民经济的生产用水增长率为零时，或经济增长率因受水资源供应限制为"零增长"时，国民经济增长将达到最大限度或规模，这就是单项水资源对社会经济发展的最大支持能力。

应该说明，一个地区的人口数量限度和国民经济增长限度，并不完全取决于水资源供应能力。但是，在一定的空间和时间，由于水资源紧缺和匮乏，它很可能是该地区持续发展的"瓶颈"资源，我们不得不早做研究，寻求对策。

二、水资源承载能力研究的主要内容、特性及影响因素

1. 水资源承载能力的主要研究内容

水资源承载能力研究是属于评价、规划与预测一体化性质的综合研究，它以水资源评价为基础，以水资源合理配置为前提，以水资源潜力和开发前景为核心，以系统分析和动态分析为手段，以人口、资源、经济和环境协调发展为目标，由于受水资源总量、社会经济发展水平和技术条件以及水环境质量的影响，在研究过程中，必须充分考虑水资源系统、宏观经济系统、社会系统以及水环境系统之间的相互协调与制约关系。水资源承载能力的主要研究内容包括：

（1）水资源与其他资源之间的平衡关系：在国民经济发展过程中，水资源与国土资源、矿藏资源、森林资源、人口资源、生物资源、能源等之间的平衡匹配关系。

（2）水资源的组成结构与开发利用方式：包括水资源的数量与质量、来源与组成，水资源的开发利用方式及开发利用潜力，水利工程可控制的面积、水量，水利工程的可供水量、供水保证率。

（3）国民经济发展规模及内部结构：国民经济内部结构包括工农业发展比例、农林牧副渔发展比例、轻工重工发展比例、基础产业与服务业的发展比例等。

（4）水资源的开发利用与国民经济发展之间的平衡关系：使有限的水资源在国民经济各部门中达到合理配置，充分发挥水资源的配置效率，使国民经济发展趋于和谐。

（5）人口发展与社会经济发展的平衡关系：通过分析人口增长变化趋势、消费水平变化趋势，研究预期人口对工农业产品的需求与未来工农业生产能力之间的平衡关系。

（6）通过上述五个层次内容的研究，寻求进一步开发水资源的潜力，提高水资源承载能力的有效途径和措施，探讨人口适度增长、资源有效利用、生态环境逐步改善、经济协

调发展的战略和对策。

2. 水资源承载能力的特性

随着科学技术的不断发展，人类适应自然、改造自然的能力逐渐增强，人类生存的环境正在发生重大变化，尤其是近年来，变化的速度渐趋迅速，变化本身也更为复杂。与此同时，人类对于物质生活的各种需求不断增长，因此水资源承载能力在概念上具有动态性、跳跃性、相对极限性、不确定性、模糊性和被承载模式的多样性。

（1）动态性

动态性是指水资源承载能力的主体（水资源系统）和客体（社会经济系统）都随着具体历史的不同发展阶段呈动态变化。水资源系统本身量和质的不断变化，导致其支持能力也相应发生变化，而社会体系的运动使得社会对水资源的需求也是不断变化的。这使得水资源承载能力与具体的历史发展阶段有直接的联系，不同的发展阶段有不同的承载能力，体现在两个方面：一是不同的发展阶段人类开发水资源的能力不同；二是不同的发展阶段人类利用水资源的水平也不同。

（2）跳跃性

跳跃性是指承载能力的变化不仅仅是缓慢的和渐进的，而且在一定的条件下会发生突变。突变一种可能是由于科学技术的提高、社会结构的改变或者其他外界资源的引入，使系统突破原来的限制，形成新格局。另一种是出于系统环境破坏的日积月累或在外界的极大干扰下引起的系统突然崩溃。跳跃性其实属于动态性的一种表现，但由于其引起的系统状态的变化是巨大的，甚至是突变的，因此有必要专门指出。

（3）相对极限性

相对极限性是指在某一具体的历史发展阶段，水资源承载能力具有的最大特性，即可能的最大承载指标。如果历史阶段改变了，那么水资源的承载能力也会发生一定的变化。因此，水资源承载能力的研究必须指明相应的时间断面。相对极限性还体现在水资源开发利用程度是绝对有限的，水资源利用效率是相对有限的，不可能无限制地提高和增加。当社会经济和技术条件发展到较高阶段时，人类采取最合理的配置方式，使区域水资源对经济发展和生态保护达到最大支撑能力，此时的水资源承载能力达到极限理论值。

（4）不确定性

不确定性的原因既可能来自于承载能力的主体也可能来自于承载能力的客体。水资源系统本身受天文、气象、下垫面以及人类活动的影响，造成水文系列的变异，使人们对它的预测目前无法形成确定的范围。区域社会和经济发展及环境变化，是一个更为复杂的系统，决定着需水系统的复杂性及不确定性。两方面的因素加上人类对客观世界和自然规律认识的局限性，决定了水资源承载能力的不确定性，同时决定了它在具体的承载指标上存在着一定的模糊性。

（5）模糊性

模糊性是指由于系统的复杂性和不确定因素的客观存在以及人类认识的局限性，决定了水资源承载能力在具体的承载指标上存在着一定的模糊性。

（6）被承载模式的多样性

被承载模式的多样性也就是社会发展模式的多样性。人类消费结构不是固定不变的，而是随着生产力的发展而变化的，尤其是在现代社会中，国与国、地区与地区之间的经贸关系弥补了一个地区生产能力的不足，使得一个地区可以不必完全靠自己的生产能力生产自己的消费产品，因此社会发展模式不是唯一的。如何利用有限的水资源支持适合自己条件的社会发展模式则是水资源承载能力研究不可回避的决策问题。

第四节　水资源利用工程

一、地表水资源利用工程

1.地表水取水构筑物的分类

地表水取水构筑物的形式应适应特定的河流水文、地形及地质条件，同时应考虑到取水构筑物的施工条件和技术要求。由于水源自然条件和用户对取水的要求各不相同，因此地表水取水构筑物有多种不同的形式。

地表水取水构筑物按构造形式可分为固定式取水构筑物、活动式取水构筑物和山区浅水河流取水构筑物三大类，每一类又有多种形式，各自具有不同的特点和适用条件。

（1）固定式取水构筑物

固定式取水构筑物按照取水点的位置，可分为岸边式、河床式和斗槽式；按照结构类型，可分为合建式和分建式；河床式取水构筑物按照进水管的形式，可分为自流管式、虹吸管式、水泵直接吸水式、桥墩式；按照取水泵型及泵房的结构特点，可分为干式、湿式泵房和淹没式、非淹没式泵房；按照斗槽的类型，可分为顺流式、逆流式、侧坝进水逆流式和双向式。

（2）活动式取水构筑物

活动式取水构筑物可分为缆车式和浮船式。缆车式按坡道种类可分为斜坡式和斜桥式。浮船式按水泵安装位置可分为上承式和下承式；按接头连接方式可分为阶梯式连接和摇臂式连接。

（3）山区浅水河流取水构筑物

山区浅水河流取水构筑物包括底栏栅式和低坝式。低坝式可分为固定低坝式和活动低坝式（橡胶坝、浮体闸等）。

2.取水构筑物形式的选择

取水构筑物形式的选择，应根据取水量和水质要求，结合河床地形及地质、河床冲淤、水深及水位变幅、泥沙及漂浮物、冰情和航运等因素，并充分考虑施工条件和施工方法，在保证安全可靠的前提下，通过技术经济比较确定。

取水构筑物在河床上的布置及其形状的选择，应考虑取水工程建成后不致因水流情况的改变而影响河床的稳定性。

在确定取水构筑物形式时，应根据所在地区的河流水文特征及其他一些因素，选用不同特点的取水形式。西北地区常采用斗槽式取水构筑物，以减少泥沙和防止冰凌；对于水位变幅特大的重庆地区常采用土建费用省、施工方便的湿式深井泵房；广西地区对能节省土建工程量的淹没式取水泵房有丰富的实践经验；中南、西南地区很多工程采用了能适应水位涨落、基金投资省的活动式取水构筑物；山区浅水河床上常建造低坝式和底栏栅式取水构筑物。随着我国供水事业的发展，在各类河流、湖泊和水库兴建了许多不同规模，不同类型的地面水取水工程，如合建和分建岸边式，合建和分建河床式、低坝取水式、深井取水式、双向斗槽取水式、浮船或缆车移动取水式等。

（1）在游荡型河道上取水

在游荡型河道上取水要比在稳定河道上取水难得多。游荡型河段河床经常变迁不定，必须充分掌握河床变迁规律，分析变迁原因，顺乎自然规律选定取水点，修建取水工程，应慎重采取人工导流措施。

（2）在水位变幅大的河道取水

我国西南地区如四川很多河流水位变幅都在 30 m 以上，在这样的河道上取水，当供水量不太大时，可以采用浮船式取水构筑物。因活动式取水构筑物安全可靠性较差，操作管理不便，因此可以采用湿式竖井泵房取水，不仅泵房面积小，而且操作较为方便。

（3）在含砂量大及冬季有潜冰的河道上取水

黄河是举世闻名、世界仅有的高含砂量河流，为了减少泥沙的进入，兰州市水厂采用了斗槽式取水构筑物，该斗槽的特点是在其上、下游均设进水口，平时运行由下游斗槽口进水，这样夏季可减少含砂量进入，冬季可使水中的潜冰浮在斗槽表面，防止潜冰进入取水泵。上游进水口设有闸门，当斗槽内积泥沙较多时，可提闸冲砂。

3. 地表水取水构筑物位置的选择

在开发利用河水资源时，取水地点（即取水构筑物位置）的选择是否恰当，直接影响取水的水质、水量、安全可靠性及工程的投资、施工、管理等。因此应根据取水河段的水文、地形、地质及卫生防护，河流规划和综合利用等条件全面分析，综合考虑。地表水取水构筑物位置的选择，应根据下列基本要求，通过技术经济比较确定：

（1）取水点应设在具有稳定河床、靠近主流和有足够水深的地段

取水河段的形态特征和岸形条件是选择取水口位置的重要因素，取水口位置应选在比较稳定、含沙量不太高的河段，并能适应河床的演变。不同类型河段适宜的取水位置如下：

1）顺直河段

取水点应选在主流靠近岸边、河床稳定、水深较大、流速较快的地段，通常也就是河流较窄处，在取水口处的水深一般要求不小于 2.5 m。

2）弯曲河段

如前所述，弯曲河道的凹岸在横向环流的作用下，岸陡水深，泥沙不易淤积，水质较好，且主流靠近河岸，因此凹岸是较好的取水地段。但取水点应避开凹岸主流的顶冲点（即主流最初靠近凹岸的部位），一般可设在顶冲点下游 15~20 m，同时也是冰水分层的河段。因为凹岸容易受冲刷，所以需要一定的护岸工程。为了减少护岸工程量，也可以将取水口设在凹岸顶冲点的上游处。具体如何选择，应根据取水构筑物的规模和河岸地质情况确定。

3）游荡型河段

在游荡性河段设置取水构筑物，特别是固定式取水构筑物比较困难，应结合河床、地形、地质特点，将取水口布置在主流线密集的河段上，必要时需改变取水构筑物的形式或进行河道整治以保证取水河段的稳定性。

4）有边滩、沙洲的河段

在这样的河段上取水，应注意了解边滩和沙洲形成的原因、移动的趋势和速度，不宜将取水点设在可移动的边滩、沙洲的下游附近，以免被泥沙堵塞，一般应将取水点设在上游距沙洲 500m 以远处。

5）有支流汇入的顺直河段

在有支流汇入的河段上，由于干流、支流涨水的幅度和先后次序不同，容易在汇入口附近形成"堆积锥"，因此取水口应离开支流入口处上下游有足够的距离，一般取水口多设在汇入口干流的上游河段上。

（2）取水点应尽量设在水质较好的地段

为了取得较好的水质，取水点的选择应注意以下几点：

1）生活污水和生产废水的排放常常是河流污染的主要原因，因此供生活用水的取水构筑物应设在城市和工业企业的上游，距离污水排放口上游 100 m 以远，并应建立卫生防护地带。如岸边有污水排放，水质不好，则应伸入江心水质较好处取水。

2）取水点应避开河流中的回流区和死水区，以减少水中泥沙、漂浮物进入和堵塞取水口。

3）在沿海地区受潮汐影响的河流上设置取水构筑物时，应考虑到海水对河水水质的影响。

二、地下水资源利用工程

1. 地下水取水构筑物的分类

从地下含水层取集表层渗透水、潜水、承压水和泉水等地下水的构筑物，有管井、大口井、辐射井、渗渠、泉室等类型。

管井：目前应用最广的形式，适用于埋藏较深、厚度较大的含水层。一般用钢管做井壁，在含水层部位设滤水管进水，防止沙砾进入井内。管井口径通常在 500 mm 以下，深几十米至百余米，甚至几百米。单井出水量一般为每日数百至数千立方米。管井的提水设备一般为深井泵或深井潜水泵。管井常设在室内。

大口井：也称宽井，适用于埋藏较浅的含水层。井的口径通常为3m~10m。井身用钢筋混凝土、砖、石等材料砌筑。取水泵房可以和井身合建也可分建，也有几个大口井用虹吸管相连通后合建一个泵房的。大口井由井壁进水或与井底共同进水，井壁上的进水孔和井底均应填铺一定级配的沙砾滤层，以防取水时进砂。单井出水量一般较管井要大。中国东北地区及铁路供水应用较多。

辐射井：适用于厚度较薄、埋深较大、砂粒较粗而不含漂卵石的含水层。从集水井壁上沿径向设置辐射井管借以取集地下水的构筑物。辐射管口径一般为100mm~250mm，长度为10m~30m。单井出水量大于管井。

渗渠：适用于埋深较浅、补给和透水条件较好的含水层。利用水平集水渠以取集浅层地下水或河床、水库底的渗透水的取水构筑物。由水平集水渠、集水井和泵站组成，集水渠由集水管和反滤层组成，集水管可以为穿孔的钢筋混凝土管或浆砌块石暗渠。集水管口径一般为0.5m~1.0m，长度为数十米至数百米，管外设置由砂子和级配砾石组成的反滤层，出水量一般为20~30 m³/d。

泉室：取集泉水的构筑物，对于由下而上涌出地面的自流泉，可用底部进水的泉室，其构造类似大口井。

对于从倾斜的山坡或河谷流出的潜水泉，可用侧面进水的泉室。泉室可用砖、石、钢筋混凝土结构，应设置溢水管、通气管和放空管，并应防止雨水的污染。

2. 地下水水源地的选择

水源地的选择，对于大中型集中供水，关键是确定取水地段的位置与范围；对于小型分散供水而言，则是确定水井的井位。它不仅关系到水源地建设的投资，而且关系到是否能保证水源地长期经济、安全地运转和避免产生各种不良环境地质作用。

水源地选择是在地下水勘查基础上，由有关部门批准后确定的。

（1）集中式供水水源地的选择

进行水源地选择，首先考虑的是能否满足需水量的要求，其次是它的地质环境与利用条件。

1）水源地的水文地质条件

取水地段含水层的富水性与补给条件，是地下水水源地的首选条件。因此，应尽可能选择在含水层层数多、厚度大、渗透性强、分布广的地段上取水，如选择冲洪积扇中上游的砂砾石带和轴部，河流的冲积阶地和高漫滩，冲积平原的古河床、厚度较大的层状与似层状裂隙和岩溶含水层、规模较大的断裂及其他脉状基岩含水带。

在此基础上，应进一步考虑其补给条件。取水地段应有较好的汇水条件，应是可以最大限度拦截区域地下径流的地段或接近补给水源和地下水的排泄区；应是能充分夺取各种补给量的地段。例如在松散岩层分布区，水源地尽量靠近与地下水有密切联系的河流岸边。

在基岩地区，应选择在集水条件最好的背斜倾没端、浅埋向斜的核部、区域性阻水界面迎水一侧；在岩溶地区，最好选择在区域地下径流的主要径流带的下游，或靠近排泄区附近。

2）水源地的地质环境

在选择水源地时，要从区域水资源综合平衡方面出发，尽量避免出现新旧水源地之间、工业和农业用水之间、供水与矿山排水之间的矛盾。也就是说，新建水源地应远离原有的取水或排水点，减少互相干扰。

为保证地下水的水质，水源地应远离污染源，选择在远离城市或工矿排污区的上游，应远离已污染（或天然水质不良）的地表水体或含水层的地段，避开易于使水井淤塞、涌砂或水质长期混浊的流砂层或岩溶充填带。在滨海地区，应考虑海水入侵对水质的不良影响，为减少垂向污水渗入的可能性，最好选择在含水层上部有稳定隔水层分布的地段。此外，水源地应选在不易引起地面沉降、塌陷、地裂等有害工程地质作用的地段上。

3）水源地的经济性、安全性和扩建前景

在满足水量、水质要求的前提下，为节省建设投资，水源地应靠近供水区，少占耕地；为降低取水成本，应选择在地下水浅埋或自流地段；河谷水源地要考虑水井的淹没问题；人工开挖的大口径取水工程，则要考虑井壁的稳固性。当有多个水源地方案可供比较时，未来扩大开采的前景条件，也常常是必须考虑的因素之一。

第五节　水资源保护

水为人类社会进步、经济发展提供必要的基本物质保证的同时，施加于人类诸如洪涝等各种无情的自然灾害，对人类的生存构成极大威胁，人的生命财产遭受到难以估量的损失。长期以来，由于人类对水认识上存在误区，认为水是取之不尽、用之不竭的最廉价资源，无序的掠夺性开采与不合理利用现象十分普遍，由此产生了一系列水及与水资源有关的环境、生态和地质灾害问题，严重制约了工业生产发展和城市化进程，威胁着人类的健康和安全。目前，在水资源开发利用中表现出水资源短缺、生态环境恶化、地质环境不良、水资源污染严重、缺水显著、水资源浪费巨大。显然，水资源的有效保护，水污染的有效控制已成为人类社会持续发展的一项重要的课题。

一、水资源保护的概念

水资源保护，从广义上应该涉及地表水和地下水水量与水质的保护与管理两个方面。也就是通过行政的、法律的、经济的手段，合理开发、管理和利用水资源，保护水资源的质、量供应，防止水污染、水源枯竭、水流阻塞和水土流失，以满足社会实现经济可持续发展对淡水资源的需求。在水量方面，尤其要全面规划、统筹兼顾、综合利用、讲求效益，发挥水资源的多种功能，同时也要顾及环境保护要求和改善生态环境的需要；在水质方面，必须减少和消除有害物质进入水环境，防治污染和其他公害，加强对水污染防治的监督和管理，维持良好水质状态，实现水资源的合理利用与科学管理。

二、水资源保护的任务和内容

城市人口的增长和工业生产的发展，给许多城市水资源和水环境保护带来很大压力。农业生产的发展要求灌溉水量增加，对农业节水和农业污染控制与治理提出更高的要求。实现水资源的有序开发利用保持水环境的良好状态、是水资源保护管理的重要内容和首要任务。具体为：

1. 改革水资源管理体制并加强其能力建设，切实落实与实施水资源的统一管理，有效合理分配。

2. 提高水污染控制和污水资源化的水平，保护与水资源有关的生态系统。实现水资源的可持续利用，消除次生的环境问题，保障生活、工业和农业生产的安全供水，建立安全供水的保障体系。

3. 强化气候变化对水资源的影响及其相关的战略性研究。

4. 研究与开发与水资源污染控制与修复有关的现代理论、技术体系。

5. 强化水环境监测，完善水资源管理体制与法律法规，加大执法力度，实现依法治水和管水。

三、水资源保护措施

1. 加强水资源保护立法，实现水资源的统一管理

（1）行政管理

建立高效有力的水资源统一管理行政体系，充分体现和行使国家对水资源的统一管理权，破除行业、部门、地区分割，形成跨行业、跨地区、跨部门的地表水与地下水统一管理的行政体系。

同时进一步明确统一管理与分级管理的关系、流域管理与区域管理的关系、兴利与除害的关系等，建立一个以水资源国家所有权为中心，分级管理、监督到位、关系协调、运行有效，对水资源开发、利用、保护实施全过程动态调控的水资源统一管理体制。

（2）立法管理

依靠法治实现水资源的统一管理，是一种新的水资源管理模式，它的基本要求就是必须具备与实现和统一管理相适应的法律体系与执法体系。

2. 节约用水，提高水的重复利用率

节约用水，提高水的重复利用率是克服水资源短缺的重要措施。工业、农业和城市生活用水具有巨大的节水潜力。在节水方面，世界上一些发达国家取得了重大进展。美国从

20 世纪 80 年代开始，总用水量及人均用水量均呈逐年减少的趋势。年总用水量 80 年代平均为 6 100 亿 m²，1990 年为 5 640 亿 m²，2010 年减少到 4 906 亿 m²；年人均用水量从 2 600 m² 减至 1567 m²。日本自 20 世纪 60 年代以来，工业用水量于 70 年代末、农业用水量于 80 年代初分别达到零增长和负增长。

3. 实施流域水资源的统一管理

流域水资源管理与污染控制是一项庞大的系统工程，必须从流域、区域和局部的水质水量综合控制、综合协调和整治才能取得较为满意的效果。

第十一章 水土保持在水资源保护中的作用

第一节 水土保持的内涵

水土保持（Water and soil conservation），是指对自然因素和人为活动造成水土流失所采取的预防和治理措施。工程措施、生物措施和蓄水保土措施是水土保持的主要措施。

1. 工程措施

指防治水土流失危害，保护和合理利用水土资源而修筑的各项工程设施，包括治坡工程（各类梯田、台地、水平沟、鱼鳞坑等）、治沟工程（如淤地坝、拦沙坝、谷坊、沟头防护等）和小型水利工程（如水池、水窖、排水系统和灌溉系统等）。

2. 生物措施

指为防治水土流失、保护与合理利用水土资源，采取造林种草及管护的办法，增加植被覆盖率，维护和提高土地生产力的一种水土保持措施。主要包括造林、种草和封山育林、育草。

3. 蓄水保土

以改变坡面微小地形、增加植被覆盖或增强土壤有机质抗蚀力等方法，保土蓄水，改良土壤，以提高农业生产的技术措施。如等高耕作、等高带状间作、沟垄耕作，少耕、免耕等。开展水土保持，就是要以小流域为单元，根据自然规律，在全面规划的基础上，因地制宜、因害设防，合理安排工程、生物、蓄水保土三大水土保持措施，实施山、水、林、田、路综合治理，最大限度地控制水土流失，从而达到保护和合理利用水土资源、实现经济社会可持续发展的目的。因此，水土保持是一项适应自然、改造自然的战略性措施，也是合理利用水土资源的必要途径；水土保持工作不仅是人类对自然界水土流失原因和规律认识的概括和总结，也是人类改造自然和利用自然能力的体现。

4. 特点

水土保持是一项综合性很强的系统工程，水土保持工作主要有以下四个特点：

一是科学性，涉及多学科，如土壤、地质、林业、农业、水利、法律等。

二是地域性，由于各地自然条件的差异和当地经济水平、土地利用、社会状况及水土流失现状的不同，需要采取不同的手段。

三是综合性，涉及财政、计划、环保、农业、林业、水利、国土资源、交通、建设、经贸、司法、公安等诸多部门，需要通过大量的协调工作，争取各部门的支持，才能搞好水土保持工作。

四是群众性，必须依靠广大群众，动员千家万户治理千沟万壑。

5. 意义

水土保持是山区发展的生命线，是国土整治、江河治理的根本，是国民经济和社会发展的基础，是我们必须长期坚持的一项基本国策（国务院国发〔1993〕5 号文件《关于加强水土保持工作的通知》）。通过开展小流域综合治理，层层设防，节节拦蓄，增加地表植被，可以涵养水源，调节小气候，有效地改善生态环境和农业生产基础条件，减少水、旱、风沙等自然灾害，促进产业结构的调整，促进农业增产和农民增收。

实践证明，开展水土保持工作是山区生态和经济社会可持续发展的重要途径。据第二次水土流失普查结果，全国水土流失面积高达 365 万平方公里，其中水蚀面积高达 165 万平方公里，风蚀面积 191 万平方公里，水蚀风蚀交错带 26 万平方公里，有很多地方还存在大量的重力侵蚀。

近 10 年，国家水土保持重点工程规模和范围不断扩大，全国累计初步治理水土流失面积近 110 万平方公里，带动全国实施坡改梯面积近 500 万亩。全国有 1.5 亿群众从水土保持治理中直接受益，2000 多万山丘区群众的生计问题得以解决。

治理水土流失，事关经济社会可持续发展和中华民族长远福祉。对此，党中央、国务院高度重视，出台了一系列支持水土保持的政策举措，推动水土保持工作取得重大进展和显著成效。近年来，我国水土保持法制建设取得了丰硕成果，修订后的《水土保持法》于 2011 年 3 月 1 日正式施行，以新法为基础，各个层面的配套法规建设也取得重大进展，水利部修订了水土保持监测资质管理、方案管理、设施验收管理和补偿费征收使用管理等配套法规，绝大多数省区市启动了新法实施办法的修订工作，配套规章制度不断健全，为水土保持提供了强有力的法律保障。在监督管理方面，水土保持"三同时"制度全面落实，近 10 年来全国共审批生产建设项目水土保持方案 34 万个，生产建设单位投入水土保持资金 4000 多亿元，减少水土流失量 20 多亿吨，人为水土流失得到有效遏制。在生态修复方面，全国有 1250 个县出台了封山禁牧政策，累计实施封育保护面积 72 万平方公里，使 45 万平方公里生态得到初步修复。全国建成清洁小流域 300 多条，各地积极探索生态安全型、生态经济型、生态环境型小流域建设，进一步丰富了小流域治理的内涵。

6. 效益评价

水土保持是一项面广量大、复杂的系统工作，要全面测试、分析评估其效益，确实不易。一般将水保效益分为经济、社会、生态三部分，对水少沙多的北方河流还增加一项拦泥效益。不同水保措施，不同地形地质条件下的单项效益，为水保评价提供了依据，效益计算：采用有无措施或增减措施后在时空方面的对比。为实现科学管理和国家决策要求，必须客观地、定量地认识和评价水土保持的全面和单项问题，揭示水土保持的基本情况与动态变化、水土保持的成效与进展、水土保持的潜力与展望。总效益是各项效益的融合,研究分类效益及其间的相互关系应是主要内容。生态环境既是总效益的一部分,也是促进社会经济发展的重要因素,分析研究与不同生态环境相适应的社会经济效益,具有现实意义。经济既是各类措施的物质基础,也是国民经济发展和构建小康社会的必要条件。

7. 国内现状

合理利用山丘区和风沙区水土资源,维护和提高土地生产力以利于充分发挥水土资源的经济效益和社会效益,建立良好的生态环境事业。在科学发展观的指导下,水土保持应该是建立人与自然和谐共处,保证国民经济可持续发展的有力支撑。在水利方面,我国存在着水多、水少、水污、水浊的四大问题。其中水浊既独自为害水体,又增加其他"三水"对河流的不利影响,处于关键地位。水土流失破坏土壤结构,降低植被质量,影响流域对径流的调蓄能力,增加水多水少的矛盾。泥沙增多既降低河流质量,影响水生物活动,又作为污染物的载体,提高污染的浓度与防治的难度。从辩证的观点来看,不应就问题论问题,而应当追根溯源,将水土保持作为水利的中心环节与战略措施,提高其在国民经济发展计划中的地位与作用。

水土保持面广量大,情况复杂,既是理论问题,也是实用问题;既是自然科学,也是社会科学;既注重于经济发展,更关注生态环境;既要有辩论思维,又要考虑政策法规。使人与自然以及物与物之间的和谐共处,才是水土保持的最高理想。当然,这既是很高的要求,也是很艰巨的任务;既限于科技水平,也限于政治经济条件。但是只要我们努力研究,积极争取,总有一天能够达到或部分达到这一艰巨而伟大的战略目标。

8. 作用对象

不只是土地资源,还包括水资源。保持(conservation)的内涵不只是保护(protection),而且包括改良(improvement)与合理利用(rational use)。

不能把水土保持理解为土壤保持、土壤保护,更不能将其等同于侵蚀土壤控制(soil erosion control)。水土保持是自然资源保育的主体。

9. 保持措施

对于水利工程师在进行施工时,必须要考虑到水土保持工作,那么,水土保持有什么措施呢?

为了避免水土的过度流失,从保护水土资源的角度出发,通过改良以及合理利用,提高并维护土地的生产力;为了能够充分发挥水土资源的生态效益、经济效益、社会效益,必须要采取综合性的保护措施。

由于土壤的组织物质比较特殊,自然营力和人类的综合活动作用会对土壤有一定的影响,主要是气候、地形、地质、植被等方面的因素,我们所说的土壤侵蚀也是如此,是在综合活动的情况下,造成土壤过度剥蚀、破坏、分离、搬运、沉积。我们在修建水库时,必须要考虑到选址的问题,以此来遵循相应的原则,这些原则主要有肚口的大小,集水的面积,大坝的坝址,以及地质是否良好,根据浇灌区的高与低,是否有足够的使用建筑材料为保障，在附近是否适合挖溢或是淹没的损失有多大。并以此进行综合的考虑，明确水库的组成部分，比如储水、坝体、排水闸、进水闸门的位置地址。还有风对土壤的移动形式也必须有所考虑。我们所说的水土保持的措施主要有三种形式，一是工程措施，二是生物措施，三是农耕措施。

第二节　水土保持与生态文明建设的关系

水土保持已成为我国的一项基本国策和可持续发展战略的重要组成部分。几十年来，水土保持在改善生态环境和农业生产条件、治理江河等方面发挥了重要作用，水土保持被广大群众誉为党和国家的"德政工程"、山区脱贫的"致富工程"。水土保持是江河治理的根本，是水资源利用和保护的基础，是与水资源管理互为促进、紧密结合的有机整体。水土保持是国土整治的重要内容。保护珍贵的土地资源免受外力侵蚀，既是水土保持的基本内涵，也是土地资源利用和保护的主要内容。从保护土地资源、减轻土壤退化的角度上讲，水土保持对土地资源的利用和保护有着促进作用。水土保持是生态文明建设的重要内容。

一、水土流失是头号生态环境问题

水土流失已成为我国头号环境问题，只有重视和切实加强水土保持工作，加快水土流失防治进程，推进水生态文明建设，才能真正将建设生态文明的目标落到实处。如何正确认识和把握水土保持在生态环境建设中的作用与地位是未来加快水土综合治理步伐、开创生态环境建设新局面的关键一环。

进入 21 世纪，随着我国现代化进程的加快，人口、资源、环境之间的矛盾日益突出。2013 年我国水土流失面积达 294.91 万 km²，占国土总面积的 30.72%。不仅分布广泛，且土壤流失的总量大，侵蚀强度高。我国年均土壤流失总量约 41.5 亿吨，在 294.91 万 km²的水土流失面积中，土壤侵蚀模数在 2500t/（km²·a）以上的中度以上侵蚀面积占到 53%，侵蚀强度远高于容许土壤流失量。凡是水土流失严重的地区，生态状况必然恶化。严重的水土流失，导致水土资源破坏、自然灾害加剧，是我国生态恶化的集中反映，制约着经济社会的可持续发展。

水土流失威胁城镇，破坏交通，危及工矿设施和下游地区生产建设和人民生命财产的安全，特别是在高山深谷因水力和重力的双重作用容易发生山体滑坡、泥石流灾害。

全国现有水土流失严重县 646 个，每年水土流失给我国带来的经济损失相当于 GDP的 2.25% 左右，带来的生态环境损失更是难以估算。2015 年 12 月 20 日，位于广东省深圳市光明新区的红坳渣土受纳场发生滑坡事故，造成 73 人死亡，4 人下落不明，17 人受伤（重伤 3 人，轻伤 14 人），33 栋建筑物被损毁掩埋，90 家企业生产受影响，涉及员工4630 人。事故造成直接经济损失为 8.81 亿元。

生态环境恶化与严重水土流失区的贫困互为因果，致使自然资源得不到有利的保护和充分合理的开发利用，给国民经济和社会发展带来极大的危害。水土流失导致沃土流失，留下的全是贫瘠的土地。在水土流失严重地区，地力衰退，产量下降，形成"越穷越垦、越垦越穷"的恶性循环。目前，全国农村贫困人口90%以上都生活在生态环境十分恶劣的水土流失地区。以黄土高原为例，黄土高原地区是世界最大的黄土沉积区，位于中国中部偏北，34°~40°N，103°~114°E，西起日月山，东至太行山，南靠秦岭，北抵阴山，涉及青海、甘肃、宁夏、内蒙古、陕西、山西、河南七省（自治区)50个地（市），317个县(旗)，总面积64.87万km²，占国土面积的6.76%。总人口8742万，其中农业人口6908万，占总人口的79.02%。水土流失面积约47.2万km2，占总面积的72.76%，多年平均输入黄河的沙量达15.6亿吨表土，使黄河下游河道平均每年淤高10cm。水土流失面积之广、强度之大、流失量之多堪称世界之最。黄土高原许多地方沟头每年平均前进3m左右，地面支离破碎。2015年对黄土高原进行的水土保持生态考察结果显示，黄河的年均输沙量已从16亿吨减少到21世纪的3亿吨左右，减幅达80%。但专家强调，黄土高原侵蚀模数仍未达标，水土流失问题依然严重。

严重的水土流失也给黄土高原带来严重的生态环境问题，地表被切割成千沟万壑，加重了风蚀、水蚀，重力侵蚀的相互交融增大了雨洪及干旱灾害的产生频率，植被破坏、植物退化、生态功能急剧衰退，形成了恶性循环，而人类不合理的经济活动又加剧了生态环境的恶化。因此，黄土高原的水土流失使黄河产生了不同于其他江河的突出矛盾，成为黄河流域十分严重的生态环境问题。

十八大报告指出，国土是生态文明建设的空间载体，必须珍惜每一寸土地，要促进生产空间集约高效、生活空间宜居适度、生态空间山清水秀，使蓝天常在、青山常在、绿水常在。生态文明建设的关键是处理好人与自然的关系，使经济社会发展建立在资源能支撑、环境能容纳、生态受保护的基础上。水土保持的任务和目标就是保护水土资源，保护和改善生态环境，也就是保护生态文明建设赖以实施的基础。因此，水土保持工作是生态文明建设的基础性工作。我们应站在国家能否持续发展、能否转向绿色发展、能否形成新的综合国力和国际竞争力的战略高度，审视和研究新时代的水土保持工作。

二、水土保持与生态环境互相依托，相得益彰

水土保持作为保护人类、改善生态环境的重要技术工程手段和途径，在可持续发展的理论和实践中扮演着极其重要的角色。随着经济的推进，环境与发展已成为当今世界的主题，受到越来越多的重视，在各种场合的大型研讨会中，环境和发展多次被提及。在我国环境保护已成为一项基本国策，国家强调在开发利用资源的同时，必须保护生态环境。水土保持和生态环境建设都可以有效地保护环境和自然资源，两者既有区别，也有联系，呈相辅相成的关系。

水土流失是我国生态环境恶化的主要特征，是贫困的根源。要解决这一问题，必须调整好人类、环境与发展三者之间的关系，特别是要调整好经济发展的模式。水土保持是搞好生态环境建设的前提、基础、根本性措施和有力保障，水土保持与生态环境建设互为依托，密不可分，相得益彰。

《国务院关于加强水上保持工作的通知》指出：水土保持是山区发展的生命线，是国土整治、江河治理的根本，是国民经济和社会发展的基础，是我们必须长期坚持的一项基本国策。《中共中央、国务院关于加快水利改革发展的决定》（中发 20111 号）明确了新形势下水利水土保持的地位和作用，指出水利水土保持是现代农业建设的首要条件，是经济社会发展不可替代的基础支撑，是生态环境改善不可分割的保障系统，具有很强的公益性、基础性、战略性。水土保持是项系统工程，是一定结构和特定功能若干个子系统组成的综合体。通过开展小流域综合治理，层层设防，节节拦蓄，增加地表植被，可以涵养水源，调节小气候，有效地改善生态环境和农业生产基础条件，减少旱、涝、风、沙等自然灾害，促进产业结构的调整，促进农业增产和农民增收。实践证明，开展水土保持工作是山区生态和经济社会可持续发展的重要途径。

水土保持生态环境建设是实现可持续发展的必由之路，是一项需要几代人付出艰辛努力的系统工程。在广大的水土流失地区，要实施封育保护，开展林草植被建设，促进生态修复，全面改善生态环境。而所谓生态环境就是由土、水、光、热等和生物群落有机组合，从而构成相对稳定的自然整体，如果水土保持工作做不好，形成的水土流失必然影响相应的协调关系，导致生态环境的失衡以致破坏恶化。因此，只有密切关注到水土保持与生态环境之间这种互为依托的关系，才能按照生态经济学的观点做好水土保持与环境建设这一伟大事业。

三、生态文明建设推动了水土保持发展

19 世纪以来，全世界土壤资源受到严重破坏。水土流失、土壤盐渍化、沙漠化、贫瘠化、渍涝化以及由自然生态失衡而引起的水旱灾害等，使耕地逐日退化而丧失生产能力。目前，全球约有 15 亿 hm² 的耕地，由于水土流失与土壤退化，每年损失 500 万 ~700 万 hm²。如果土壤以这样的毁坏速度计算，全球每 20 年丧失掉的耕地就等于今天印度的全部耕地面积（1.4 亿 hm²）。由于世界人口的不断增加，人均占有土地面积将进一步减少。如果水土资源遭到破坏，进而衰竭，将危及国家和民族的生存。古罗马帝国、古巴比伦王国衰亡的重要原因之一，就是水土流失导致生态环境恶化；希腊人、小亚细亚人为了取得耕地而毁林开荒，造成严重的水土流失，致使茂密的森林地带变成不毛之地。

1934 年 5 月，美国中西部大草原发生的特大黑风暴，席卷了美国 2/3 的大陆，对农田和牧场造成了巨大损失。从 1935 年起，美国宣布实施大草原各州林业工程，工程历时 8 年，

史称"罗斯福工程"。此外，还有1949年开始实施的斯大林改造大自然计划，1970-1990年实施的非洲五国绿色坝工程，以及1990-2000年实施的加拿大绿色计划，1954年至今的日本治山计划、1965年至今的法国林业生态工程和1973年至今的印度社会林业计划，在治理生态方面取得了显著成效，都成为世界著名的生态工程，在国际上产生了重大影响，如"罗斯福工程"有效遏制了美国中部6个州草原"黑风暴"高频爆发等生态问题，成为生态工程建设史上的典范。纵观世界各国生态治理的历程，我们充分认识到，实施重大生态修复工程成为解决生态危机及一系列生态难题的必由之路。

我国地域辽阔，地表状况复杂，水土流失遍布全国，无论是平原、山地、丘陵都有一定程度的水土流失，近些年来，随着经济的高速发展，农业结构逐渐稳定单一化，矿业和工业的发展也对环境问题提出挑战，地表植被被破坏，更是加重了我国水土流失治理的压力。水土流失将加重我国经济发展压力，为维持国家经济的持续发展必须重视水土保持生态建设的可持续发展建设。生态治理、水土保持环境建设是一个长期的进程。因此，必须用发展性的战略眼光真正将水土保持和环境建设作为核心的工作内容，通过水土保持工作，促进生态建设向良性循环可持续方向发展，通过生态环境建设使水土保持的要点和重点工作得到落实。生态文明建设是中国特色社会主义事业的重要内容，国家高度重视生态文明建设，先后出台了一系列重大决策部署，使生态文明建设取得了重大进展和积极成效。但总体上看，我国生态文明建设水平仍滞后于经济社会发展，资源约束趋紧，环境污染严重，生态系统退化，发展与人口资源环境之间的矛盾日益突出，已成为制约经济社会可持续发展的重大瓶颈。加快推进生态文明建设是加快转变经济发展方式、提高发展质量和效益的内在要求，是坚持以人为本、促进社会和谐的必然选择，是全面建成小康社会、实现中华民族伟大复兴中国梦的时代抉择，是积极应对气候变化、维护全球生态安全的重大举措。

20世纪90年代以来，我国生态文明建设的步伐明显加快，生态文明建设的力度空前加强。2001-2010年全国累计完成造林面积0.55亿hm²，全国森林覆盖率由16.55%增加到20.36%。2013年2月22日，国家统计局发布《2012年国民经济和社会发展统计公报》。公报显示，2012年，我国林业事业发展平稳、持续推进，全年完成造林面积601万hm²，其中人工造林410万hm²。林业重点工程完成造林面积274万hm²。建立落后产能淘汰机制，实施了新的饮用水卫生标准，推进了Pm2.5等新国标监测。

生态补偿作为一种资源环境保护的经济性手段，以保护生态环境、促进人与自然和谐发展为目的，根据生态系统服务价值、生态保护成本，发展机会成本、运用政府和市场手段，调节生态保护利益相关者之间的利益关系。生态补偿制度的建立对推进生态文明建设具有重要意义，可以为生态文明建设提供资金和制度保障。自1983年以来，我国实施了相关生态补偿政策法律制度，相应法律法规也不断出台与完善。

第三节　水土保持在生态环境建设中的作用

生态系统的平衡往往是大自然经过了很长时间才建立起来的动态平衡。一旦受到破坏，很难恢复重建。因此，人类要尊重生态平衡，维护生态平衡，而绝不可轻易地去破坏它。水土保持是生态环境建设的主体和基础。生态环境是由土、水、光、热等和生物群落有机组合，从而构成相对稳定的自然整体。水土流失必然影响生态系统内部的协调关系，导致生态环境平衡的破坏以致恶化。因此，应密切关注到水土保持与生态环境之间这种互为依托的关系，做好水土保持工作。

一、水土资源是生态文明的基础

水和土壤是一切生物繁衍生息的根基，是人类社会可持续发展的基础性资源，是实现生态文明的重要基础。水土保持通过因地制宜，合理调整人与自然的关系，科学布设各项措施，严格实行预防、修复、治理、保护，防止盲目无序地开发利用水土资源，有力地推动了资源、环境和经济、社会的协调发展，促进了人与自然的和谐共处。水土资源是生态文明建设的重要内容。水土资源作为地壳和生活在地壳上有机体之间的媒介，将无机界和有机界、生物界和非生物界连接起来，推动自然生态系统进行物质能量交换和人类社会发展。土地资源是农业生产和经济社会可持续发展的基础，是一个复杂的自然历史综合体，包括土壤、地貌岩石、植被、水文以及受人类活动影响的地理位置等因素。在这些因素当中，土壤和水是两种最重要的因素。没有土壤和水，土地就会失去了生产力，就不能生长植物，也不能繁衍动物，更不能为人类提供充足的食物和良好的生存环境。即使在经济技术高度发达的今天，人类社会的生存发展仍然离不开土壤和水。如果没有土壤和水，那么陆地上所有动植物包括人类都无法生存，任何东西都不能替代水和土壤的重要作用。离开水和土壤，谈人类社会的发展和生态文明将毫无意义。

纵观历史，因水土资源优越而兴起、资源退化而衰败的事例，并不鲜见。黄河流域之所以成为我国古老文明的发祥地，得益于过去得天独厚的自然条件。这里曾经森林茂盛，水草丰美，土壤肥沃，易于垦殖，有利于农牧业发展，适宜于人类生存。从公元前21世纪夏朝开始4000多年的历史，黄河流域一直是我国的政治、经济、文化中心，历代王朝在此建都长达3000多年。公元前2000年，黄河流域已出现青铜器，到商代青铜冶炼技术已达到相当高的水平，同时开始出现铁器冶炼，标志着生产力发展到一个新的阶段。我国古代的"四大发明"——造纸术、印刷术、指南针、火药，都产生在黄河流域。但是，我们的祖先在发展农业文明的同时，也犯了与其他民族同样的错误，忽视对农田、森林、草原的保护，破坏了文明赖以存在的水土资源。自秦汉开始，由于毁林开荒、垦草种粮及战争的影响，林草植被遭到大面积破坏，使水土流失日益加剧。严重的水土流失把黄河上中游地区的黄土高原切割得支离破碎，形成了千沟万壑，沙漠化日益严重，以至于黄河成为世界上含沙量最高的河流。泥沙的淤积，抬高了黄河下游河床，使其平均高出地面3~10m，最高达13m，形成"悬河"，加剧了洪水灾害，使黄河成为历史上"三年两决口"的害河。

史学家们经过考证发现，战争、政治腐败、经济萧条都很难完全毁灭一种文明，而对自然无节制的掠夺导致水土资源的破坏，引发生态灾难，却能从根本上毁灭一个民族的文明。世界文明发祥地古巴比伦文明、古埃及文明便是如此，中国历史上楼兰古国文明、丝绸之路的消亡也是如此。正如有人曾经说过"文明人越过地球表面，在他们的足迹下留下一片沙漠"。对此，恩格斯做过深入透彻的分析，他说："美索不达米亚、希腊、小亚细亚以及其他各地的居民，为了想得到耕地，这些地方今天竟因此成了荒芜不毛之地，他们这样做竟使山泉在一年中的大部分时间内枯竭了，而在雨季又使洪水更加凶猛地倾泻到平原上。"

从水土流失对土地资源的危害中可以看出，水土保持与土地资源利用和保护关系密切。利用和保护好人类赖以生存的土地资源，创造有利于土壤微生物、土壤动物和地表植被生长、发育和繁殖的土壤环境，提高土地利用率和生产力，是水土保持和土地资源管理共同的课题。研究土地资源的利用和保护，必须重视水土保持、探索土壤侵蚀的原理和水土流失的防治。只有这样，才能防止土壤物质迁移，减少沙漠化、石漠化、荒漠化和盐渍化等自然灾害。

水土保持是国土整治的根本。保护珍贵的土地资源免受外力侵蚀，既是水土保持的基本内涵，也是土地资源利用和保护的主要内容。从保护土地资源、减轻土壤退化的角度上讲，水土保持对土地资源的利用和保护有着积极的促进作用，是土地资源利用和保护的基础。开发利用土地资源应注重利用和保护相结合，从源头上控制水土流失。生产建设项目单位必须编制水土保持方案，采取水土保持措施，有效地保护土地资源。因为只有搞好水土保持，控制住水土流失，才能从根本上解决土地沙漠化、石漠化、荒漠化和盐渍化的问题。加强生态建设是构建社会主义和谐社会极为重要的条件。"生态修复"立足于当前治理区域广袤、水土流失面积大、治理任务繁重、农村生产力水平低下、资金投入不足的现实，着眼于植被的迅速恢复和水土流失的有效遏制。坚持自然修复和人工治理相结合，生物措施、工程措施和耕作措施相结合，摆正了生态建设中当前与长远、局部与整体、自然力与人力的关系，是对我们几十年来治荒治水、改善生态观念的一次重大突破，具有重要的现实意义。水土保持治理是生态文明建设的重要内容之一。我国生态环境问题成因复杂，治理工作难度大，急需科学技术的支撑。在近年水土保持治理的实践中，科研院所和涉水土保持企业围绕生产实践开发了一些新技术、新设备，取得了一些经验和成效。新中国成立后，水土保持工作得到了党和国家的高度重视，开展了大规模的水土流行治理与科学研究工作，已取得了举世瞩目的成就。1983年开始在无定河、皇甫川、三川河和甘肃的定西县实施国家重点治理工程，全面推广和实施以小流域为单元的综合治理。此后，国家重点治理投入不断增加，重点治理的范围不断扩大。20世纪90年代末期实施了退耕还林（草）工程；2000年开始大面积推广生态修复，依靠自然的力量恢复植被；2003年开始实施淤地坝建设工程，大大加快了坝系建设的速度。在许多治理较好的地区和中、小流域，有效地控制了水土流失，显著地改变了贫困山区的面貌，减少了河流泥沙，保证了黄河行洪安全，为促进国民经济持续发展发挥了积极作用。

随着水土保持重点防治的推进，水土流失区农村生产生活条件大大改善，群众粮食自给问题稳定解决，进入江河湖库的泥沙明显减少，有效保护和改善了区域生态环境，为实现治理区水土资源可持续利用、全面建设小康社会发挥了重要作用。通过对河道的治理，不仅减少了入库泥沙，保护了沿岸的粮田，同时减缓了突发性自然灾害对人民生命财产的危害，保障山区经济可持续的发展。落实中央要求，积极推进京津风沙源治理（特别是承德、张家口地区）、黄土高原地区综合治理、石漠化（云南、广西、贵州等省（自治区、直辖市））地区综合治理，开展沙漠化土地封禁保护试点。同时，继续在长江上中游、黄河中上游、西南岩溶区、东北黑土区等水土流失严重区域，实施国家水土保持重点工程，推进小流域综合治理，显著改善生态环境，维护生态系统健康。根据国家"两屏三带"生态安全战略格局，大力开展重点区域、重点治理区工程建设，降低这些区域的水土流失强度，改善生态环境。修订《全国水土保持生态修复规划》，全面推进生态自然修复，实施封育保护，尽快使重点区域、重点流域的生态环境得到显著改善。

二、水土保持是减水减沙的根本性措施

土壤侵蚀是人类面临的严重环境问题之一。土壤侵蚀的持续发生，不仅会造成当地土壤退化乃至土地资源彻底遭到破坏，而且会引起下游河道与湖泊的淤积、加剧洪水灾害的威胁。同时，土壤侵蚀引起的面源污染还会破坏水资源、加剧缺水地区的水危机。陕西省榆林市皇甫川流域随着农地面积的波动变化（增减），产流产沙率也呈规律性波动变化（增减），20世纪70年代，由于无计划地开荒种田，农地面积（主要是坡耕地）增加很快，导致了产流产沙量的增加。80年代以来，当地大力开展水土保持工程，取得了良好效果。有计划地减少农地、增加基本农田（梯田、坝地等）的面积、实施退耕还林，提高了土地的产出率；林地大面积增加，产流产沙量不断减少。林地的多种经营，其产出率增加很快；草地面积的有计划减少，主要用于造林与改良牧草，使草地质量和载畜能力提高，有效地控制了水土流失，草地产出率也在稳步上升。我国习惯将水土保持措施分为三大类，即生物林草措施、耕作措施、工程措施。

1. 生物林草措施

（1）分水岭防护林草工程

山顶防护林：主要适用于石质和土石山脉顶部的荒草地、耕地，用于保持水土，涵养水源，保护农田，获取大径木材。

梁峁顶防护林：主要适用于黄土梁峁顶部的荒草地、耕地，用于防止水蚀和风蚀，保护农田，获取小径材或灌木饲草。

（2）塬面防护林草工程

塬面农田防护林：主要适用于塬面平缓耕地，梯田地埂（坎），道路、渠道和村庄周围，用于防止侵蚀与风害，调节小气候，保护农田和渠道，获取木材或林副产品。

塬面农林复合经营：主要适用于塬面平坦耕地，用于防蚀防风，调节小气候，保护农田，获取木材或林副产品。

塬面人工草地：主要适用于塬面平缓耕地，用于防止轻度侵蚀，刈割牧草。

（3）坡面防护林草工程

坡面水土保持林：主要适用于较陡的山坡、峁坡、沟坡，矿区开发的裸露坡面，用于防止各类坡面侵蚀，一般禁止生产活动。

护坡薪炭林：主要适用于较缓的山坡、梁峁坡、沟坡且靠近村庄和农户，用于防止各类坡面侵蚀，刈割取柴。

坡面护牧林：主要适用于较缓的山坡、峁坡和沟坡草地，用于防止侵蚀，刈割牧草或放牧。

护坡用材林：主要适用于缓坡坡麓、塌地，用于防止侵蚀，获取木材。

护坡经济林：主要适用于平缓的向阳坡面，用于防止侵蚀，获取经济林果。

坡地农林复合经营：主要适用于较缓的山坡、梁坡和塬坡耕地，用于防止坡耕地侵蚀，获取木材获取条。

梯田地埂林：主要适用于梯田地埂或坎坡，用于防止埂（坎）侵蚀，取材，取条或其他林副产品。

护坡草地：主要适用于较陡的山坡、梁坡、沟坡、封禁成为天然草地以及平缓的坡面、坡麓、塌地，用于防止坡面侵蚀，封禁或刈割牧草。

（4）侵蚀沟道防护林草工程

沟头防护林（草）：主要适用于沟头荒地或耕地，用于防止水蚀和重力侵蚀，一般禁止生产活动。

沟边防护林（草）：主要适用于沟边荒地或耕地，用于防止水蚀和重力侵蚀，一般禁止生产活动。

沟底防冲林（草）：主要适用于沟底荒滩、荒草地，用于防止水流冲刷，一般禁止生产活动。

坝坡防护林（草）：主要用于拦泥坝、淤地坝坡，用于防止水蚀，一般禁止生产活动。

（5）水库、河川防护林草工程

水库防护林（草）：主要适用于水库坝坡、库岸及周边，用于防止水流冲刷，库岸坍塌，过滤挂淤，一般禁止生产活动。

护岸护滩林（草）：主要适用于河岸、河滩，用于防止水流冲淘，河岸坍塌，固岸，挂淤护滩，一般禁止生产活动。

2. 耕作措施

水土保持耕作措施是以保土保肥为主要目的，以提高农业生产为宗旨，以犁、锄、耙等为耕（整）地农具所采取的改变局部微地形或地表结构的措施。据史书记载，早在4000年前的后稷时代，劳动人民就采用了圳田法，其后西周时代发展为高低畦种植法，称为畎亩法，是以"湿者欲燥，燥者欲湿"为原则，将土地做成高、低相间的垄和沟，在高亢的干旱地只种低畦地作物，在下湿地只种高畦地作物，使低畦在高亢的土地上能拦蓄水土而在下湿地起排涝和洗盐碱的作用，这就是现代垄作法的起源。此后，西汉赵过创造了代田法，将沟和垄每年轮换利用，这种方法的最大特点是具有显著增产效果，增产幅度一般在25%~50%。现今西北干旱区应用的垄沟种植法、水平沟种植法等都是在代田法基础上发展起来的。为减少干旱对农业生产的影响，现代常用的水土保持耕作措施主要有：

（1）等高耕作（横坡耕作）

等高耕作（横坡耕作）是指沿等高线垂直于坡度走向进行的横向耕作，是坡耕地实施其他水土保持耕作措施的基础。沿等高线进行横坡耕作，在犁沟平行于等高线方向形成许多蓄水沟，能有效拦蓄地表径流，提高水分入渗时间，减少水土流失，利于作物生长发育，从而达到增产的目的。

（2）等高沟垄耕作

在等高耕作的基础上，沿坡面等高线开犁，形成沟和垄，在沟内或垄上种植作物，这种耕作方式称为等高沟垄耕作。因沟垄耕作改变了坡地微地形，将地面耕成有沟有垄状，使地面受雨面积增大，减少了单位面积上的受雨量。一条垄等于一个小土坝，沟内积蓄雨水，增加降雨入渗，有效地减少径流量和冲刷量，减少土壤养分流失。

（3）垄作区田

在缓坡地或旱塬地，在沿等高线翻耕时，加深加宽沟垄，并横向修筑土档，使田块形成小区，就建成了垄作区田，垄作区田可以增加拦蓄雨水的能力。梯田堰埂不仅要拍紧打实，而且要种草固堰，防止堰堤垮塌。梯田平整后，如耕层生土过多，可结合深耕增施有机肥，以加速土壤熟化提高地力。

（4）套犁沟播（套二犁）

沿等高线自坡耕地的上方开始，逐步向下，每耕一犁后，在原犁沟内再套耕一犁，以加深犁沟，加大其拦蓄径流量。

（5）等高带状间作

等高带状间作就是沿着等高线将坡地划分为若干条地带，在各条带上交互或轮流地种植密生作物和疏生作物或牧草与农作物的一种坡地保持水土的种植方法。它利用密生作物带覆盖地面、减缓径流、拦截泥沙来保护疏生作物的生长，从而起到比一般间作更大的防蚀和增产作用。

（6）等高带状间轮作

将坡地沿等高线划分成若干条带，根据粮草轮作的要求，分带种植草和粮，一个坡地至少要有两年生（四区轮作）或四年生（八区轮作）草带 3 条以上，沿埂边线则种植紫穗槐或柠条带。在全国普遍适用，主要适用 25° 以下，坡度越陡作用越小，坡度越大带越窄、密生作用比重越大，带与主风向垂直，可做为修梯田的基础。

（7）水平沟

在坡地上沿等高线开沟截水和植树种草以防水土流失。水平沟整地是沿等高线挖沟的一种整地方法，水平沟的断面以挖成梯形为好，上口宽 0.6~1.0m，沟底宽 0.3m，沟深 0.4~0.6m；外侧斜面坡度 45°，内侧（植树斜面）约 35°，沟长 4~6m；两水平沟顶端间距 1.0~2.0m，沟间距 2.0~3.0m，水平沟按"品"字形排列。为了增强水土保持效果，当水平沟过长时，沟内可留几道横埂，但要求在同一水平沟内达到基本水平。水平沟整地由于沟深，容积大，能够拦蓄较多的地表径流，沟壁有一定的遮阴作用，改变了沟内土壤的光照条件，可以降低沟内的土壤水分蒸发。水平沟一般用于治理荒坡的造林整地，可拦蓄一定的径流泥沙。水平沟耕作是 20 世纪 70 年代末旱地农业技术的重要成果之一，也是目前黄土高原坡耕地上应用比较有效且面积较大的水土保持耕作措施。

（8）少耕免耕

少耕免耕是于传统的整地而言，减少整地次数，降低整地强度，而对于田湿土黏、耕作困难、又易破坏土壤结构的麦田，免去不必要的甚至有害的耕作，所以这是对小麦整地技术的一个发展和完善。保持良好的土壤结构与水分，免耕未打乱土层，保持了水稻土原有孔隙，避免湿耕造成的粘闭现象。免耕与翻耕相比，耕层土壤容重分别为 1.15~1.20 及 1.34~1.40，水、气比较协调，利于提高播种质量。在保证适时播种的前提下，由于田面平整，利于挖窝或开沟点播，贯彻种植规范，避免了粗耕烂种所造成的深籽、丛籽、露籽，达到苗齐、苗匀、苗壮、根系发达、抗倒力强，土壤结构较好的效果，有利于根系发展和吸水。壮苗早发，增产显著，免耕田有较好的土壤生态环境。幼苗出时快，分蘖早，生长优势明显。在各个生育时期，免耕的叶面积指数均高，群体光合能力强，单位面积增产 5%~20%。

3. 工程措施

水土保持工程措施是水土保持综合治理措施的重要组成部分，是指通过改变一定范围内（有限尺度）小地形（如坡改梯等平整土地的措施），拦蓄地表径流，增加土壤降雨入渗，改善农业生产条件，充分利用光、温、水土资源，建立良性生态环境，减少或防止土壤侵蚀，合理开发、利用水土资源而采取的措施。中国历代劳动人民在水土保持实践中创造了许多行之有效的水土保持工程措施。早在西汉时期就出现了雏形"梯田"。黄河中游山区农民在 18 世纪就开始打坝淤地。引洪漫地在中国也有悠久的历史。欧洲文艺复兴之后，围绕山地荒废与山洪及泥石流灾害问题，阿尔卑斯山区开展了荒溪治理工作。奥地利的荒溪治理工作、日本的防沙工程均相当于我国的水土保持工程。我国根据兴修目的及其应用条件，水土保持工程措施可分为：山坡防护工程、山沟治理工程、山洪排导工程、小型蓄水用水工程。其中防止坡地土壤侵蚀的水土保持工程措施主要指山坡防护工程，主要有：

（1）水平梯田

水平梯田是我国年代久远的水土保持方法，最早起源于稻田，是农业生产发展的产物，广泛分布于世界许多地区。水平梯田由于改变了地面坡度和径流系数，缩短了坡长，具有较强的水土保持作用，是黄土高原坡耕地治理的根本措施。但在实践中，由于水平梯田的质量，如田面的平整程度、田坎的高低和牢固性等因素的影响，减水、减沙效益很难达到100%。水平梯田是黄土高原重要的农田形式之一。根据调查资料，按质量将水平梯田分为四类：第一类，合乎设计标准，埂坎完好，田面平整或成反坡，土地肥沃，在暴雨情况下不发生水土流失。第二类，边埂部分破坏，田面基本水平或坡度小于2°，部分渠湾冲毁，土地较肥。第三类，埂坎破坏严重，大部分已无地边埂，田面坡度在2°~5°之间，部分渠湾冲毁，遇暴雨地面产生径流就有水土流失。第四类，埂坎破坏严重，没有地边埂，田面坡度大于5°，渠湾大多破坏，水土流失严重。另外，还可根据地埂的有无，将水平梯田分为有埂梯田和无埂梯田。据调查，黄土高原河龙区间水平梯田的有埂率很低，一般都在20%以下。

（2）鱼鳞坑

鱼鳞坑是在被冲沟切割破碎的坡面上，坡度一般在15°~45°之间，或作为陡坡地（45°）植树造林的整地工程。由于不便于修筑水平的截水沟，于是采取挖坑的方式分散拦截坡面径流，控制水土流失。挖坑取出的土，在坑的下方培成半圆的埂，以增加蓄水量。在坡面上坑的布置上下相间，排列成鱼鳞状，故名鱼鳞坑。它也是陡坡地植树造林的一种整地工程。应根据当地降雨量、地形、土质和植树造林要求而定。一般鱼鳞坑间的水平距离（坑距）为1.5~3.0m（约2倍坑的直径），上下两排坑的斜坡距离（排距）为3~5m。坑深度约0.4m，土埂中间部位填高0.2~0.3m，内坡1:0.5，外坡1:1，坑埂半圆内径1.0~1.5m，埂顶中间应高于两头。每个坑内栽植1棵树。

（3）隔坡梯田

隔坡梯田是在一个坡面上将1/3~1/2面积修成水平梯田，上方留出一定面积（2/3~1/2）的原坡面，坡面产生的径流汇集拦蓄于下方的水平田面上以在田面产生雨水的叠加效应，改善农地水分状况。这种坡梯相间的复式梯田布置形式即为隔坡梯田。修建隔坡梯田较水平梯田省工50%~75%，特别适用于土地多、劳力少的地区，可作为水平梯田的一种过渡形式。

（4）反坡梯田（水平阶）

水平阶整地后坡面外高内低的梯田称反坡梯田。反坡面坡度视荒山坡度大小而异，一般坡度为30°~50°，坡陡面窄者反坡度较大，反之较小。田面宽1.5~3.0m。长度视地形被碎程度而定。埂外坡及内侧坡均为60°。反坡梯田能改善立地条件，蓄水保土，适用于干旱及水土冲刷较重而坡行平整的山坡地及黄土高原，但修筑较费工。适用于15°~25°的陡坡，阶面宽1.0~1.5m，外高内低，具有3°~5°的反坡，阶面可容纳一定的降水径流。

（5）坡式梯田

是顺坡向每隔一定间距沿等高线修筑地埂而成的梯田，依靠逐年翻耕、径流冲淤加高地埂，使田面坡度逐渐减缓，最后成为水平梯田。其实是一种渐变形式的梯田。它采用筑地埂，截短坡长，通过地埂的逐年加高，坡耕地在多次农事活动中定向（向坡下）深翻，土壤在重力作用下逐年下移，并由于坡面径流的冲刷作用，逐渐变为水平梯田，也称大埂梯田或长埂梯田。坡式梯田具有投入少、进度快、既能保水保肥又能稳定增产的特点。20世纪50年代曾在黄土高原地区普遍推广，但由于对建设坡式梯田的技术和效益研究不够，地间距太宽、地埂质量差等原因，影响了坡式梯田的应用，而被一次性整平的水平梯田所代替。

三、水土保持是改善农业生产结构及农业可持续发展的基础工程

农业生产结构亦称农业部门结构，是指一个国家、一个地区或一个农业企业的农业生产各部门和各部门内部的组成及其相互之间的比例关系，如农业各生产部门中的种植业、林业、牧业、副业、渔业等的组成情况和比重。农业生产结构是农业生产力合理组织（或生产力要素合理配置）和开发利用方面的一个基本问题。它的合理与否对农业生产能否顺利发展起着十分重要的作用。生产结构的调整是我国近阶段经济工作的重头戏，结构调整不仅仅在于使产业结构、产品结构在量的增长上趋于合理，其实质在于合理配置和利用资源，降低物耗、能耗，减少污染排放量，提高经济效益。农业生产结构调整向水土保持产业提出了要求，也为水土保持产业开发提供了难得的机遇，有条件建设支撑生态经济的支柱产业和经济基础。就水土保持来说，保持水土、改善土壤生态环境，才能促进农村经济向良性循环发展，才能使资源、经济、环境协调发展。

开展水土保持工作要依据流域的自然经济特点，合理布设各项水土保持措施，充分利用国土资源，发挥资源的巨大潜力，大力发展经济，建立种、养、加、产、供、销多元经济结构，培育新的经济增长点。山西省石楼县通过以产业开发为主的水土流失治理，不仅巩固了水土保持治理成果，而且使该县的农业生产条件得到极大改善，缓解了人口多、资源少、环境差的矛盾。许多事业、企业单位、农民和个体工商业者依靠政策优势，纷纷把资金、技术、信息等注入水土保持治理，用了3~5年时间形成了区域化布局、专业化生产、规模化经营、产业化开发系列化服务的产业链，让荒山变成了"花果山""财源山"。

甘肃省天水市水土保持生态建设中，通过因地制宜、分类指导、综合治理、建立水土保持综合防治体系，以治理促开发，以开发保治理，形成了以小流域为单元，梯田建设为重点，治理开发与监督管护并重的水土流失防治格局，取得了显著的生态经济和社会效益，走出了一条综合防治水土流失、促进特色产业发展的成功之路。建成了秦州区马莲山流域梯田、麦积区蒲池沟梯田、甘谷县阳币梁万亩全膜双垄沟播玉米基地、武山县桦林沟万亩全膜覆盖基地、清水县石沟河流城万亩核桃产业示范基地、秦安县杨家沟蜜桃产业基地、张家川县王家梁梯田等一大批精品示范工程，促进了粮食增产、农民增收和农村繁荣。截

至 2015 年底，全市累计综合治理小流域 144 条，治理水土流失面积 6340.31km²，其中兴修梯田 30.79 万 hm²，营造水土保持林 18.22 万 hm²，经果林 5.02 万 hm²，种草 4.85hm²，封育治理 4.16hm²，其他 3850hm²，建设治沟骨干工程 91 座，水土流失治理程度达到了 65.76%。经过治理的区域从坡面到沟道、从上游到下游进行层层拦蓄和全面防治，水土流失得到初步遏制，生态环境和空气质量明显改善，基本实现了"水不下山泥不出沟"的水土保持生态建设的目标，昔日荒山秃岭、穷山恶水开始呈现出山清水秀、生产发展、安居乐业、生机盎然的繁荣景象。

第四节 水土保持生态修复在水资源保护中的作用

水是万物之源，由于人们对水资源的浪费，严重破坏了水环境的正常运转，在一定程度上也阻碍了社会的可持续发展。水资源的严重缺乏已经引起了社会的广泛重视。水土保持是一种重要的保护措施，能够有效缓解水资源的短缺情况。保护水资源，保护生态环境，还人们一片绿水青山，为民造福任重而道远。

1. 水土保持对水资源、生态环境的影响

水土保持措施的应用能够有效控制水资源恶化状况，有效减少土地表面的泥沙径流量，减少地表的水土流失。生态环境稳定，很大一部分是源于水土资源的稳定，因此，只有做好水土保持工作，才能让土地资源和水资源长期为我们所用，发挥它们的价值，使整个生态环境都能平衡地发展。

2. 水土流失的危害性

（1）引发洪涝灾害

在枯水的季节，水土流失会造成水量锐减，而到了洪水季节，洪涝灾害就会成为引发水土流失的主要原因。在水土流失非常严重时，地表水流会带走一大部分的土壤，并且，土壤中的营养也会被带走，随之而来的是土壤的贫瘠甚至是沙化，这就会严重破坏植被的生长，所以土壤蓄水能力更差，在洪水季节，暴雨侵袭，地表水流几乎全部流失，从而导致山洪或者是湖泊河流的水量急速上升，是平常水量的一到两倍，会危及人类的生产生活，甚至威胁着生命安全。

（2）引发干旱灾害

水土流失会引发一系列的问题，其中最为直接和显著的危害就是在枯水的季节会出现水量锐减的现象，严重的时候会发生河道断流等情况，这是因为水土流失使得土壤蓄水能力下降，土壤存不住水，自然会引发上述一系列的问题。一般意义上，土壤颗粒之间的空隙决定了这片土壤的蓄水能力，土壤蓄水一般都会储存在这些缝隙之中，而这些缝隙会占据土壤体积的 1/3—1/2 之间，比例较大。但是一旦发生了水土流失的问题，土壤的蓄水空间也会随之而减少，降低土壤的蓄水能力，在枯水的季节，水量的减少更为显著，可能会引发干旱等自然灾害，危害人类正常的生产生活。

3. 水土保持应采取的措施

（1）河流干预治理措施

河道在流经各地区的河段中会受到各种环境及人为因素的影响，其中河床与水流都会受到影响，例如河岸崩塌会冲破河岸的水利工程，同时也会淹没周边的居住区，对农田造成影响，因此必须采取相应的措施进行综合治理。针对普通河流横向侵蚀河道的情况，应在保护沟床的基础上稳定河道，进行顺直防护措施，同时清除障碍并建造河道导流工程，防止河道弯道的产生；做好水土保持工作，其中护岸工程也是非常重要的，可以采用浆砌石护坡技术，必须结合不同地区、气候条件等因素选择适当的水泥型号；另外，还可以采用干砌块石护坡技术对坡面进行稳固技术防护；还可以采用丁坝、顺坝形式治理山洪。治滩造田水土保持工程的技术措施是治理河滩淤垫成耕、治理小流域对抗河道冲刷的重要环节。

（2）生物措施

在生物措施中，有轮作和间作、混播以及套种两种方式。

1）轮作

轮作是指耕作者根据一系列的自然规律，比如时令、土地性质以及农作物的特点等，在不同的季节种植不同的植物。一般情况下，水旱轮作、专业轮作和绿肥轮作会成为备选的方式，达到耕种要求，提升土壤的蓄水能力，使水土保持增加 30%-40%。

2）间作、混播以及套种

间作。间作常常是在一整片农田中根据不同的时期，换种不同的庄稼，植物的最佳收获比率是需要考虑的问题，在生产周期内能够获得最大的收益，逐步提高土地生产效率和利用率，达到保护水土的效果。

混播以及套种。混播以及套种主要是指耕种时两个或两个以上的种子经常要组合在一起，往往会见到的是小麦和豌豆种子的搭配，这种搭配不仅可以将作物的生产量提高，而且可以固氮，增加土壤中有机质的含量，使农民创收。

种植不一样的植物，能够利用不同的方式方法，在不相同的时间，但是又必须使农业耕种的土壤得到休息，使其得到调节，不断调试土地和植物之间的关系。

（3）蓄水保土措施

蓄水保土措施指以改变地面微小地形、增加植被覆盖或增强土壤有机质抗蚀等方法，保土蓄水，改良土壤，以提高农业生产的技术措施，如等高耕作、等高带间作、沟垄耕作等。

开展水土保持，就是以小流域为单元，根据自然规律，在全面规划的基础上，因地制宜、因害设防，合理安排工程、生物、蓄水保土三大水土保持措施，实施山、水、林、田、路综合治理，最大限度地控制水土流失，从而达到保护和合理利用水土资源，实现经济社会的可持续发展。因此，水土保持是一项适应自然、改造自然的战略性措施。

（4）坡面治理工程技术

水土保持工程技术中，各项施工技术互相配合，才能保障水土保持工程建设的整体施工状况。其中，坡面治理是其中的技术措施之一，主要应用于梯田的改造、坡面的蓄水建设以及水流的截断措施中。梯田工程技术主要应用于高岭地区，即海拔较高的山区，将斜坡修成阶台式或波浪式；坡面蓄水工程技术主要应用于内陆的干旱地区，通常采取的措施就是修筑旱井和涝池，以此来储备水量，供人们饮用或者灌溉农出；山坡截流沟技术主要应用于地处两截流沟坡面之间的地区，通常采取的措施就是沿等高线的走向修建，对水流起到一个拦截和排出的作用，通过上述修建方式，减少径流的冲力，提高了水土保持的时效性。

（5）沟顶防护工程技术

沟顶防护工程技术同样也是水土保持工程技术的重要举措之一，其主要应用于遭受河流径流冲击过程造成严重破坏的地域。通常为解决农田、村庄以及道路破坏的情况，采取蓄水式、泄水式两类工程措施。其中，蓄水式工程主要采取的修筑措施就是根据现有地质的土壤情况、沟壁高低等在河流的沟顶部修建拦水沟埂，保障上流的水沿沟埂进行流动，灌溉农田；而泄水式工程主要采取的措施就是将施工现场的土壤进行改造，以期降低水土流失速度，无论是蓄水式还是泄水式，在进行施工过程中都应该考虑当地的造林种草情况，只有这样，才能提升沟顶防护水土的作用。

（6）林草措施

水土保持林草措施是一种较为基础的防护水土流失方法，采取水土保持林草措施主要是能够调节径流、削减洪峰、涵养水源、保持水土、固持和改良土壤、提高土壤的抗蚀性，此外还能够改善小气候环境。水土保持林草措施最主要的实施方法是造林，通过水土状况的调查，选择合适的植物进行种植，慢慢地自然恢复提高土体的蓄水能力和整体强度。也可以通过生物固沙技术提高沙土地的抗风蚀能力。总之，水土林草措施就是利用自然生物进行土壤的修复并提高土壤的抗蚀能力。

结 语

自 20 世纪中叶以来，随着全球生态环境的日益恶化、生态危机的不断出现，人类的生存环境遭到越来越严重的破坏，这些已经对人类社会的可持续发展造成严重威胁。由此，引发了人们对人类自身与自然的关系、人类的生存方式、发展模式等重大问题的深刻反思，提出了生态、生态文明、生态文明建设等一系列概念。改革开放 30 多年以来，我国经济建设取得了举世瞩目的成就。但是，我们的经济增长依然没能突破"高增长、高消耗、高污染"的传统模式。节约和保护资源、改善生态环境迫在眉睫。实现美好前景，重在行动。可以说，从根本上解决我国的生态、环境问题，实现华夏大地山青水碧，是整个 21 世纪的目标。这是振兴中华和社会主义现代化建设的重要组成部分，是一项造福千秋万代的宏伟工程、功德工程、世纪工程，意义重大而深远，任务光荣而艰巨，前景广阔而美好。应当相信，勤劳、勇敢、智慧的中国人民，能够创造闻名世界的古代文明和当代经济奇迹，也一定能够创造辉煌的现代生态文明。

生态文明属于人类社会文明的范畴，是社会进步和发展的重要标志；生态文明以尊重和维护生态环境为前提，是可持续的生产方式和消费方式，是经济社会可持续、和谐发展的保障；生态文明强调人的自觉与自律，强调人与自然环境的相互依存、相互促进。生态文明进入党的十八大报告，一方面体现了中国共产党对历史高度负责和与时俱进的精神；另一方面也说明生态文明对于全面建设小康社会的深远意义。建设一个美丽富强的中国，实现中华民族永续发展，是习近平总书记心中的梦想和力量之源。这力量，根植于生生不息的中华文明。生态文明，是社会主义的重要内容，是建设和谐社会的基础和保障，而水土资源是生态文明的根基。我国水土流失量大面广，已成为实现生态文明的最大障碍。水土保持综合多类学科，需要综合运用多种技术手段和措施，将生态改善目标与生计改善目标及经济发展目标有机结合，推动生态、经济、社会的协调发展，这也是中华民族走向生态文明的必然选择。我国是世界上水土流失最严重的国家之一，严重的水土流失已成为我国头号环境问题。水土保持秉承生态文明观中人与自然和谐的理念，以改善生计与保护性开发为切入点，有效保护水土资源、支撑经济社会健康持续发展，是我国生态文明建设的重要途径。水土保持是生态建设的主体，是经济社会发展的生命线。习近平同志在福建工作期间，对民生福祉、群众利益高度关注。他对长江水土保持工作格外重视，倡导以持续之功，推进长江水土流失治理与生态省建设，使福建的生态文明建设走在了全国前列。保持水土、维护生态安全，意义重大，刻不容缓。

参考文献

[1] 邱玲．水土保持措施对水资源及水环境的影响 [J]．住宅与房地产,2020(27):253+255.

[2] 陈俊红.3S 技术在水文与水资源工程中的应用研究 [J].中国新技术新产品 ,2020(18):112-114.

[3] 贾丽娜．关于水土保持措施对水资源与水环境的影响研究 [J].法制博览 ,2020(23):95-96.

[4] 陈明,赵健,王新伟.水土保持措施对水资源与水环境的影响 [J].河南水利与南水北调 ,2020,49(7):102-103.

[5] 马欣欣.水土保持措施对水资源及水环境的影响 [J].资源节约与环保,2020(7):15-16.

[6] 付丹.水土保持措施对水资源与水环境的影响分析 [J].绿色环保建材,2020(7):42-43.

[7] 王凯,伏文兵,李尤孟．流域水土保持的雨水控制理念与措施实践探究 [J].工程建设与设计 ,2020(13):102-104.

[8] 罗家林,何云辉.水土保持与生态环境之间的关联性研究 [J].低碳世界 ,2020,10(4):22-23.

[9] 曹淑红.浅析水土保持措施对水资源与水环境的影响 [J].陕西水利,2020(3):122-123.

[10] 曹颖,刘统兵.农田水利施工中的水土保持措施 [J].住宅与房地产,2020(6):237.

[11] 王毅鹏.水土保持与生态环境关系研究 [J].山西农经,2020(1):87+89.

[12] 李琳,宝柱,庞治国,路京选,孙涛,付俊娥.遥感技术在水土保持上的应用 [J].卫星应用 ,2019(11):13-17.

[13] 魏晋财,魏生全.水资源管理中水土保持关键点分析 [J].农业科技与信息 ,2019(20):48+52.

[14] 杨亚峻.水土保持与水生态文明的关系及其规划问题 [J].城市建设理论研究 (电子版),2019(24):49.

[15] 贾志峰.水土保持对生态修复建设的作用及有力措施 [J].地产 ,2019(15):20.

[16] 吴仁彬.浅谈水土保持对水资源量与水质的影响 [J].建材与装饰 ,2019(23):323-324.

[17] 何赟洁.水土保持对水资源量与水质的影响探究 [J].现代农村科技 ,2019(2):90.

[18] 王婷,马朵,刘思君,李奇.水土保持措施对水资源与水环境的影响 [J].农业与技术 ,2018,38(24):74-75.

[19] 祖永艳,李紫薇.水土保持措施对水资源与水环境的影响分析 [A]. 云南省水利学

会.云南省水利学会2018年度学术交流会论文集[C].云南省水利学会:云南省科学技术协会,2018:5.

[20] 罗丁源.谈水土保持措施对水资源与水环境的影响[J].江西建材,2017(17):111.

[21] 祖永艳,李紫薇.水土保持措施对水资源与水环境的影响分析[J].中小企业管理与科技(上旬刊),2017(08):50-51.

[22] 张雅文,许文盛,韩培,沈盛彧,王志刚,张平仓.无人机遥感技术在生产建设项目水土保持监测中的应用——以鄂北水资源配置工程为例[J].中国水土保持科学,2017,15(2):132-139.

[23] 魏然.我国水资源现状及水土保持对策分析[J].山西农经,2017(8):9.

[24] 孙洋,董仲源.水土保持对水质与水资源量的影响分析[J].黑龙江水利科技,2017,45(1):16-18+21.

[25] 杨彩红,赵锦梅,李广,马瑞,马维伟.水文与水资源学在水土保持与荒漠化防治专业中的教学实践与探索[J].高校实验室工作研究,2016(2):15-17.

[26] 焦立国,杨光,王昱文.水土保持对水资源及水环境的影响分析[J].黑龙江水利科技,2016,44(6):44-45.

[27] 何毅.黄河河口镇至潼关区间降雨变化及其水沙效应[D].西北农林科技大学,2016.

[28] 赵玉田.脆弱生态系统下西北干旱区农业水资源利用策略研究[D].兰州大学,2016.

[29] 黄媛.水土保持监督管理研究—为取水许可管理提供经验借鉴[D].北京林业大学,2015.

[30] 张一鸣.中国水资源利用法律制度研究[D].西南政法大学,2015.

[31] 赵岩.水土保持区划及功能定位研究[D].北京林业大学,2013.

[32] 王红雷.基于3S技术的干旱区水土资源高效利用研究[D].北京林业大学,2013.

[33] 孙贵军.我国水资源现状及水土保持对策[J].现代农业科技,2011(3):324-325.

[34] 赵建民,陈彩虹,李靖.水土保持对黄河流域水资源承载力的影响[J].水利学报,2010,41(9):1079-1086.

[35] 许琴.水土保持措施对水资源的影响研究[D].南昌大学,2010.

[36] 李子君,周培祥,毛丽华.我国水土保持措施对水资源影响研究综述[J].地理科学进展,2006(4):49-57.

[37] 李雪松.中国水资源制度研究[D].武汉大学,2005.

[38] 刘震著.水土保持思考与实践[M].郑州:黄河水利出版社,2016.

[39] 郑万勇主编.水土保持监测工[M].郑州:黄河水利出版社,2016.

[40] 田红卫,马力,刘晖等编著.水土保持与生态文明研究[M].武汉:长江出版社,2017.